U0290638

主编 周宗团 姚慧君 副主编 曲双为 左 贺

工程制图

西安交通大学出版社
XI'AN JIAOTONG UNIVERSITY PRESS

内容简介

本书共有十三章。上篇(制图基础)内容包括:制图基本知识和技能,点、线、面的投影,基本体的三视图,立体表面的交线,组合体的视图,轴测图,物体的图样表达方法。中篇(机械制图)内容包括:标准件和常用件,零件图及装配图。下篇(计算机绘图基础)内容包括:Auto-CAD 的基本知识,用 AutoCAD 绘制二维图形及三维建模的基本方法。

本书可作为高等工科院校各专业机械制图课程(50~100 学时)的教材,也可供其它专业师生和工程技术人员参考。

图书在版编目(CIP)数据

工程制图/周宗团等主编. —西安:西安交通大学
出版社,2014.12(2017.8 重印)
ISBN 978 - 7 - 5605 - 6909 - 3

Ⅰ.①工⋯　Ⅱ.①周⋯　Ⅲ.①工程制图-高等学校-
教材　Ⅳ.①TB23

中国版本图书馆 CIP 数据核字(2014)第 287314 号

书　　名	工程制图	
主　　编	周宗团　姚慧君	
责任编辑	田　华	
出版发行	西安交通大学出版社	
	(西安市兴庆南路 10 号　邮政编码 710049)	
网　　址	http://www.xjtupress.com	
电　　话	(029)82668357　82667874(发行中心)	
	(029)82668315(总编办)	
传　　真	(029)82668280	
印　　刷	陕西奇彩印务有限责任公司	
开　　本	787mm×1092mm　1/16　印张 19　字数 454 千字	
版次印次	2014 年 12 月第 1 版　2017 年 8 月第 3 次印刷	
书　　号	ISBN 978 - 7 - 5605 - 6909 - 3	
定　　价	32.00 元	

读者购书、书店添货、如发现印装质量问题,请与本社发行中心联系、调换。
订购热线:(029)82665248　(029)82665249
投稿热线:(029)82664954
读者信箱:jdlgy@yahoo.cn

版权所有　侵权必究

前　言

《工程制图》是高等工科院校学生必修的一门技术基础课。本书是根据教育部教学指导委员会关于本课程最新教学指导要求，以及本课程近年来的发展方向（即：打破专业界限，提高学生的基本素质、工程意识及创新能力，建立公共基础平台课程），并且在结合兄弟院校的教学经验的基础上，结合编者多年来本课程教学改革实践和教学经验编写而成。

本书在编写过程中力求突出以下特点：

1. 在保证本课程基本要求的基础上，力求教材内容简明扼要，突出画图、读图及计算机绘图的实用性技术培养；

2. 本教材分上、中、下三篇。对于机类（近机类）各专业可深入学习本教材内容，对于非机类专业在学习制图基础和计算机绘图内容之后，可根据学时和专业要求，介绍性地学习机械制图内容；

3. 内容布局上，以点、线、面的投影为基础，按基本几何体、轴测图、截切体与相贯体、组合体、零件图、装配图的顺序，由浅入深，由此及彼地分析立体的投影规律，符合人的认识规律，有利于培养读者科学的思维方法；

4. 组合体部分按三类基本体的构形方法及投影特征（特征视图和类型视图），来分析组合体的构形问题，使读者易于掌握画图、读图及尺寸标注的基本规律；

5. 充分利用对比方法。增加立体图，将平面图形与其对比，有利于读者建立平面图形与空间立体的对应关系，培养其空间想像能力；

6. 在零件图部分，突出从四类典型零件的结构特征、表达方法和尺寸标注的特点来分析零件，既可避免重复，节约学时，又能学以致用，便于掌握；采用零件测绘和部件测绘一条线的教学内容，突出对学生的徒手绘图技能培养；

7. 在计算机绘图部分，突出实用，以图例来讲解绘图命令，突出用计算机绘制组合体、零件图和装配图的技能培养，并精炼了三维建模的创建方法。

参加本书编写的有：周宗团（绪论、第 1 章、第 7 章、第 8 章、第 11 章、第 12 章、第 13 章）；姚慧君（第 2 章、第 3 章、第 4 章、第 5 章、第 6 章）；曲双为编写第 9 章及附录；左贺编写第 10 章。本书由西安工程大学周宗团、姚慧君任主编，曲双为、左贺任副主编，周宗团统稿。

西安工程大学陈翔鹤教授对本书进行了审阅，陈翔鹤教授对文稿提出了许多宝贵的意见和建议，在此谨致谢意。本书在编写过程中西安工程大学教务处、机电学院及制图教研室的全体教师也给予不少帮助和支持，在此一并表示衷心的感谢。

本书参考了一些国内同类著作（具体书目作为参考文献列于书后），在此特向相关作者表示衷心的感谢。

限于编者的经验和水平，本书难免有疏漏和不足之处，敬请读者不吝批评指正。

编　者

2014 年 8 月 10 日

绪　论

1. 本课程的性质及研究对象

本课程主要研究绘制和阅读工程图样的原理和方法，其主要内容有：画法几何、制图基础、机械图和计算机绘图。画法几何是研究如何用正投影的方法来图示和图解空间几何问题的一门学科；制图基础和机械图是研究如何用正投影原理绘制和阅读符合国家标准的工程图样；计算机绘图主要是研究如何用计算机来精确高效地输入、输出图形，以及实现图形的数字信息化管理。

应用画法几何的基本理论和方法，把工程实物用图形表达出来，成为工程图样。这种工程图样能够准确地表示物体的几何量度。在产品设计过程中，图样是表达设计者思想的综合性信息载体，也是制造、检验、调试产品应严格遵守的技术文件。因此，工程图样是工程技术人员进行技术交流的一种特殊的工程语言。

随着计算机技术的飞速发展，以计算机图形学为基础的计算机辅助设计（CAD）技术的兴起与发展，标志着工程设计领域已进入了一个全新的数字化、标准化和网络化的发展阶段。因此，计算机绘图已成为当代工程技术人员必须具备的基本能力。

2. 本课程的目的及意义

工程图样在工程技术中具有重要作用，要求从事工程建设的每个工程技术人员，都必须具备绘制和阅读工程图样的基本能力。因此，高等工科院校的各工程专业的教学计划中，设置了这门必修的技术基础课，同时把计算机绘图也列为必修内容，为学生的绘图和读图能力打下理论与实践基础，并为后继课程的学习和进行规划、设计施工、科研工作提供图示及图解的必需能力。

在本课程教学过程中，教师应有意识地培养学生的自学能力、分析问题和解决问题的能力以及严谨认真、尊重科学的工作态度。

学生通过该课程的学习，应达到以下要求：

（1）掌握用正投影原理的作图方法；

（2）具有一定的空间想象能力、空间构形能力及分析能力；

（3）掌握绘制和阅读工程图样的基本能力；

（4）掌握徒手绘图、尺规绘图和计算机绘图的基本技能

（5）达到工程技术人员应具有的基本素质，如严谨负责的工作态度，认真细致的工作作风等。

3. 本课程的学习方法

本课程是一门实践性较强的课程，要想掌握课程的基本内容、知识和技能，针对本门课程的特点有一套良好的学习方法。这门课程的核心问题是从空间形体到平面图纸，再从平面图纸到空间形体（包括空间想象的形体）之间的转换，前者是画图过程，后者是看图（用图）过程，要在画图和看图的交错循环过程中，自觉地培养和发展空间想象力。所以，学习本课程时，要注意以下几个问题。

（1）要掌握正确的分析问题和解决问题的方法。一般属于几何范畴的课程都有这样一个

特点：听课明白，做题难。为了解决这个问题，学习时，一定要把空间最基本的几何元素之间的各种关系、相对位置弄清楚，比如，平行、垂直、相交等等，然后，完成一系列由浅入深、由简到繁的题目。每做一道题都要经过以下几个步骤：①空间分析，在弄清题意的基础上，分析题目所给的条件，综合分析所求的几何元素与已知的几何元素之间的从属关系和相对位置；②拟定空间解题步骤，每一个解题步骤都对应画法几何里边的某一个基本作图方法；③将空间的解题步骤落实到投影作图上，一步一步地来完成，最后求出正确的答案。切忌一拿到题目不经分析就盲目动手作题。

（2）学习计算机绘图时，在掌握基本绘图命令、编辑命令和辅助绘图工具等基本操作的基础上，一定要多上机画图练习。

（3）在学习中培养耐心细致的工作作风。图纸是施工的依据，图纸上的字和线都应按规范写好、画好，要有严肃、认真、负责的态度才能学好这门课。

4．本课程的发展简述

我国是历史文化悠久的国家，在绘图技术方面有着辉煌的成就。根据史料记载，早在春秋战国时代的著作《周礼考工记》中，已有关于制图工具如规、矩、绳、墨等的记载，其中规就是圆规，矩是直角尺，绳是木工画线的墨绳；在汉代《周髀算经》里已有"勾三股四弦五"正确绘制直角的方法；宋代李诫（字仲明）所著《营造法式》（1103 年刊行），是我国历史上较早的一部建筑技术经典著作，书中印有大量的建筑图样，与用近代投影法所作图样比较，基本相似。尔后，明代宋应星编《天工开物》（1637 年）以及其它技术书籍，也有大量图样的记载。

国际上，自从法国科学家加斯帕·蒙日（Gaspard Monge，1746～1818 年）于 1795 年发表了多面正投影法的著作《画法几何》以后，画法几何形成了一门独立的学科，为工程制图奠定了图示和图解的理论基础。

随着科学技术的不断发展，我国在 20 世纪 50 年代，开始建立制图国家标准。国际间技术和经济交流的需要，制图标准仍在不断增加内容或修订，如最近国家质量技术监督局发表的《技术制图标准》（GB/T17451、17452、17453—1998），可使技术图样用视图表示规则与国际上一致。

当今时代计算机、绘图机的相继问世，以及相关软件技术的发展，计算机绘图的应用使得现代绘图技术水平达到了一个前所未有的高度。经典的画法几何及工程制图也具有了新的内涵，工程制图进入了一个崭新的时代，并且正在迅猛发展，成为计算机应用科学的一个重要分支。目前它已成为科学研究、教学、生产和管理部门的一种有力工具，被广泛应用在工程设计等方面。

计算机绘图是适应现代化建设的新技术，也是本门课程发展的一个重要方向。因此，本书将计算机绘图的内容放到工程制图里边，要求学生掌握一种绘图软件，绘制工程图样，为掌握现代化绘图技术和学习计算机辅助设计打下坚实的基础。

目　　录

中篇　机械制图

下篇　计算机绘图基础

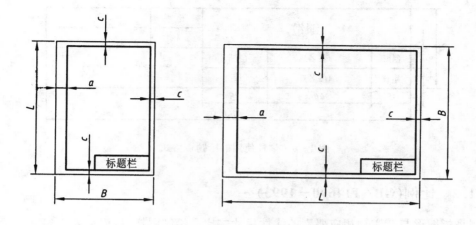

图 1-3　留装订边图框格式

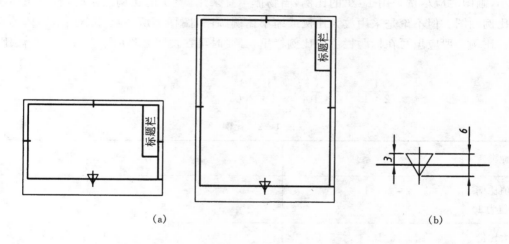

（a）

（b）

图 1-4　对中符号和方向符号

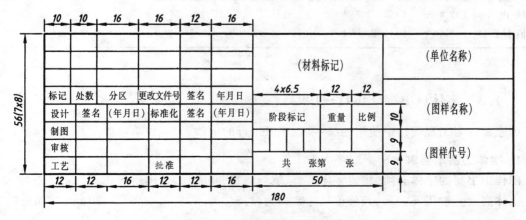

图 1-5　国家标准规定的标题栏格式

3

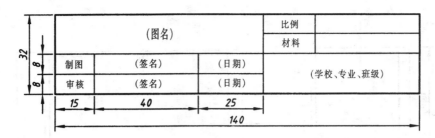

图1-6 学校使用的标题栏格式

1.1.2 比例(GB/T14690－1993)

比例是指图形与其实物相应要素的线性尺寸之比。绘制图样时,应从表1-2规定的系列中选取适当的比例,优先选择第一系列,必要时选取第二系列。为了能从图样上得到实物的真实大小,画图时应尽量采用1∶1的比例,当物体不宜采用1∶1的比例绘制时,也可用缩小或放大比例画图。但不论是采用放大比例或缩小比例画图,图样上所注尺寸必须是物体的真实尺寸。比例一般应填写在标题栏中的比例栏里,必要时可在视图名称的下方或右侧标注比例。如:

$$\frac{I}{2:1}, \quad \frac{A}{1:100}, \quad \frac{B-B}{1:200}, \quad 平面图 1:100$$

表1-2 比例

种类	第一系列			第二系列				
原值比例 (比值为1)	1∶1							
放大比例 (比值大于1)	2∶1 1×10^n∶1	5∶1 2×10^n∶1	5×10^n∶1	2.5∶1 2.5×10^n∶1		4∶1 4×10^n∶1		
缩小比例 (比值小于1)	1∶2 $1∶2\times10^n$	1∶5 $1∶5\times10^n$	1∶10 $1∶1\times10^n$	1∶1.5 $1∶1.5\times10^n$	1∶2.5 $1∶2.5\times10^n$	1∶3 $1∶3\times10^n$	1∶4 $1∶4\times10^n$	1∶5 $1∶5\times10^n$

注:n为整数

1.1.3 字体(GB/T14691－1993)

国家标准对工程图样中使用的汉字、数字及字母的字体、大小和结构都作了统一规定。

1. 字体的基本要求

图样中书写的字体必须做到:字体工整、笔画清楚、间隔均匀、排列整齐。

字体高度一般用 h 表示,其公称尺寸系列为:1.8、2.5、3.5、5、7、10、14、20 mm。如需要书写更大的字,其字体高度应按$\sqrt{2}$比率递增。字体高度代表字体的号数。

汉字应写成长仿宋体,并应采用中华人民共和国国务院正式公布推行的《汉字简化方案》

4

中规定的简化字,汉字的高度 h 应不小于 3.5 mm,其字宽一般为 $h/\sqrt{2}$。

　　字母和数字分 A 型和 B 型。A 型字体的笔画宽度 d 为字高的 1/14;B 型字体的笔画宽度 d 为字高的 1/10。在同一张图样上,只允许选用一种型式的字体。

　　字母和数字可写成直体和斜体。斜体字字头向右倾斜,与水平基准线成 75°。

2. 字体示例

(1) 汉字示例

10 号 A 型长仿宋字:

字体工整 笔画清楚 排列整齐 间隔均匀

(2) 拉丁字母、阿拉伯数字、罗马数字示例

10 号 A 型斜体:

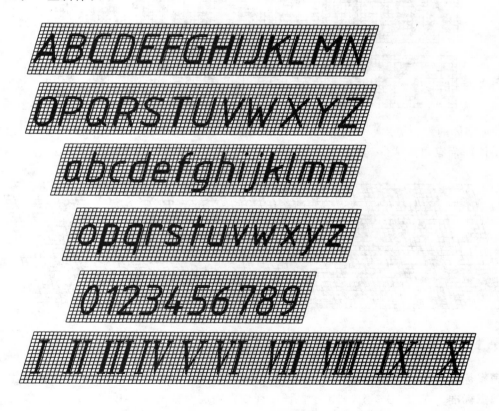

10 号 B 型斜体：

10 号 B 型直体：

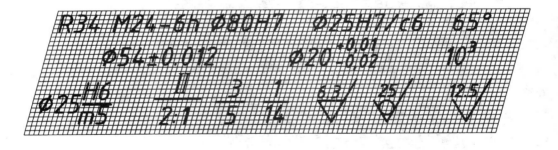

（3）字体的综合应用
字体综合应用实例：

1.1.4 图线（GB／T 17450—1998、GB4457.4—2002）

国家标准 GB/T17450—1998 中规定了 15 种基本线型及若干种基本线型的变形，需要时可查国家标准。在表 1-3 中，列出了机械图样中常用的 9 种图线（GB/T4457.4—2002）。

在机械图样中，图线宽度 d 分粗、细两种，其粗、细图线宽度之比为 2：1，按图样的大小和复杂程度，在下列数系中选择：0.13、0.18、0.25、0.35、0.5、0.7、1、1.4、2 mm。

各种图线的应用实例，如图 1-7 所示。

表 1-3 图线(GB/T4457.4—2002)

图线名称	线 型	线宽 d/mm	主要用途及线素长度	
粗实线	———————————	0.7(0.5)	可见棱边线、可见轮廓线	
细实线	———————————	0.35(0.25)	尺寸线、尺寸界线、剖面线,引出线,重合断面的轮廓线,过渡线	
波浪线	～～～～～～～	0.35(0.25)	机件断裂处的边界线、视图与局部剖视图的分界线	
双折线	─╱╲─╱╲─╱╲─	0.35(0.25)	断裂处的边界线	
细虚线	– – – – – – –	0.35(0.25)	不可见轮廓线、不可见棱边线	画长 12d,短间隔长 3d
粗虚线	▬ ▬ ▬ ▬ ▬	0.7(0.5)	允许表面处理的表示线	
细点画线	—— · —— · —— · ——	0.35(0.25)	轴线、对称中心线、分度圆(线)、孔系分布的中心线、剖切线	长画的长度为:24d;短间隔长度为:3d;点的长度为:≤0.5d
粗点画线	▬ · ▬ · ▬ · ▬	0.7(0.5)	限定范围表示线	
细双点画线	—— · · —— · · ——	0.35(0.25)	可动零件极限位置的轮廓线、相邻辅助零件的轮廓线、中断线	

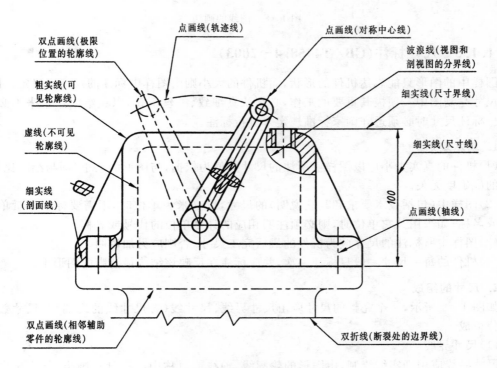

图 1-7 各种图线的应用实例

画图线时应注意的几点问题：

(1)在同一图样中,同类图线的宽度应一致;虚线、细点画线及双点画线的线段长度和间隔应各自均匀相等。

(2)两条平行线之间的最小间隙不得小于 0.7 mm。

(3)点画线或双点画线的首末两端应是线段而不是点。点画线(或双点画线)相交时,其交点应为线段相交,如图 1-8(b)所示。在较小图形上绘制细点画线或双点画线有困难时,可用细实线代替,如图 1-8(a)所示。

(4)点画线、虚线与其它图线相交时都应线段相交,不能交在空隙处,如图 1-8(b)所示中 B 处所画图线。

(5)当虚线处在粗实线的延长线上时,应先留空隙,再画虚线的短画线,如图 1-8(b)所示中 A 处所画图线。

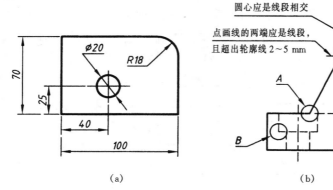

图 1-8　图线的画法

1.1.5　尺寸标注(GB/ T4458.4-2003)

图样中的图形只能表达机件的形状,而机件的大小则由图样中标注的尺寸来确定。因此,标注尺寸是制图中一项极其重要的工作,必须认真细致、一丝不苟,以免给生产带来不必要的损失。标注尺寸时必须遵守国家标准规定来进行标注。

1. 基本规则

(1)机件的真实大小应以图样上所注的尺寸数值为依据,与图形的大小(即与绘图比例)及绘图的准确度无关。

(2)图样中(包括技术要求和其它说明)的尺寸,以毫米为单位时,不需要标注计量单位的代号或名称;如采用其它单位时,则必须注明相应的计量单位的代号或名称。

(3)图样中所标注的尺寸应为机件的最后完工尺寸,否则应另加说明。

(4)机件的每一尺寸一般只标注一次,并应标注在反映该结构最清晰的图形上。

2. 尺寸的组成

如图 1-9 所示,一个完整的尺寸应由尺寸界线、尺寸线(含尺寸线的终端)及尺寸数字等三部分组成。

(1)尺寸界线

尺寸界线应用细实线绘制,由图形的轮廓线、轴线或对称中心线延长画出,并应超出尺寸线的终端约 2 mm 左右;也可直接利用轮廓线、轴线、对称中心线作尺寸界线。尺寸界线一般

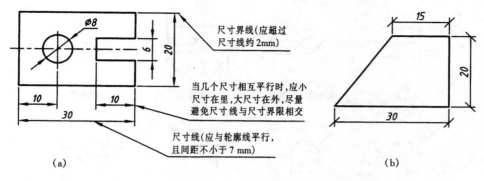

图 1-9 尺寸的组成

与尺寸线垂直,必要时允许倾斜(见表1-5)。

(2)尺寸线

尺寸线用细实线单独绘制,不能用图样中其它图线代替,一般也不得与其它图线重合或画在其它图线的延长线上。标注线性尺寸时,尺寸线必须与所标注的轮廓线段平行。当几个尺寸相互平行时,应小尺寸在内,大尺寸在外,间隔要大于7 mm,尽量避免尺寸线与尺寸界线相交。

尺寸线的终端有两种形式:

①箭头形式:箭头的画法如图1-10(a)所示,箭头的尖端应与尺寸界线接触(不得超出也不能不接触)。在同一张图样上,箭头大小要一致。机械图样中一般采用箭头的形式作为尺寸线的终端。

②斜线形式:斜线用细实线绘制,其方向和画法如图1-10(b)所示。当尺寸线的终端采用斜线时,尺寸线与尺寸界线必须相互垂直。

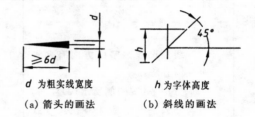

d 为粗实线宽度   h 为字体高度

(a)箭头的画法   (b)斜线的画法

图 1-10 尺寸线终端形式

但应注意,同一图样上只能采用同一种尺寸线的终端形式。

(3)尺寸数字

国家标准规定工程图样上的尺寸数字一般采用斜体字,字号的大小可按图纸幅面的大小选取。尺寸数字一般应注写在尺寸线的中上方或中断处,同一图样上字号大小应一致,位置不够时可引出标注。在表1-5中,国家标准对线性尺寸标注、角度尺寸标注、圆及圆弧的标准、以及狭小尺寸标注的方法都作了详细规定。标注尺寸时必须严格按照这些规定执行。

国标中还规定了一组表示特定含义的符号,作为对尺寸数字标注时的补充及说明,表1-4给出了常用的一些符号,标注尺寸时应尽可能使用这些符号和缩写词,这些常用符号的比例画法见图1-11。

表 1-4 尺寸标注常用符号及缩写词 (GB/T4458.4-2003)

名称	直径	半径	球直径	球半径	厚度	正方形
符号或缩写词	∅	R	S∅	SR	t	□
名称	45°倒角	深度	沉孔或锪平	埋头孔	均布	
符号或缩写词	C	↓	⊔	∨	EQS	

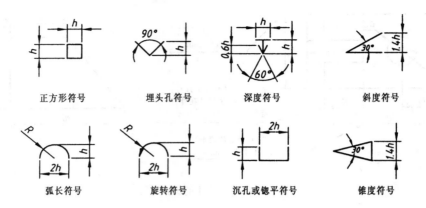

| 正方形符号 | 埋头孔符号 | 深度符号 | 斜度符号 |
| 弧长符号 | 旋转符号 | 沉孔或锪平符号 | 锥度符号 |

图 1-11 尺寸标注常用符号的比例画法

（符号的图线宽＝1/10/h）

3. 常见尺寸标注示例

常见尺寸标注见表 1-5。

表 1-5 常见尺寸标注示例

项目	说明	图例
尺寸数字	线性尺寸数字的方向有两种注写方法： 方法一：按图例所示（a）注写，尺寸数字一般应注写在尺寸线的上方或中断处，并尽可能避免在图示 30°范围内标注尺寸，当无法避免时，可按图（b）标注	（a）　　　　（b）
	方法二：在不引起误解的情况下，对于非水平方向的尺寸，其数字可水平注写在尺寸线的中断处，见图（a）和图（b） 同一张图样上，应尽量采用同一种方法注写	（a）　　　　（b）
	尺寸数字不可以被任何图线所通过。当无法避免时必须把该图线断开，见图（a） 标注参考尺寸时，应将尺寸数字加上圆括号，见图（b）	（a）　　　　（b）

项目	说明	图例
尺寸界线	尺寸界线用细实线绘制，并应由图形的轮廓线、轴线或对称线引出。轮廓线、轴线、对称线也可作尺寸界线。尺寸界线应超出尺寸线的终端约 2 mm 左右	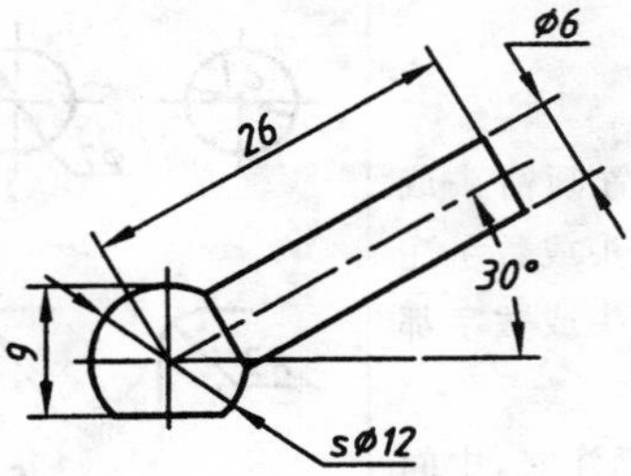 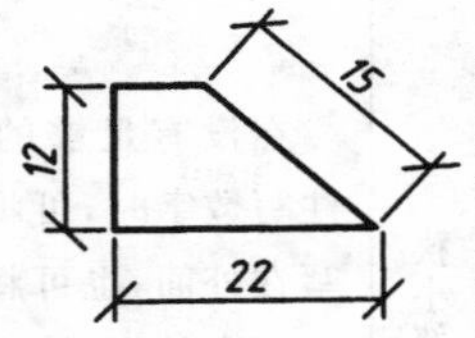
	尺寸界线一般与尺寸线垂直，必要时允许倾斜 在光滑过渡处标注尺寸时，必须用细实线将轮廓线延长，从它们的交点处引出尺寸界线	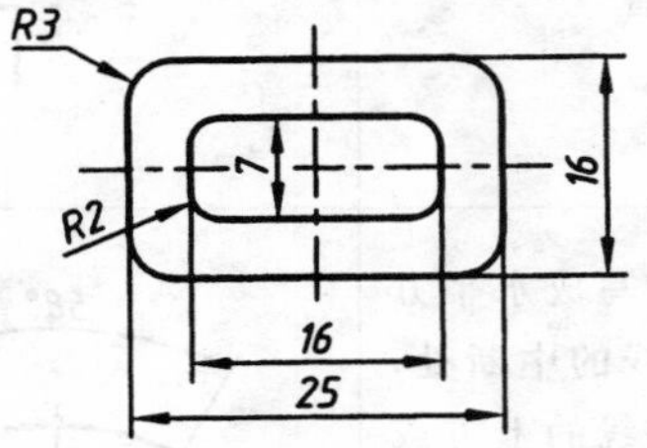 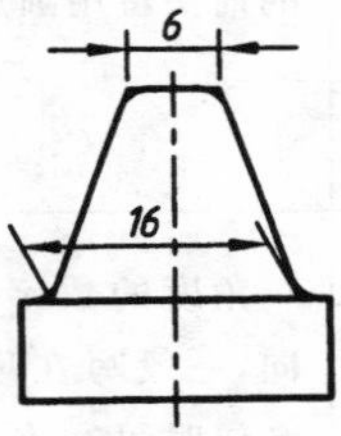
直径与半径	对于完整的圆和大于半圆的圆弧必须标注直径。标注直径时，应在尺寸数字前加注"∅"。对于等于半圆或小于半圆的圆弧，必须标注半径。标注半径时，应在尺寸数字前加注符号"R"，且只在指向圆弧的一端画出箭头	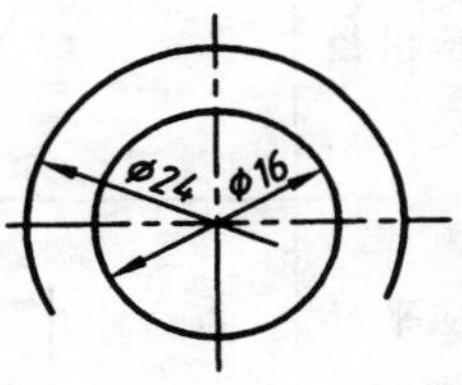 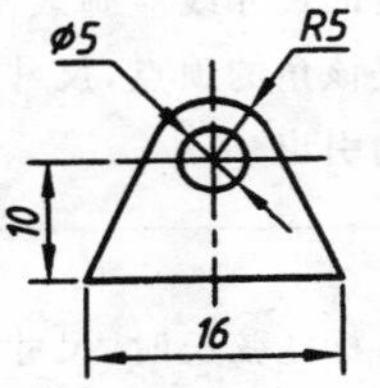
	当圆弧的半径过大在图纸范围内无法标出其圆心位置时，可按图(a)形式标注；若无需标出其圆心位置时，可按图(b)形式标注	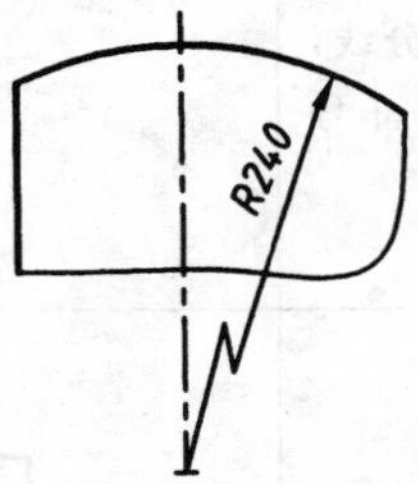 (a) 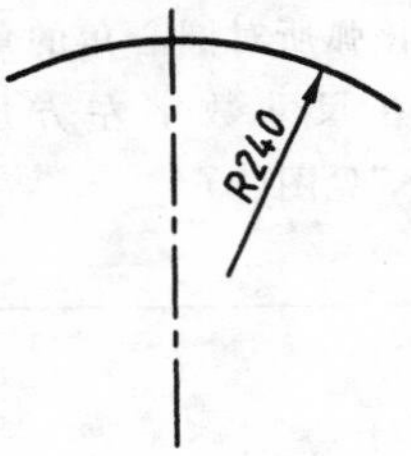　　　　(b)
	标注球面直径时，应在尺寸数字前加注"S∅"；标注球面半径时，应在尺寸数字前加注符号"SR"，见图(a) 对于螺钉、铆钉的头部、轴和手柄的端部等，在不引起误解的情况下，可省略符号"S"，见图(b)	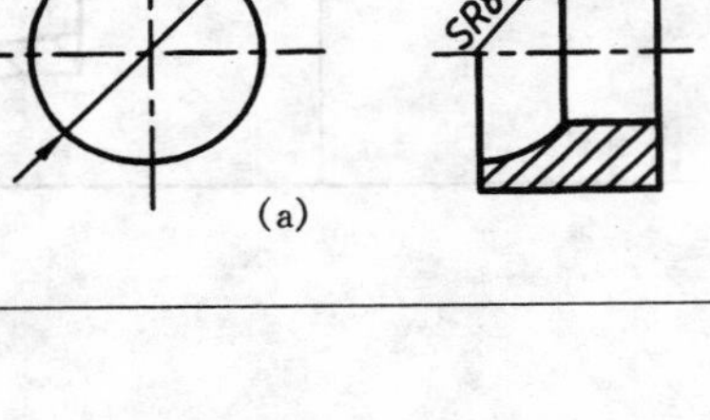 (a) 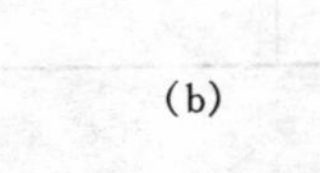　　　　(b)

11

项目	说明	图例
狭小部位	在没有足够的位置画箭头或注写数字时,可将箭头或数字注写在外面,也可将箭头或数字都注写在外面 　几个小尺寸连续标注时,中间的箭头可用圆点代替	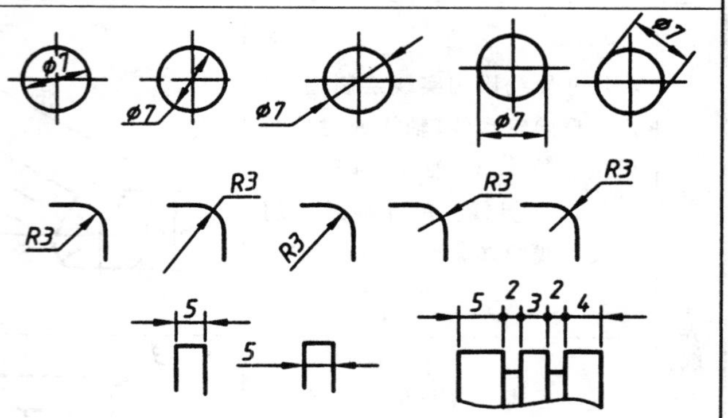
角度	角度的数字一律写成水平方向,一般写在尺寸线的中断处,必要时可写在尺寸线的上方或外面,也可以引出标注。标注角度的尺寸线应画成圆弧,其圆心是该角的顶点,尺寸界线应沿径向引出	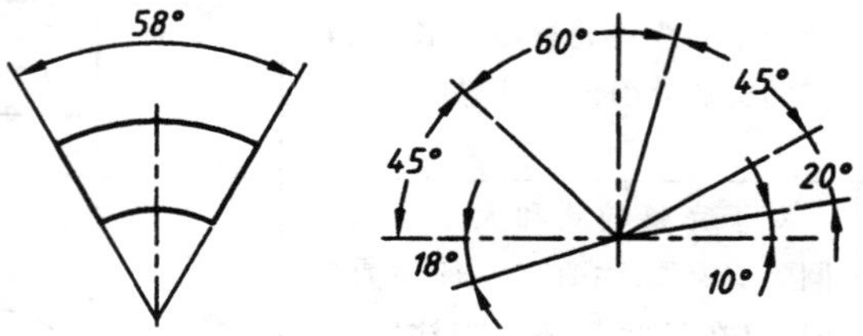
弧长和弦长	标注弦长时,尺寸界线应平行于该弦的垂直平分线,见图(a) 　标注弧长时,尺寸界线应平行于该弧所对圆心角的角平分线,并在尺寸数字左方加注符号"⌒"见图(b)	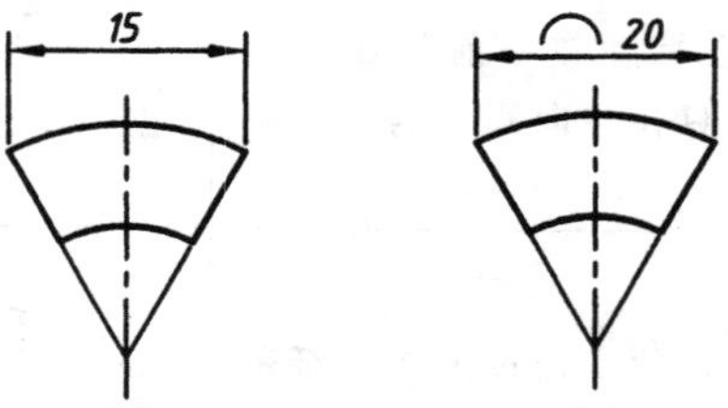
斜度和锥度	标注斜度和锥度时,斜度和锥度符号应与零件的倾斜方向一致	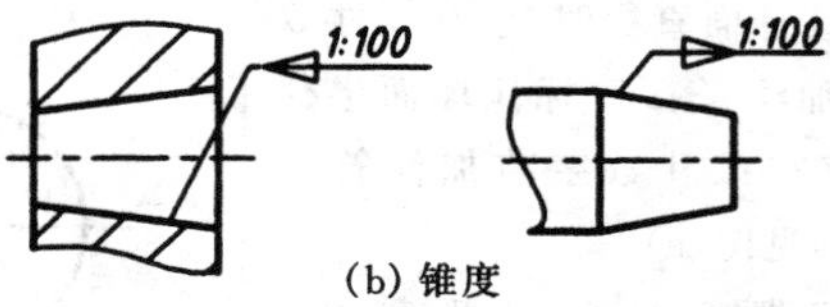

12

1.2 绘图工具及仪器的使用方法

常用的绘图工具有:图板、丁字尺、三角板和绘图仪器等。

1.2.1 图板、丁字尺和三角板

1. 图板和丁字尺

图板供贴放图纸所用,它的表面必须平整光滑,左右两导边必须平直。

丁字尺与图板配合可用来画水平线。丁字尺由尺头和尺身组成,尺头内侧及尺身工作边必须垂直,画图时左手扶住尺头,使尺头内侧边紧靠图板左导边,将丁字尺沿左导边上下滑动,可画一系列相互平行的水平线,如图1-12所示。

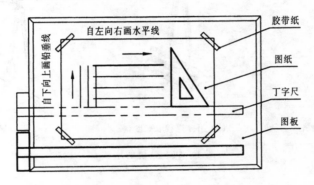

图1-12 图板与丁字尺的用法

2. 三角板

一副三角板有45°和60°-30°角各一块,它与丁字尺配合使用,可用来画垂直线和15°倍角线,如图1-12和图1-13所示;两三角板配合使用,也可画任意斜线的平行线和垂直线,如图1-14所示。

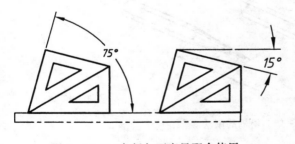

图1-13 三角板与丁字尺配合使用

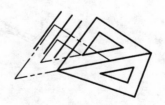

图1-14 两三角板配合使用

1.2.2 圆规和分规

圆规是用来画圆和圆弧的工具,圆规中的铅芯要比画线用铅笔的铅芯软一级。画圆时圆规的针尖和插腿应尽量垂直纸面,如图1-15所示。分规是用来量取线段和等分线段的工具,用法如图1-16所示。

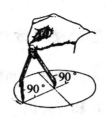

(a) 针脚应比铅心稍长　　　　　(b) 画较大圆时,应使圆规两脚与纸面垂直

图 1-15　圆规的用法

(a) 针尖对齐　　　　　(b) 用分规截取长度　　　　　(c) 用分规等分线段

图 1-16　分规的用法

1.2.3　铅笔

画工程图样时常采用绘图铅笔,按其铅芯的软硬程度分为 H～6H、HB、B～6B 共 13 种规格,B 前的数字越大表示铅芯越软(黑),H 前的数字越大则铅芯越硬。一般画图时用 H 或 2H 铅笔打底图;B 或 2B 铅笔用来加深图线;用 HB 铅笔写字或标注尺寸。

削铅笔时,应从没有标号的一端削起,以保留铅芯的硬度标号。铅芯一般可磨削成锥形和矩形,锥形铅芯用来画底图、写字、标尺寸和加深细线;矩形铅芯用来画粗实线。如图 1-17 所示。

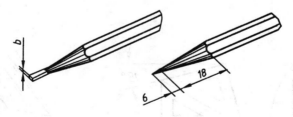

图 1-17　铅笔的削法

1.2.4　曲线板

曲线板是描绘非圆曲线的常用工具。描绘曲线时,应先用铅笔轻轻地把各点光滑连接起来,然后选择曲线板上合适的曲率部分进行连接描深。每次描绘的曲线不得少于三点,连接时应留出一段不描,作为下段连接时光滑过渡之用。如图 1-18 所示。

图 1-18 曲线板的用法

1.3 几何作图

工程图样上的图形常常是由直线、正多边形、非圆曲线、斜度和锥度以及圆弧连接等几何图形组成,因此,熟练掌握几何图形的作图方法,是保证图面质量、提高作图速度的基本技能之一。下面介绍常用的几种几何图形的作图方法。

1.3.1 正多边形的画法

1. 正五边形

已知正五边形的外接圆直径求作正五边形,其作图步骤如图 1-19 所示。

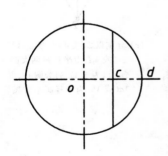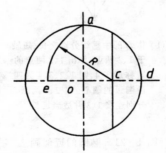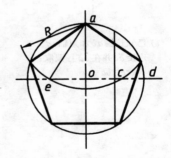

(a) 画正五边形外接圆并作半径 od 的中垂线交于 c 点

(b) 以 ca 为半径,c 为圆心交中心线于 e 点,ae 即为五边形的边长

(c) 从 a 点起,以 ae 为半径,将圆周等分得五等分点,依次连接各点得正五边形

图 1-19 正五边形的画法

2. 正六边形

已知正六边形的外接圆直径求作正六边形,其作图步骤如图 1-20 所示。

方法一:利用外接圆半径作图,如图 1-20(a)所示。

方法二:利用外接圆以及三角板和丁字尺配合作图,如图 1-20(b)所示。

15

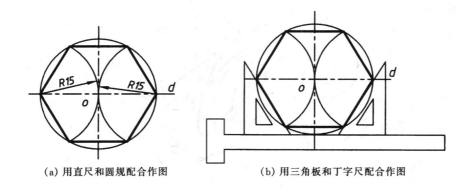

（a）用直尺和圆规配合作图　　　　　　　（b）用三角板和丁字尺配合作图

图 1-20　正六边形的画法

1.3.2　椭圆的近似画法

非圆曲线种类很多，这里仅介绍根据椭圆的长、短轴作椭圆的近似画法（四心圆弧法画近似椭圆），如图 1-21 所示。

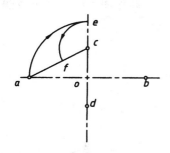
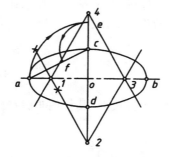
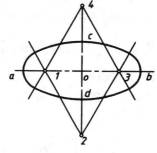

（a）已知长轴 ab 和短轴 cd，
连接 ac 并在 ac 上截取：
$cf = ce = oa - oc$

（b）作 af 的中垂线分别交长、短轴于 1、2 两点；作出 1、2 两点的对称点 3、4，则 1、2、3、4 为四段圆弧的圆心。过 2、4 两圆心分别连接 1、3 并适当延长

（c）分别以 2（或 4）为圆心，以 $2c$（或 $4d$）为半径画两大圆弧；以 1（或 3）为圆心，以 $1a$（或 $3b$）为半径画小圆弧

图 1-21　椭圆的近似画法

1.3.3　斜度与锥度

1. 定义

斜度：一直线（或平面）对另一直线（或平面）的倾斜程度，称为斜度。如在图 1-22 中，直线 AC 对直线 AB 的斜度 $= T/L = (T-t)/l = \tan\alpha$，故斜度的大小即为两直线间夹角的正切值。

锥度：正圆锥底圆直径与其高度之比，称为锥度。正圆台的锥度则为两底圆直径之差与其高度之比。例如图 1-23 中，正圆锥与圆台的锥度 $= D/L = (D-d)/l = 2\tan(\alpha/2)$，故锥度的大小即为半锥角正切值的 2 倍。

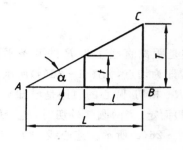

图1-22 斜度

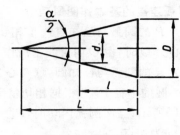

图1-23 锥度

2. 画法

斜度与锥度的画法(如图1-24和图1-25)所示。

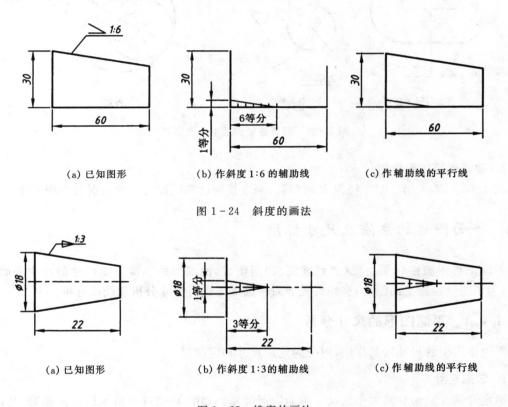

(a)已知图形　　(b)作斜度1:6的辅助线　　(c)作辅助线的平行线

图1-24 斜度的画法

(a)已知图形　　(b)作斜度1:3的辅助线　　(c)作辅助线的平行线

图1-25 锥度的画法

3. 符号及标注方法

斜度和锥度采用符号和简单比的标注方法。斜度与锥度的大小以1:n简单比表示,符号的方向应与斜度、锥度的方向一致。斜度与锥度的标注示例见表1-5。

1.3.4 圆弧连接

用已知半径的圆弧,光滑连接(即相切)两已知线段(直线或圆弧),称为圆弧连接。这种起连接作用的圆弧称为连接弧。作图时,必须求出连接圆弧的圆心和切点,才能保证圆弧的光滑连接。

1. 圆弧连接的基本作图原理

半径为 R 的圆弧与已知直线 I 相切,圆心的轨迹是距离直线 I 为 R 的两条平行线 II 和 III。当圆心为 O 时,由 O 向直线 I 所作垂线的垂足 K 即为切点,如图 1-26(a)所示。

半径为 R 的圆弧与已知圆弧(圆心为 O_1,半径为 R_1)相切,圆心的轨迹是已知圆弧的同心圆。此同心圆的半径 R_2 应根据相切情况(外切或内切)而定:当两圆弧外切时,$R_2 = R_1 + R$,如图 1-26(b)所示;当两圆弧内切时,$R_2 = R_1 - R$,如图 1-26(c)所示。连心线 OO_1 与已知圆弧的交点 K 即为切点。

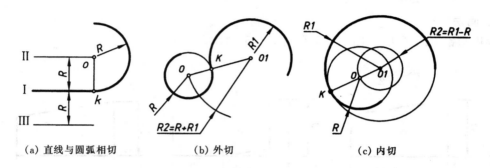

(a) 直线与圆弧相切　　　　　　(b) 外切　　　　　　　(c) 内切

图 1-26　圆弧连接的基本作图原理

2. 圆弧连接作图举例

表 1-6 列举了用已知半径为 R 的圆弧,来连接两已知线段的三种情况的作图方法。

1.4　平面图形的画法及尺寸标注

平面图形一般由若干线段(直线或圆弧)所组成,而线段的性质是由尺寸的作用来确定。因此,为了正确绘制平面图形,必须首先要对平面图形进行尺寸分析和线段分析。

1.4.1　平面图形的尺寸分析

平面图形中的尺寸按其作用,可分为定形尺寸和定位尺寸。

1. 定形尺寸

确定几何元素形状及大小的尺寸称为定形尺寸。如图 1-27(a)所示的平面图形,是由两个封闭图框组成,一个是内部小圆,一个是外面带圆角的矩形。图中的尺寸 $\varnothing20$ 确定小圆的形状和大小,尺寸 100、70、$R18$ 确定带圆角矩形的形状和大小,因此,$\varnothing20$、100、70、$R18$ 都是定形尺寸。

2. 定位尺寸

确定各几何元素之间相对位置的尺寸称为定位尺寸。如图 1-27(a)中的尺寸 25 和 40,是用来确定小圆与带圆角矩形之间相对位置的,因此该两个尺寸是定位尺寸。

表 1-6　圆弧连接作图举例

用 已 知 圆弧 R， 连 接 两 已 知 直 线 Ⅰ、Ⅱ	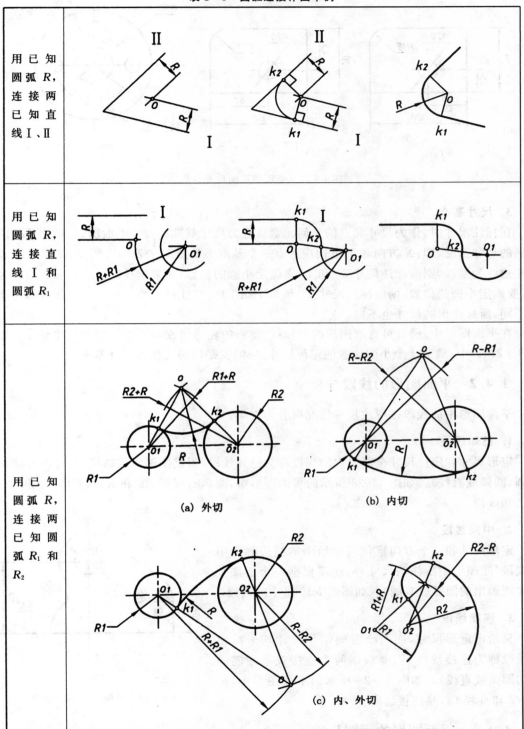
用 已 知 圆弧 R， 连 接 直 线 Ⅰ 和 圆弧 R_1	
用 已 知 圆弧 R， 连 接 两 已 知 圆 弧 R_1 和 R_2	

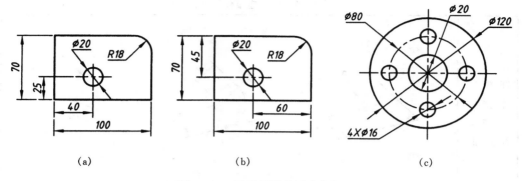

图 1-27　平面图形的尺寸分析

3. 尺寸基准

在标注尺寸时,作为尺寸起点的几何元素被称为尺寸基准。对于平面图形,必须要有两个方向的尺寸基准,即:X 方向和 Y 方向应各有一个基准。如图 1-27(a)中所示,如果以下边线和左边线为基准,则应标注尺寸 25 和 40 来确定小圆的位置;如果选择以上边线和右边线为基准,要确定小圆的位置,则应标注尺寸 45 和 60,如图 1-27(b)所示。由此可见,选择的尺寸基准不同,所标注出的尺寸也不同。

在平面图形中,通常可选取图形的对称线、图形的轮廓线或者圆心等作为尺寸基准。如在图 1-27(c)中,确定 4 个小圆位置的定位尺寸 $\varnothing80$,就是以圆心作为尺寸基准。

1.4.2　平面图形的线段分析

平面图形中的线段按所注尺寸情况可分为三类。

1. 已知线段

定形尺寸和定位尺寸全部给出的线段称为已知线段(根据图形所注的尺寸,可以直接画出的圆、圆弧或直线)。如图 1-28 所示的平面图形中,圆 $\varnothing8$、圆弧 $R9$ 和 $R12$,直线 L_1 和 L_2 都是已知线段。

2. 中间线段

定形尺寸和一个方向定位尺寸给出的线段称为中间线段(除图形中所注的尺寸外,还需根据一个连接关系才能画出的圆弧或直线)。如圆弧 $R10$ 是中间线段。

3. 连接线段

只给出定形尺寸,而两个方向定位尺寸均未给出的线段称为连接线段(需要根据两个连接关系才能画出的圆弧或直线)。如图 1-28 所示的平面图形中,圆弧 $R7$ 和直线 L_3,是连接线段。

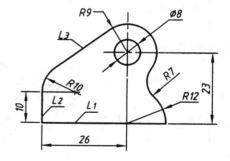

图 1-28　平面图形的线段分析

1.4.3　平面图形的画图步骤

在画平面图形时,首先应对平面图形进行尺寸分析和线段分析,在此基础上,再按以下画图步骤画图:先画出作图基准线,确定图形的位置;再画已知线段;其次画中间线段;最后画连接线段。图1-29所示为图1-28所示平面图形的具体画图步骤。

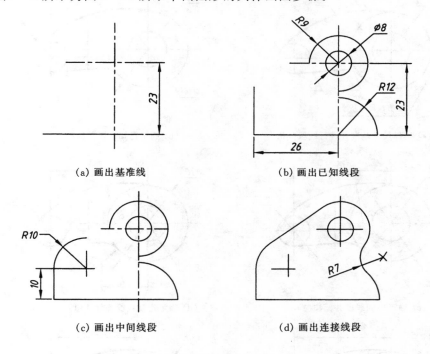

（a）画出基准线　　　　　　　　　　　　（b）画出已知线段

（c）画出中间线段　　　　　　　　　　　　（d）画出连接线段

图 1-29　平面图形的画图步骤

1.4.4　平面图形的尺寸注法

平面图形尺寸标注的基本要求,是要能根据平面图形中所注尺寸完整无误地确定出图形的形状和大小。为此,尺寸数值必须正确,尺寸数量必须完整(不遗漏,不多余)。

在标注平面图形尺寸时,首先应分析平面图形的结构,选择好合适的尺寸基准,然后确定图形中各线段的性质,即,哪些是已知线段,哪些是中间线段,哪些是连接线段,最后按已知线段、中间线段和连接线段的顺序,逐个注出尺寸。

我们在确定图形中各线段的性质时,必须遵循这条规律,即:在两已知线段之间若只有一条线段与其连接时,此线段必为连接线段;若有两条以上线段与其连接时,只能有一条线段为连接线段,其余为中间线段。因此,标注尺寸时必须注意每个线段的尺寸数量,否则必然产生矛盾。

下面以图1-30为例,说明平面图形的尺寸注法和步骤。

(1)分析图形结构,确定尺寸基准

该图是由 6 条线段构成,上下左右均不对称,应选圆心的中心线作为 X 方向尺寸基准和 Y 方向尺寸基准,如图1-30(a)所示。

(2)分析线段性质,确定已知线段并标注相应尺寸

由于∅14 和∅30 圆的中心线在基准线上,因此∅14 和∅30 圆为已知线段,而且该圆心到两个方向尺寸基准的定位尺寸均为零。再选∅12 圆为另一已知线段,则须标注其定形尺寸

21

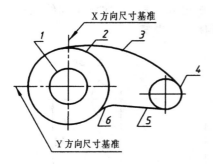

（a）选择尺寸基准并进行线段分析

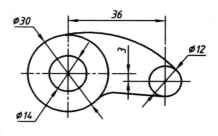

（b）确定已知线段并标注

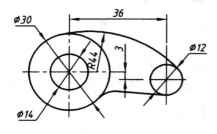

（c）确定中间线段并标注（1）

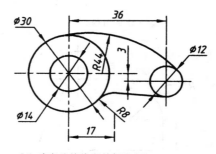

（d）确定连接线段并标注（1）

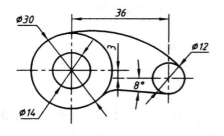

（e）确定中间线段并标注（2）

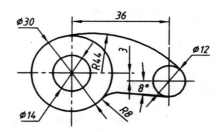

（f）确定连接线段并标注（2）

图 1－30　平面图形的尺寸注法

（∅12）和定位尺寸（36 和 3），如图 1－30（b）所示。

（3）确定中间线段和连接线段并标注相应尺寸

图形上部的 R44 圆弧是两已知线段之间的唯一圆弧，必是连接线段，因此只需标注其定形尺寸（R44），不能标注定位尺寸，如图 1－30（c）所示。

在图形下部 ∅30 和 ∅12 两已知线段之间有两条线段：R8 圆弧和一直线。若选直线为连接线段，则 R8 必为中间线段，这时除标注定形尺寸（R8）外，还需标注其定位尺寸（17），如图 1－30（d）所示。若选 R8 为连接线段，则直线必为中间线段，这时需标注直线的一个定位尺寸（8°）；而 R8 不能标注定位尺寸，如图 1－30（e）和图 1－30（f）所示。

第2章 点、直线、平面的投影

2.1 投影法的基本概念

2.1.1 投影法

在图 2-1 中,设平面 P 为投影面,平面 P 外一点 S 为投射中心,在 S 与 P 之间有一 $\triangle ABC$,过 S 作 SA 连线,称 SA 为投射线,SA 与投影面 P 相交于 a 点,则称 a 为空间点 A 在投影面 P 上的投影。同理可作出 B、C 两点在投影面 P 上的投影 b、c。而 $\triangle abc$ 为 $\triangle ABC$ 在投影面 P 上的投影。这种设定投射中心和投影平面以获得空间物体投影的方法称为投影法。

2.1.2 投影法的分类

1. 中心投影法

投射线汇交于一点(投射中心)的投影法,称为中心投影法,如图 2-1 所示。中心投影法常用于绘制透视图。

2. 平行投影法

将投射中心 S 移置距离投影面 P 无穷远处,这时投射线可视为相互平行,如图 2-2 所示,这种投射线相互平行得到投影的方法称为平行投影法。平行投影法又分为斜投影法和正投影法。

(1)斜投影法 投射线与投影面相倾斜的平行投影法,如图 2-2(a)所示。

(2)正投影法 投射线与投影面相垂直的平行投影法,如图 2-2(b)所示。

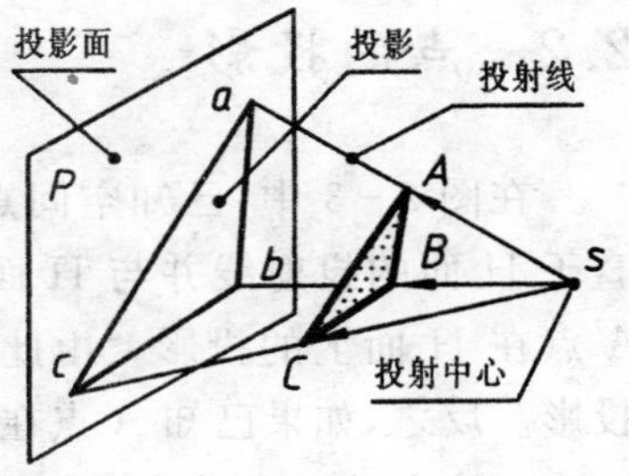

图 2-1 中心投影法

机械图样主要采用正投影法绘制。

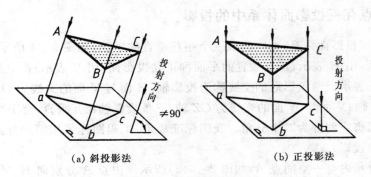

(a) 斜投影法   (b) 正投影法

图 2-2 平行投影法

2.1.3 正投影的基本特性

在表2-1中,列出了正投影的基本特性。

表2-1 正投影的基本特性

性质	真实性	积聚性	类似性
投影 示例			
性质 说明	当直线或平面平行于投影面时,则直线或平面在该投影面上的投影反映直线的实长或平面的实形	当直线或平面垂直于投影面时,则直线在该投影面上的投影积聚为一点;平面在该投影面上的投影积聚为一直线	当平面倾斜于投影面时,则平面在投影面上的投影面积变小,但投影形状仍与平面的空间形状相类似,即:空间为三角形投影仍为三角形,空间为四边形投影仍为四边形

2.2 点的投影

在图2-3中,已知空间点A和投影面H,过A作垂直于H面的投射线并与H面相交于a,则点a就是空间A点在H面上的投影。由此看来,一个空间点有唯一的投影。反之,如果已知A点在H面上的投影a,却不能唯一确定该点的空间位置。因为由a作H面的垂线时,垂线上所有各点的投影都位于a点处。为使空间物体与其投影具有唯一确定性,机械图样常采用多面正投影图。

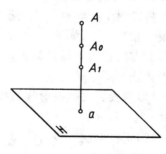

图2-3 点的投影

2.2.1 点在三投影面体系中的投影

首先,建立三投影面体系,在空间取三个相互垂直的平面,如图2-4所示,水平放置的平面称水平投影面,用H表示;正立放置的平面称正立投影面,用V表示;侧立投影面,用W表示。两投影面的交线称为投影轴,H面与V面的交线为OX轴;H面与W面的交线为OY轴;V面与W面的交线为OZ轴;三条投影轴相互垂直,交于原点O。

三个投影面将空间分为八个分角。我国标准规定,工程图样采用第一分角投影(英、美等国采用第三分角投影)。

设在第一分角内有一空间点A,如图2-5(a)所示。由点A分别向H、V、W面作投射线Aa、Aa'、Aa'',其交点a、a'、a''为空间点A的三个投影,分别称a为点A的水平投影,a'为点A

的正面投影,a''为点 A 的侧面投影。在这里我们约定:空间点 A 用大写拉丁字母 A、B、C…表示;其水平投影用相应的小写字母 a、b、c…表示;其正面投影用相应的小写字母加一撇 a'、b'、c'…表示;其侧面投影用相应的小写字母加两撇 a''、b''、c''…表示。

假想沿 Y 轴剪开,V 面保持不动,按图 2-5(a)中箭头所指方向,将 H 面绕 OX 轴向下旋转、W 面绕 OZ 轴向右旋转,使 H 面和 W 面与 V 面处于同一平面上,这时 Y 轴可看作被分成两个,位于 H 面上的为 Y_H 轴,位于 W 面上的为 Y_W 轴,如图 2-5(b)所示。去掉投影面的边框线,便得到了点的三面投影图,如图 2-5(c)所示。

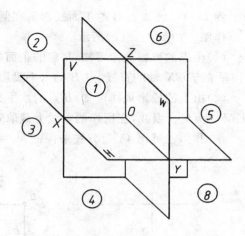

图 2-4　八个分角的划分

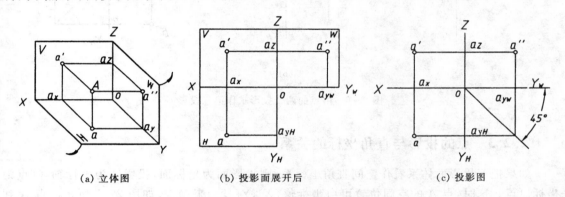

(a) 立体图　　　　　(b) 投影面展开后　　　　　(c) 投影图

图 2-5　点在三投影面体系中的投影图

2.2.2　点的投影规律

由于 H、V、W 这三个投影面相互垂直,因此投射线 Aa、Aa' 和 Aa'' 也必然相互垂直,从图 2-5(a)中可以看出:

$Aa = a'a_x = a''a_y$:即空间点 A 到 H 面的距离,等于点的正面投影到 X 轴的距离和点的侧面投影到 Y 轴的距离;

$Aa' = aa_x = a''a_z$ 即:空间点 A 到 V 面的距离,等于点的水平投影到 X 轴的距离和点的侧面投影到 Z 轴的距离;

$Aa'' = aa_y = a'a_z$ 即:空间点 A 到 W 面的距离,等于点的水平投影到 Y 轴的距离和点的正面投影到 Z 轴的距离。

从以上分析便可得出,点在三投影面体系中的投影规律:

(1)$a'a \perp OX$,即:点的正面投影和水平投影的连线垂直于 OX 轴;

(2)$a'a'' \perp OZ$,即:点的正面投影和侧面投影的连线垂直于 OZ 轴;

(3)$aa_x = a''a_z$,即:点的水平投影到 X 轴的距离等于侧面投影到 Z 轴的距离。

根据上述投影规律,我们可以由点的任意两个已知投影,求作点的第三投影。

例 2-1 已知点 B 的正面投影 b' 和侧面投影 b'',如图 2-6(a)所示,求作其水平投影 b。

作图 如图 2-6(b)所示。

(1)由点的投影规律可知,B 点的正面投影和水平投影的连线一定垂直于 OX 轴,因此,由 b' 作垂直于 OX 轴的直线,点 B 的水平投影 b 一定在此直线上。

(2)由点的投影规律可知,B 点的水平投影到 X 轴的距离应等于侧面投影到 Z 轴的距离,即:$bb_x = b''b_z$。因此,在所作的垂线上截取 $bb_x = b''b_z$,即可求得 b。

作图时,也可用 $45°$ 角分线来保证 $bb_x = b''b_z$,如图 2-6(c)所示。

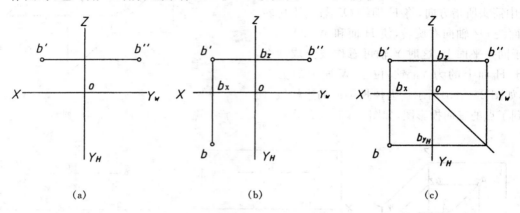

（a）　　　　　　　　　（b）　　　　　　　　　（c）

图 2-6　由点的两个投影求作第三投影

2.2.3　点的投影与直角坐标的关系

如果把三投影面体系看作空间直角坐标系,则投影面为坐标面,投影轴为坐标轴,O 点为坐标原点。这时,点 A 的空间位置可由坐标值 (X_a, Y_a, Z_a) 来确定,如图 2-7 所示。点 A 到

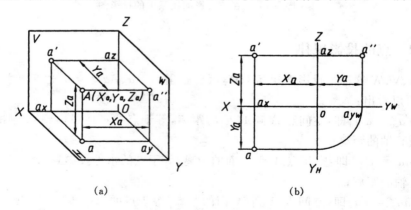

（a）　　　　　　　　　　　　（b）

图 2-7　点的投影与直角坐标的关系

W 面的距离就是它的 X 坐标 X_a,点 A 到 V 面的距离就是它的 Y 坐标 Y_a,点 A 到 H 面的距离就是它的 Z 坐标 Z_a。因此,点 A 的三个投影与其坐标的关系如下:

(1)水平投影 a 可由 X_a、Y_a 两坐标确定;

(2)正面投影 a' 由 X_a、Z_a 两坐标确定;

(3)侧面投影 a'' 由 Y_a、Z_a 两坐标确定。

由此可知,点的任意两个投影都能反映点的三个坐标值。反之,由点的一组坐标值(X_a,Y_a,Z_a)在三投影面体系中,有唯一的一组投影 a、a'、a'' 与之相对应。

当空间点为特殊点(点位于投影面或投影轴上)时,其投影情况如图2-8所示。点在三投影面体系中的投影规律,对于特殊点也完全适用。

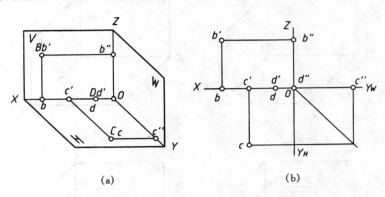

(a)　　　　　　　　　　(b)

图 2-8　特殊位置点的投影

例2-2　已知点 $B(20,10,15)$,求作其三面投影图。

作图　如图2-9所示。

(1)画出投影轴,在 OX 轴上截取 $ob_x=20$,如图2-9(a)所示。

(2)在 OY 轴上截取 $ob_y=10$,在 OZ 轴上截取 $ob_z=15$,见图2-9(b)。

(3)过 b_z 作 OX 轴的垂线,过 b_z、b_y 分别作 OZ 轴和 OY_H 的垂线,得交点即为 b、b'。

(4)再按点的投影规律作出 b'',如图2-9(c)所示。

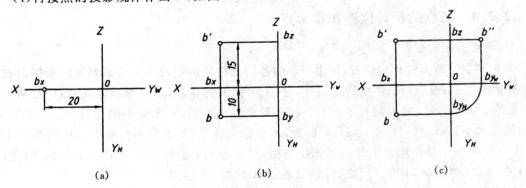

(a)　　　　　　　　　(b)　　　　　　　　　(c)

图 2-9　由直角坐标求作点的投影图

例2-3　根据图2-9(c)所示 B 点的投影图,画出其直观图。

作图　如图2-10所示。

(1)画坐标轴:X 轴画成水平方向,Z 轴画成铅垂方向,Y 轴与水平方向成 $45°$,按各轴的方向画出三个投影面(投影面大小可适当选取)。

(2)从 B 点的投影图上,按 $1:1$ 量取 ob_x、ob_y、ob_z,在直观图上沿各坐标轴,分别截得 b_x、b_y、b_z。

27

（3）过 b_x、b_y、b_z 分别画各轴的平行线，得点 B 的三个投影 b、b'、b''，如图 2-10(c) 所示。

（4）过 b 作 $bB/\!/OZ$；过 b' 作 $b'B/\!/OY$；过 b'' 作 $b''B/\!/OX$；所作三直线的交点即为空间点 B 的位置，如图 2-10(d) 所示。

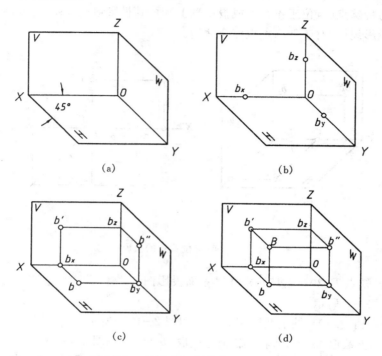

图 2-10　由直角坐标求作点的直观图

2.2.4　两点的相对位置和重影点

1. 两点的相对位置

要判别空间两点的相对位置，可由两点的各同面投影的相对坐标差来判断。根据两点的 x 坐标值的大小，可以判别两点的左、右位置，X 坐标大的在左，X 坐标小的在右；根据两点的 y 坐标值的大小，可以判别两点的前、后位置，Y 坐标大在前，Y 坐标小的在后；根据两点的 z 坐标值的大小，可以判别两点的上、下位置，Z 坐标大在上，Z 坐标小的在下。如图 2-11 所示，A 点的 x 和 y 坐标均大于 B 点的相应坐标，而 B 点的 z 坐标大于 A 点的 z 坐标，因此，称点 A 在点 B 的左、前、下方。反之，称点 B 在点 A 的右、后、上方。

2. 重影点

当空间两点在某一投影面的投影重合为一点时，则称这两个点是该投影面的一对重影点。一对重影点必然有两个坐标相同，如图 2-12 所示，由于 $X_a=X_c$，$Z_a=Z_c$，正面投影 c'、a' 必然重合为一点；而 $Y_a>Y_c$，这时称 A 点在 C 点的正前方，因此对 V 面的投影一定是 A 点遮挡了 C 点，这时称 A、C 两点是对 V 面的一对重影点，为了区别可见性，在投影图上把被遮挡的投影加上括号以示区别，如 $a'(c')$。同理，对 H 面的一对重影点，一定是一个点在另一个点的正上方（或正下方）；对 W 面的一对重影点，一定是一个点在另一个点的正左方（或正右方）。对重影点的可见性判别原则是：上遮下、左遮右、前遮后。（请读者自行分析，对 H 面和对 W 面的

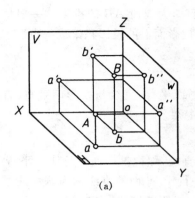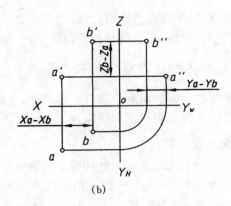

图 2-11　空间两点的相对位置

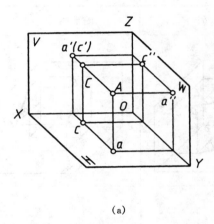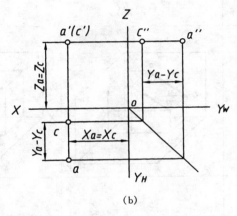

图 2-12　重影点

一对重影点必然有哪两个坐标相同?）

2.3　直线的投影

直线的投影可由直线上任意两点的投影确定。如图 2-13 所示，欲作线段 AB 的投影，只

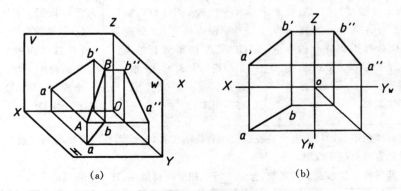

图 2-13　直线的投影

要分别作出 A、B 两点的投影,然后把各同面投影相连,即为线段 AB 的投影。一般情况下直线的投影仍为直线,当直线与投影面垂直时,直线在该投影面上的投影积聚成一点。

2.3.1 各种位置直线的投影特性

直线与投影面的相对位置有三种情况:直线与投影面平行,直线与投影面垂直,直线与投影面倾斜。下面分别讨论直线在这三种情况下的投影特性。

1. 投影面平行线

平行于一个投影面而与另外两个投影面都倾斜的直线,称为投影面平行线。平行于 V 面的直线称为正平线,平行于 H 面的直线称为水平线,平行于 W 面的直线称为侧平线。直线对 H、V、W 面的倾角分别用 α、β、γ 表示。投影面平行线的投影特性,见表 2-2。

表 2-2　投影面平行线的投影特性

名称	正平线(∥V)	水平线(∥H)	侧平线(∥W)
立体图			
投影图			
投影分析	1. 正面投影 $a'b'$ 反映实长 2. 正面投影 $a'b'$ 与 OX 轴和 OZ 轴的夹角 α、γ 分别为 AB 对 H 面和 W 面的夹角 3. 水平投影 $ab\ \mathbin{\!/\mkern-5mu/\!}OX$ 轴,侧面投影 $a''b''\ \mathbin{\!/\mkern-5mu/\!}OZ$ 轴,且都小于实长	1. 水平投影 cd 反映实长 2. 水平投影 cd 与 OX 轴和 OY_H 轴的夹角 β、γ 分别为 CD 对 V 面和 W 面的夹角 3. 正面投影 $c'd'\ \mathbin{\!/\mkern-5mu/\!}OX$ 轴,侧面投影 $c''d''\ \mathbin{\!/\mkern-5mu/\!}OY_W$ 轴,且都小于实长	1. 侧面投影 $e''f''$ 反映实长 2. 侧面投影 $e''f''$ 与 OZ 轴和 OY_W 轴的夹角 β、α 分别为 EF 对 V 面和 H 面的夹角 3. 正面投影 $e'f'\ \mathbin{\!/\mkern-5mu/\!}OZ$ 轴,水平投影 $ef\ \mathbin{\!/\mkern-5mu/\!}OY_H$ 轴,且都小于实长
投影特性	1. 在直线所平行的投影面上的投影反映直线的实长,反映实长的投影与相应投影轴的夹角,反映直线与相应投影面的夹角 2. 在其它两个投影面上的投影,分别平行于相应的投影轴,且小于直线的实长		

30

2. 投影面垂直线

垂直于一个投影面的直线(必然平行于其它两个投影面),称为投影面垂直线。垂直于 V 面的直线称为正垂线,垂直于 H 面的直线称为铅垂线,垂直于 W 面的直线称为侧垂线。投影面垂直线的投影特性见表 2-3。

表 2-3　投影面垂直线的投影特性

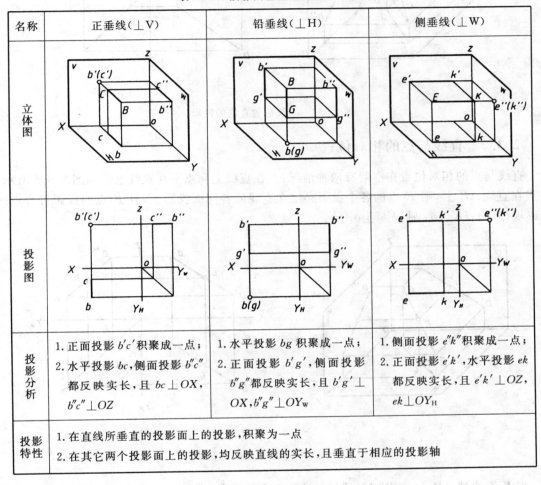

名称	正垂线(⊥V)	铅垂线(⊥H)	侧垂线(⊥W)
立体图			
投影图			
投影分析	1. 正面投影 $b'c'$ 积聚成一点; 2. 水平投影 bc,侧面投影 $b''c''$ 都反映实长,且 $bc⊥OX$,$b''c''⊥OZ$	1. 水平投影 bg 积聚成一点; 2. 正面投影 $b'g'$,侧面投影 $b''g''$ 都反映实长,且 $b'g'⊥OX$,$b''g''⊥OY_W$	1. 侧面投影 $e''k''$ 积聚成一点; 2. 正面投影 $e'k'$,水平投影 ek 都反映实长,且 $e'k'⊥OZ$,$ek⊥OY_H$
投影特性	1. 在直线所垂直的投影面上的投影,积聚为一点 2. 在其它两个投影面上的投影,均反映直线的实长,且垂直于相应的投影轴		

3. 一般位置直线

对三个投影面都倾斜的直线称为一般位置直线。由于一般位置直线对三个投影面都倾斜,如图 2-14 所示,因此,一般位置直线的投影特性为:

(1)三个投影都小于它的实长,即:$ab=AB\cos\alpha$;$a'b'=AB\cos\beta$;$a''b''=AB\cos\gamma$;

(2)三个投影与投影轴的夹角都不反映该直线对投影面的倾角。

对于一般位置直线如何求实长和倾角的问题,将在本章第 5 节投影变换中去介绍。

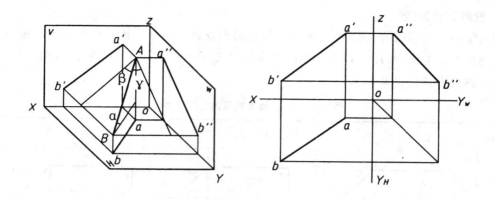

图 2-14 一般位置直线的投影

2.3.2 直线与点的相对位置

直线与点的相对位置在空间有两种情况:点在直线上和点不在直线上。如图 2-15 所示,K 点在直线 AB 上,则 K 点的各个投影必定在直线的各同面投影上,且 K 点的投影符合点的投影规律,即:$kk' \perp ox$ 轴,$k'k'' \perp oz$ 轴。

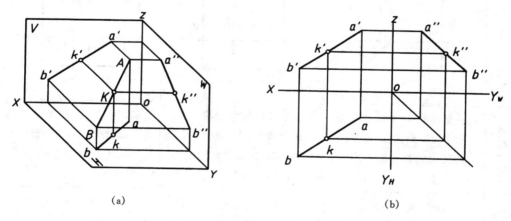

(a)   (b)

图 2-15　直线上点的投影

点 K 在直线 AB 上,并把 AB 线段分 AK 和 KB 两段,由于对同一投影面的投射线相互平行,即:$Aa \parallel Kk \parallel Bb$,$Aa' \parallel Kk' \parallel Bb'$,$Aa'' \parallel Kk'' \parallel Bb''$,因此,两线段长度之比等于其同面投影长度之比,即:$AK : KB = ak : kb = a'k' : k'b' = a''k'' : k''b''$。

由上述可知:点在直线上,则点的各个投影必在直线的各同面投影上,且点分割线段之比,等于其对应的投影长度之比(也称为定比定理)。反之,若点的各个投影在直线的各同面投影上,且分割线段成定比,则该点一定在直线上。否则该点不在直线上,如图 2-16 所示。

应用上述投影特性,可解决以下作图问题:

(1)在已知直线上求作定比分点的投影。

(2)判断点是否在直线上。

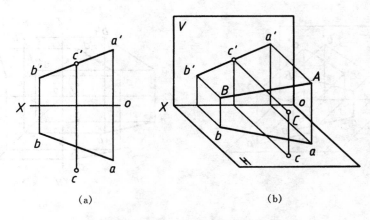

(a)　　　　　　　　　　　　(b)

图 2-16　点不在直线上的投影

例 2-4　已知直线 AB，以及点 K 的正面投影，且 $K \in AB$，求作 K 点的水平投影。

分析　由图 2-17(a)可知，由于 AB 为侧平线，我们不能直接求作 K 点的水平投影，这时可用以下方法来求：

方法 1　如图 2-17(b)所示，根据定比定理，则有 $a'k' : k'b' = ak : kb$。因此，过 a 沿任意方向作一斜线，在此斜线上截取：$ak_0 = a'k'$，$k_0b_0 = k'b'$，连接 bb_0，过 k_0 作 bb_0 的平行线，与 ab 的交点即为 k。

方法 2　如图 2-17(c)所示，在适当位置作 OZ 轴，求出 $a''b''$ 和 k''，再由 k'' 作出 k。

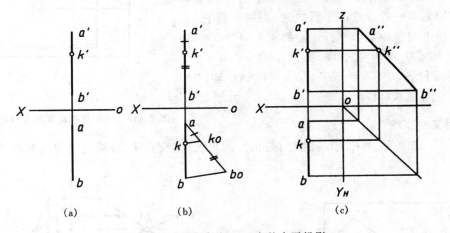

(a)　　　　　　　(b)　　　　　　　(c)

图 2-17　求作直线上 K 点的水平投影

2.3.3　两直线的相对位置

空间两直线的相对位置关系有三种情况：平行、相交和交叉。平行两直线和相交两直线为同面直线，交叉两直线为异面直线。现分别讨论它们的投影特性。

1. 平行两直线

如图 2-18 所示，AB、CD 在空间是相互平行的两直线。将它们向 H 面投射时，由于过 AB 和 CD 构成的两个投射面 $AabB$、$CcdD$ 是相互平行的，因此，它们与 H 面的交线也必定相互平行，

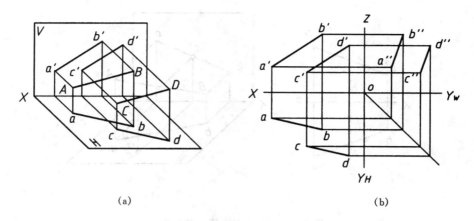

(a)   (b)

图 2-18 两平行直线的投影

即：$ab // cd$。同理可证 AB 和 CD 的正面投影和侧面投影也必定相互平行，即：$a'b' // c'd'$，$a''b'' // c''d''$。

由此可见，空间相互平行的两直线，其各同面投影必定相互平行。反之，若两直线的各同面投影相互平行，空间两直线也必定相互平行。

一般情况下，只要两直线有两组同面投影相互平行，则可判断此两直线在空间一定相互平行。但是，当两直线同为某一投影面的平行线时，则要根据它们在该投影面上的投影是否平行才能判断。如图 2-19 所示，AB 和 CD 都为侧平线，虽然 $ab // cd$、$a'b' // c'd'$，但侧面投影 $a''b''$ 不平行于 $c''d''$，所以 AB 和 CD 两直线在空间是不平行的。

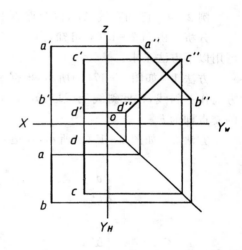

图 2-19 判断特殊位置两直线是否平行

2. 相交两直线

如图 2-20 所示，AB、CD 在空间是相交两直线，其交点 K 为两直线的共有点。因此，根

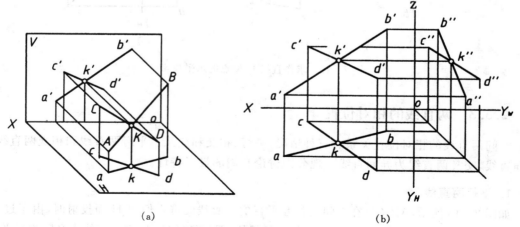

(a)   (b)

图 2-20 相交两直线的投影

据直线上点的投影性质,则 K 点的正面投影 k' 应在 $a'b'$ 上,同时又应在 $c'd'$ 上,所以 $a'b'$ 和 $c'd'$ 的交点,就是空间 K 点的正面投影 k'。同理 ab 和 cd 的交点及 $a''b''$ 和 $c''d''$ 的交点,分别是交点 K 的水平投影 k 和侧面投影 k''。

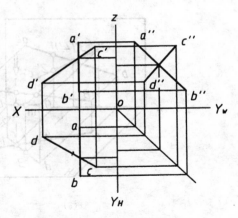

图 2-21 判别两直线是否相交

由上述可知,如果空间两直线相交,它们的同面投影必然相交,且交点符合点的投影规律。反之,如两直线的同面投影都相交,且交点符合点的投影规律,则此两直线在空间一定相交。

一般情况下,两直线只要有两组同面投影相交,且交点符合点的投影规律,则可判断此两直线在空间一定相交。但是,当两直线中有一条直线为某一投影面的平行线时,则要根据它们在该投影面上投影的交点与其它两投影面上的交点,是否符合点的投影规律才能判定。如图 2-21 所示,在两直线 AB 和 CD 中,AB 为侧平线,虽然 ab、cd 和 $a'b'$、$c'd'$ 都相交,但其侧面投影 $a''b''$、$c''d''$ 的交点与其它两个投影面上的同面投影交点之间,不符合点的投影规律,所以 AB、CD 两直线在空间不相交。

3. 交叉两直线

在空间既不平行又不相交的两直线为交叉两直线。若两直线在空间交叉,则它们的各同面投影不可能同时平行,如图 2-22 所示;或同面投影看起来相交,但其交点不符合点的投影规律,如图 2-21 和图 2-23 所示,它们都是交叉两直线。

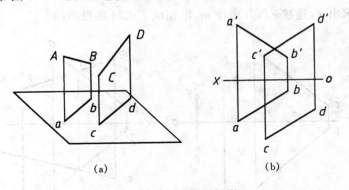

图 2-22 交叉两直线的投影(一)

交叉两直线在某一投影面上投影的交点,实际上是两直线上对该投影面的一对重影点的投影。对于交叉两直线应判别其重影点的可见性。从图 2-23(a)可以看出,水平投影 ab 与 cd 的交点 1(2),是直线 AB 上 Ⅰ 点和 CD 上 Ⅱ 点的投影,Ⅰ、Ⅱ 两点是对 H 面的一对重影点,由于 Ⅰ 点的 Z 坐标大于 Ⅱ 点的 Z 坐标,所以从上向下观察时,Ⅰ 点是可见点,Ⅱ 点是不可见点。同样,正面投影 $a'b'$、$c'd'$ 的交点 3'(4'),是直线 AB 上 Ⅲ 点和 CD 上 Ⅳ 点的投影,因为 Ⅲ、Ⅳ 两点是对 V 面的一对重影点。由于 Ⅲ 点的 Y 坐标大于 Ⅳ 点的 Y 坐标,所以从前向后观察时,Ⅲ 点是可见点,Ⅳ 点是不可见点。

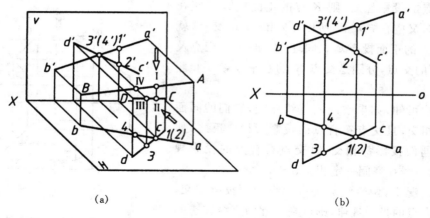

(a)   (b)

图 2-23 交叉两直线的投影(二)

例 2-5 已知直线 BA、CD,试过 E 点作一直线 EM 与 BA 和 CD 都相交,如图 2-24(a)所示。

分析

由图 2-24(a)可知,BA 为正垂线,正面投影积聚为一点 $b'(a')$,不管 EM 与 BA 在空间相交于哪一点,其正面投影 $e'm'$ 必通过 $b'(a')$ 点。因此应先作 EM 直线的正面投影,然后才可确定出了 EM 与 CD 的交点。

作图 如图 2-24(b)所示。

(1)过 e'、$b'(a')$两点作 $e'm'$,$e'm'$ 与 $c'd'$ 交于 f' 点。

(2)再由 f' 求出 f,连接 ef,并求作 m,即完成了 EM 的投影图。

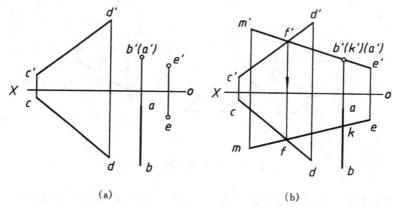

(a)   (b)

图 2-24 过 E 点作直线与 AB、CD 两直线相交

2.3.4 直角投影定理

直角投影定理:空间两直线垂直相交时,若其中一条直线平行于某一投影面,则此两直线在该投影面上的投影仍然相互垂直。反之,如相交两直线在某一投影面上的投影互相垂直,且其中一条直线为该投影面的平行线时,则此两直线在空间一定互相垂直。

证明如下:如图 2-25(a)所示,设 $AB \perp BC$,且 $AB \parallel H$ 面。因为 $AB \perp BC$,所以 $AB \perp$ 平

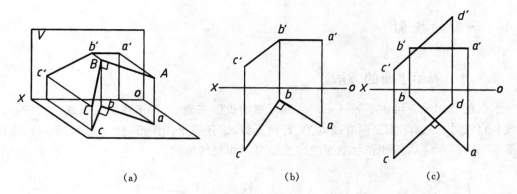

(a)　　　　　　　(b)　　　　　　　(c)

图 2-25　垂直相交两直线的投影

面 $BCcb$；又因为 $AB/\!/$ H 面，所以 $ab/\!/AB$，故 ab 垂直于平面 $BCcb$，从而可得 $ab\perp bc$。其投影如图 2-25(b)所示。

应当指出，直角投影定理对于交叉垂直两直线也同样适用。如图 2-25(c)所示。

根据直角投影定理可以解决许多平面图形的投影作图问题。

例 2-6　已知矩形 $ABCD$ 的一条边 BC 的两个投影和 AB 边的正面投影，且 AB 为水平线，试完成该矩形的投影，如图 2-26(a)所示。

分析

因为 AB 边为水平线，且 $ABCD$ 为矩形（$AB\perp BC$），根据直角投影定理，可在水平投影上直接作：$ab\perp bc$，求出 a。又因为矩形的对边相互平行，依据平行线投影特性，即可完成该矩形的投影。

作图　（1）在水平投影上直接作：$ab\perp bc$，求出 a，如图 2-26(b)所示。

（2）作 $cd/\!/ab$，$c'd'/\!/a'b'$，再作 $ad/\!/bc$ 求出 d。

（3）由 d 求出 d'，连接 $a'd'$（如作图准确应 $a'd'/\!/b'c'$），如图 2-26(c)所示。

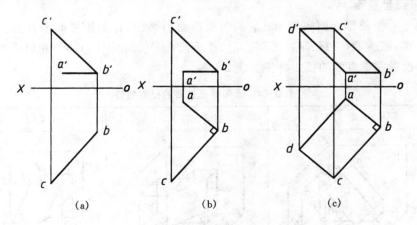

(a)　　　　　　　(b)　　　　　　　(c)

图 2-26　求作矩形 $ABCD$ 的投影

2.4 平面的投影

2.4.1 表示平面的方法

平面的空间位置可由下列任一组几何元素的投影来表示：①不在同一直线上的三点，②一直线和直线外一点，③相交两直线，④平行两直线，⑤任意平面图形，如三角形、平行四边形等。如图 2-27 所示。这几种表示平面的方式是可以相互转换的。

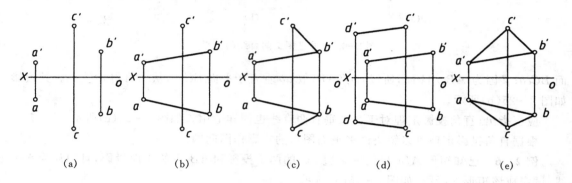

| (a) | (b) | (c) | (d) | (e) |

图 2-27　用几何元素表示平面

2.4.2 各种位置平面的投影特性

平面与任一投影面的相对位置都有三种情况：垂直于投影面、平行于投影面或倾斜于投影面。通常把前两类平面又称为特殊位置平面。平面与投影面 H、V、W 的倾角也分别用 α、β、γ 表示。下面讨论各种位置平面的投影特性。

1. 投影面垂直面

把垂直于一个投影面而倾斜于其它两个投影面的平面，称为投影面垂直面。投影面垂直面又分为三类：铅垂面（⊥H、倾斜于 V、W）、正垂面（⊥V、倾斜于 H、W）和侧垂面（⊥W、倾斜于 H、V）。投影面垂直面的投影特性见表 2-4。

表 2-4　投影面垂直面的投影特性

名称	正垂面（⊥V）	铅垂面（⊥H）	侧垂面（⊥W）
立体图			

名称	正垂面(⊥V)	铅垂面(⊥H)	侧垂面(⊥W)
投影图	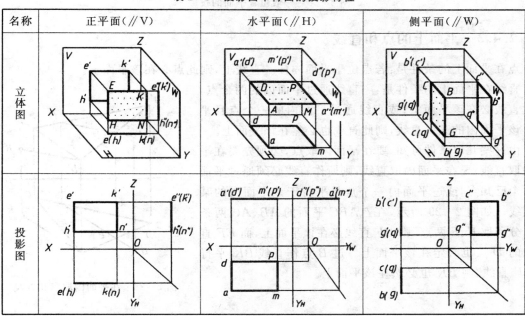		
投影分析	1. 正面投影积聚成一直线；它与 OX 轴和 OZ 轴的夹角分别为平面与 H 面和 W 面的真实倾角 α 及 γ 2. 水平投影和侧面投影都是类似形	1. 水平投影积聚成一直线；它与 OX 轴和 OY_H 轴的夹角分别为平面与 V 面和 W 面的真实倾角 β 及 γ 2. 正面投影和侧面投影都是类似形	1. 侧面投影积聚成一直线；它与 OZ 轴和 OY_W 轴的夹角分别为平面与 V 面和 H 面的真实倾角 β 及 α 2. 正面投影和水平面投影都是类似形
投影特性	1. 在平面所垂直的投影面上的投影积聚为一倾斜直线,该斜线与相应投影轴的夹角,反映平面与相应投影面的夹角 2. 在其它两个投影面上的投影,都是空间平面的类似形		

2. 投影面平行面

平行于一个投影面(必定垂直于其它两个投影面)的平面称为投影面平行面。投影面平行面又分为三类:水平面(∥H 同时⊥V、W)、正平面(∥V 同时⊥H、W)和侧平面(∥W 同时⊥H、V)。投影面平行面的投影特性见表 2－5。

表 2－5　投影面平行面的投影特性

名称	正平面(∥V)	水平面(∥H)	侧平面(∥W)
立体图			
投影图			

名称	正平面(//V)	水平面(//H)	侧平面(//W)
投影分析	1.正面投影反映实形 2.水平投影积聚成直线且平行于 OX 轴,侧面投影积聚成直线且平行 OZ 轴	1.水平投影反映实形 2.正面投影积聚成直线且平行于 OX 轴,侧面投影积聚成直线且平行 OY_W 轴	1.侧面投影反映实形 2.正面投影积聚成直线且平行于 OZ 轴,水平投影积聚成直线且平行 OY_H 轴
投影特性	1.在平面所平行的投影面上的投影,反映平面的实形 2.在其它两个投影面上的投影,积聚为直线且平行于相应的投影轴		

3. 一般位置平面

与三个投影面都倾斜的平面,称为一般位置平面。如图 2－28 所示,它的三个投影既不反映空间平面的实形,也没有积聚性,三个投影均为空间平面的类似形,因此它在三个投影面上的投影,也不能反映出它与三个投影面倾角的真实大小。

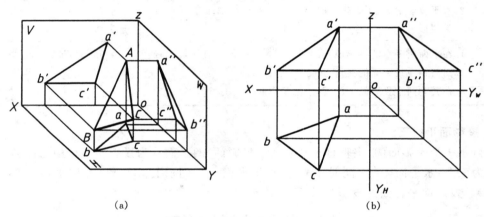

(a) (b)

图 2－28　一般位置平面的投影

2.4.3　平面上的点和直线

点在平面上的条件是:若点位于平面内任一直线上,则此点必在该平面上。

直线在平面上的条件是:一直线通过平面内的两个点,则此直线必在该平面上;或直线通过平面内的一个点且平行于该平面内的某一直线,则此直线也必然在该平面上。

由这些几何条件可知,要在平面内取点,必须先要在平面内取直线;要在平面内取直线,则所作直线必须通过平面内两个已知点,或过平面内一个点且平行于该平面内的某一直线。如图 2－29 所示,在 △ABC 平面的 AB、AC 两条边上分别取 E、F 两点,则 EF 直线必在该平面上,而 EF 直线上的 D 点也必定在该平面上。过 B 点作直线 BK 平行于 EF 直线,则 BK 也必然在该平面上。

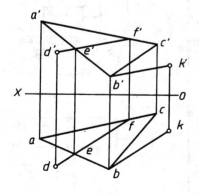

图 2－29　在平面内取点和直线

例 2-7　已知△ABC平面和D点，判断D点是否在△ABC平面上，如图2-30(a)所示。

分析

如果D点在△ABC平面上，那么它一定位于该平面的某一直线上。否则就不在平面上。

作图　如图2-30(b)所示。

(1)连接 a'd' 交 b'c' 于 e'，由 e' 求出 e。

(2)连接 ae。由于 d 点不在 ae 上，由此可判断：D 点不在△ABC平面上。

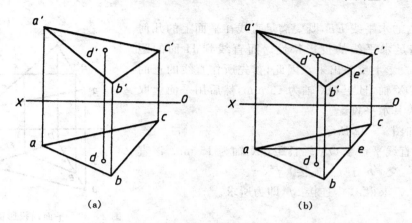

图2-30　判断点是否在平面上

例 2-8　已知五边形 ABCDE 的正面投影和 AB、BC 边的水平投影，试完成该平面的水平投影，如图2-31(a)所示。

分析

因为 A、B、C 三点已确定了五边形平面的空间位置，因此可用平面上取点、取线的方法，来完成该平面的水平投影。

作图　如图2-31(b)所示。

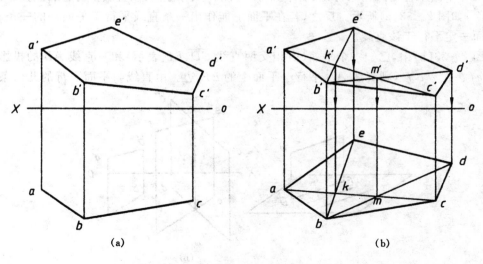

图2-31　求作五边形的水平投影

(1)连接 $a'c'$ 及 $b'e'$,得交点 k'。

(2)连接 ac,并在其上求出 k。

(3)连接 bk 并延长,在其上求出 e。

(4)用同样的方法可求出点 d,连接 $abcde$,即完成了该五边形的水平投影。

例 2 - 9 已知△ABC 平面,试在该平面上作一条距 H 面为 15 mm 的水平线 EF,如图 2 - 32 所示。

分析

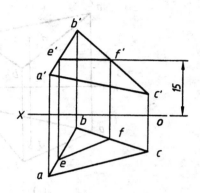

在平面内的水平线 EF,既要满足直线在平面上的几何条件,又要满足水平线的投影特性。而直线到 H 面的距离,可在正面投影上反映出来。因此,首先所作直线的正面投影平行于 OX 轴,且距 OX 轴为 15 mm,然后用平面上取线的方法完成其水平投影。

作图 如图 2 - 32 所示。

(1)作一直线平行于 OX 轴且距 OX 轴为 15 mm,该直线交 $a'b'$ 于 e',交 $c'b'$ 于 f',连接 $e'f'$。

(2)由 e'、f' 求得 e、f,连接 ef,即为所求。

图 2 - 32 平面内投影面的平行线

2.5 直线与平面、平面与平面的相对位置

直线与平面、平面与平面的相对位置关系有三种:平行、相交和垂直。其中垂直为相交的特殊情况。

2.5.1 平行关系

1. 直线与平面平行

直线与平面平行的几何条件是:若平面外一直线与平面内某一直线平行,则此直线必平行于该平面,如图 2 - 33(a)所示。反之,若在平面上能作出一条直线平行于平面外的一条直线,则此平面一定平行于该直线。

在图 2 - 33(b)中,已知一个平面(由相交两直线 CD、EF 表示)和一直线 AB 的投影。因为 $ab /\!/ ef$、$a'b' /\!/ e'f'$,则直线 AB 平行于平面上的 EF 边。由直线与平面平行的几何条件可

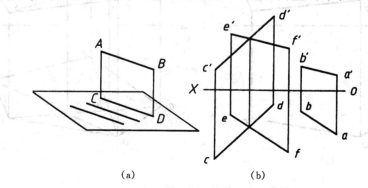

(a)   (b)

图 2 - 33 直线与平面平行的条件

42

知，直线 AB 一定平行于该平面。

根据直线与平面平行的几何条件，可以解决以下作图问题：判别直线与平面是否平行；过空间一点作直线平行于已知平面；过空间一点作平面平行于已知直线。

例 2-10 试判别 DE 直线是否平行于 $\triangle ABC$ 平面，如图 2-34 所示。

分析

假设 DE 直线平行于 $\triangle ABC$ 平面，则在 $\triangle ABC$ 平面上一定能作出一条直线平行于 DE 直线。

作图 在 $\triangle ABC$ 平面上作一直线 AF，使 $a'f' /\!/ d'e'$；由 a'、f' 求得水平投影 af。若 $af /\!/ de$，则与所设一致，即 DE 直线平行于 $\triangle ABC$ 平面。由于 af 不平行于 de，所以，DE 直线不平行于 $\triangle ABC$ 平面。

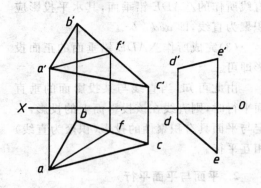

图 2-34　判别直线是否平行于平面

例 2-11 试过 A 点作一正平线，平行于 $\triangle BCD$ 平面，如图 2-35(a) 所示。

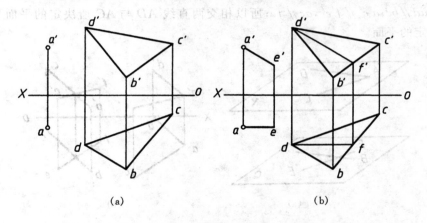

(a)　　　　　　　　　(b)

图 2-35　过点作直线平行于已知平面

分析

过平面外一点可以作无数条直线平行于该平面，但本题要求作一条正平线，那么，在平面上与它平行的直线，必定是平面上的正平线。

作图 如图 2-35 所示(b)。

(1)在 $\triangle BCD$ 上任作一正平线 DF。

(2)过 A 点作直线 AE 平行于 DF，即：$a'e' /\!/ d'f'$；$ae /\!/ df$。

例 2-12 过 A 点作一铅垂面平行于 BC 直线，如图 2-36(a) 所示。

分析

过 A 点先作一直线 AD 平行于 BC，包含 AD 直线所作的任一平面，都平行于 BC 直线。本题要求作一铅垂面。

作图 如图 2-36(b) 所示。

（1）过 A 点作直线 AD，使 $a'd' /\!/ b'c'$，$ad /\!/ bc$。

（2）根据铅垂面的投影特性，包含 AD 直线所作的 $\triangle ADE$ 铅垂面，其水平投影应积聚为直线，即 $aed /\!/ bc$。

（3）完成所作 $\triangle ADE$ 铅垂面的正面投影即可。

由此可知，当直线与某投影面的垂直面平行时，则直线在该投影面上的投影，一定与平面具有积聚性的投影（积聚为直线）相互平行。

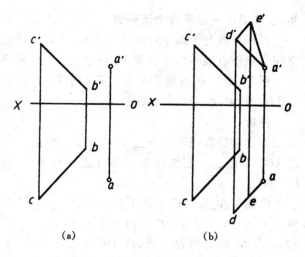

图 2-36　过点作平面平行于已知直线

2. 平面与平面平行

若在两个平面内各有一对相交直线对应平行，则这两个平面一定相互平行。如图 2-37（a）所示，$AD /\!/ BC$、$AC /\!/ FE$，则平面 **P** 一定平行于平面 **Q**。在图 2-37（b）中，因为 $a'd' /\!/ b'c'$，$ad /\!/ bc$；$a'c' /\!/ f'e'$，$ac /\!/ fe$；所以相交两直线 AD 与 AC 所决定的平面平行于 FE 与 BC 所决定的平面。

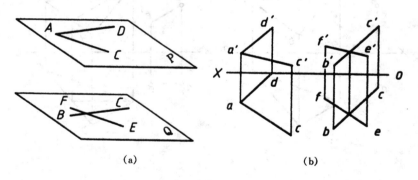

图 2-37　两平面平行的条件及投影图

当两平面同时垂直于某一投影面且相互平行时，则该两平面有积聚性的投影一定相互平行。如图 2-38 所示。

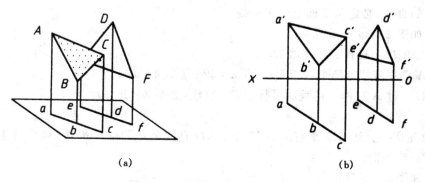

图 2-38　两特殊位置平面平行

例 2 - 13 试过 K 点作一平面平行于 $\triangle ABC$ 平面,如图 2 - 39(a)所示。

分析

过 K 点可作一直线 $DE /\!/ AB$、$FG /\!/ BC$;则 DE 和 FG 两相交(相交于 K 点)直线所决定的平面,一定平行于 $\triangle ABC$ 平面。

作图 如图 2 - 39(b)所示。

(1)过 k' 作直线 DE 使 $d'e' /\!/ a'b'$,过 k 作 $de /\!/ ab$。

(2)过 k' 作直线 FG 使 $f'g' /\!/ b'c'$,过 k 作 $fg /\!/ bc$。

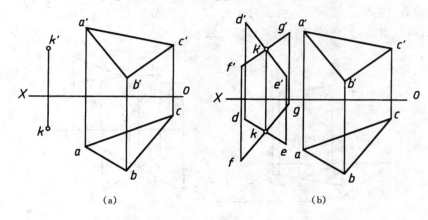

图 2 - 39 过点作平面平行于已知平面

2.5.2 相交关系

直线与平面、平面与平面不平行,则必定相交。

1. 直线与平面相交

直线与平面相交的交点是直线与平面的共有点。当相交的直线或平面其中之一具有积聚性时,可直接利用积聚性投影求交点,求出交点后,还应判别可见性。如图 2 - 40(a)所示,DE 直线与 $\triangle ABC$ 平面相交,当沿着投影方向观察时,DE 直线上有一段被平面遮挡为不可见,交点 K 是直线上可见与不可见部分的分界点,将可见部分画成实线,不可见部分画成虚线。对于直线(或平面)有积聚性的那个投影,一般不判别可见性。

在投影图上,可通过直接观察来判别其可见性,也可利用交叉两直线的重影点来判别其可见性。下面举例说明直线与平面相交,求交点的作图方法及可见性的判别方法。

例 2 - 14 求 DE 直线与 $\triangle ABC$ 平面的交点,并判别可见性。

分析

在图 2 - 40(a)中,DE 直线是一般位置直线,$\triangle ABC$ 平面是铅垂面,其水平投影积聚为一直线。此时 DE 直线与 $\triangle ABC$ 平面的交点 K 的水平投影 k,必定是 abc 与 ed 的交点;同时交点又是直线 ED 上的点,因此 k' 必定在 ED 直线的正面投影上。

作图 由图 2 - 40(b)的水平投影 abc 与 de 的交点,可直接求出交点 K 的水平投影 k;再用直线上求点的作图方法,即可作出 k'。

判别可见性。

（1）直接观察判别 由图 2 - 40(b) 的水平投影可以看出，ek 部分在 $\triangle abc$ 平面的前方，所以 $e'k'$ 为可见，画成粗实线。kd 部分在平面的后方，因此 $k'd'$ 与 $\triangle a'b'c'$ 平面重叠的部分为不可见，画成虚线，露出的部分仍画成粗实线。由于 $\triangle ABC$ 平面的水平投影积聚为直线，不可能遮挡直线，因此不需要判别可见性。

（2）利用重影点判别 在直线 DE 与 AB 边的正面投影上有一对重影点，即 $d'e'$ 与 $a'b'$ 的重影点 $1'2'$，然后分别在直线 de 与 ab 上求出 1 和 2，由于点 1 在点 2 之前，故 $1'$ 可见，说明 EK 部分在平面前方，因此 $e'k'$ 为可见，画成粗实线。以 k' 为分界点，$k'd'$ 与 $\triangle a'b'c'$ 平面重叠的部分为不可见，画成虚线，露出的部分仍画成粗实线。

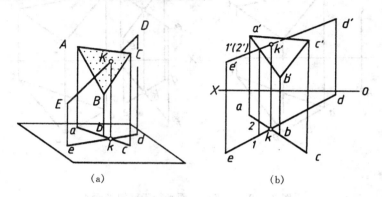

图 2 - 40 一般位置直线与特殊位置平面相交

例 2 - 15 求 EF 直线与 $\triangle ABC$ 平面的交点，并判别可见性。

分析

由图 2 - 41(a) 可以看出，EF 直线是正垂线，其正面投影积聚为一点，$\triangle ABC$ 平面是一般位置平面。由于直线的正面投影有积聚性，交点 K 的正面投影必定重影在 $e'(f')$ 上；同时交点又是平面上的点，所以 k' 也必定在 $\triangle a'b'c'$ 上，因此 在 $\triangle a'b'c'$ 上作辅助线 $a'g'$，再求出其水平投影 ag，ag 与 ef 的交点即为 K 点的水平投影 k。

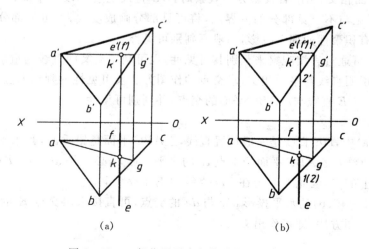

图 2 - 41 一般位置平面与特殊位置直线相交

判别可见性　利用重影点来判别。由图 2-41(b)可以看出，EF 直线与△ABC 平面的 BC 边在水平投影上有一对重影点 1(2)，由正面投影可以看出，EF 直线上的 Ⅰ 点在上（Z 坐标大）是可见点，BC 边上的 Ⅱ 点在下（Z 坐标小）是不可见点，因此 EK 段在平面的上方是可见的，画成粗实线，直线 EF 被平面遮住的部分为不可见，画成虚线。由于直线 EF 的正面投影积聚为一点，因此不需判别可见性。

2. 平面与平面相交

两平面相交的交线是两平面的共有线。当两相交平面中，有一个平面具有积聚性时，可利用积聚性来求交线。下面举例说明两平面相交求交线的作图方法。

例 2-16　求平面 $DEFG$ 与△ABC 平面的交线。如图 2-42(a)所示。

分析

$DEFG$ 平面是铅垂面，△ABC 是一般位置平面。为求得两平面的交线，可先分别求出 △ABC 上 AC 边和 BC 边，与铅垂面 $DEFG$ 的交点 K_1、K_2。连接 K_1K_2 即为两平面的交线。求出交线后，还应判别可见性。如图 2-42(a)所示，当沿着投影方向观察时，必然有一部分平面被另一平面遮挡为不可见，将可见部分画成粗实线，不可见部分画成虚线。交线 K_1K_2 是可见的，它是可见与不可见部分的分界线。

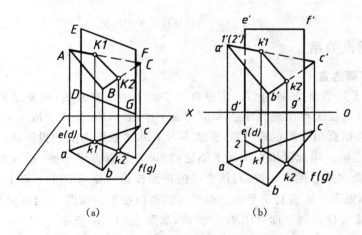

图 2-42　一般位置平面与特殊位置平面相交

作图　如图 2-42(b)所示，由水平投影可直接求出△ABC 上 AC 边和 BC 边，与铅垂面 $DEFG$ 的交点 K_1、K_2 的水平投影 k_1、k_2，连接 k_1k_2 即为交线的水平投影；再用直线上求点的作图方法，即可作出 $k'_1k'_2$，连接 $k'_1k'_2$ 即为交线的正面投影。

判别可见性　交线为可见。由于四边形 $DEFG$ 的水平投影有积聚性，所以它不可能将 △abc 遮挡住，因此，对于平面有积聚性的那个投影来说，不需判别可见性（此时水平投影不需判别可见性）。对于正面投影来说，可利用直接观察法来判断可见性。由图 2-40(b)的水平投影可以看出，abk_2k_1 部分在平面 $defg$ 的左前方，所以 $a'b'k'_2k'_1$ 为可见，画成粗实线。ck_1k_2 部分在平面 $defg$ 的右后方，因此 $d'e'f'g'$ 与 $c'k'_1k'_2$ 重叠的部分为不可见，画成虚线，露出的部分仍画成粗实线。也可利用重影点来判别可见性，即在交线所在边的任一侧，找一对重影点如 1'(2')，然后分别在直线 de 与 ac 上求出 1 和 2，由于点 1 在点 2 之前，故 1' 可见，说明 AK_1 部分在平面前方，因此 $a'k'_1$ 为可见，由此可推出 $a'b'k'_2k'_1$ 为可见。这与用直接观察法所判别的结果是完全一致的。然后将可见部分画成粗实线,被遮住的部分画成虚线。

当相交两平面同时垂直于某一投影面时,其交线一定是该投影面的垂直线。如图 2-43(a)所示,相交两平面同时垂直于水平投影面,因此交线 k_1k_2 在该投影面上的投影积聚成一点(两平面有积聚性投影的交点,就是交线有积聚性的投影),交线 k_1k_2 在其它投影面上的投影仍用直线上取点的方法求得,如图 2-43(b)所示。可见性判别方法同上(请读者自行分析)。

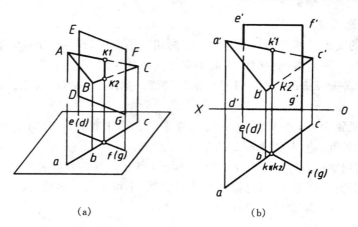

图 2-43 两特殊位置平面相交

2.5.3 垂直关系

1. 直线与平面垂直

若直线垂直于某平面,则该直线一定垂直于平面上的所有直线(过垂足或不过垂足)。如图 2-44(a)所示,若直线 MK 垂直于△ABC 平面,则在△ABC 平面上取一水平线 AE,则 MK 必垂直于 AE。根据直角投影定理可知,直线 MK 在水平投影面上的投影,一定垂直于 AE 的水平投影,即 $mk \perp ae$。由此可以得出如下结论:如果直线垂直于平面,则该直线的水平投影,一定垂直于平面上水平线的水平投影;该直线的正面投影一定垂直于平面上正平线的正面投影;该直线的侧面投影一定垂直于平面上侧平线的侧面投影。如图 2-44(b)所示。

例 2-17 试求 G 点到平面 $ABCD$ 的距离,如图 2-45(a)所示。

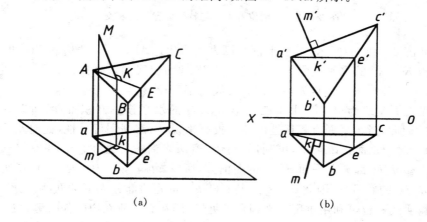

图 2-44 直线与平面垂直

48

分析

欲求 G 点到平面 $ABCD$ 的距离,必须先过 G 点作平面 $ABCD$ 的垂线,然后求出垂线与平面的交点,最后再求出距离的实长。由图 2-45(a)可知,平面 $ABCD$ 是正垂面,与它所作垂直的直线必然是正平线,因此,过 g' 作 $g'k'$ 垂直于平面 $ABCD$ 的正面投影 $a'b'c'd'$;过 g 作 gk // X 轴,则 $g'k'$ 与 $a'b'c'd'$ 的交点 k',即为垂足 K 的正面投影。$g'k'$ 就是 G 点到平面的真实距离。如图 2-45(b)所示。

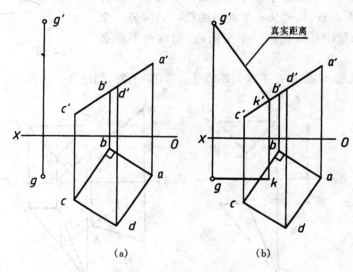

图 2-45 求点到平面的距离

例 2-18 试过 G 点作平面垂直于 AB 直线,如图 2-46 所示。

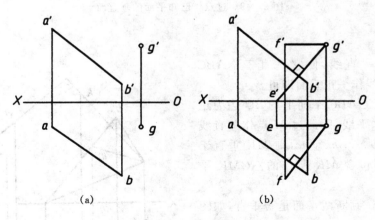

图 2-46 过点作已知直线的垂直面

分析

过 G 点作一正平线和水平线,使它们都垂直于 AB 直线,则该两直线所确定的平面一定垂直于 AB 直线。

作图 过 G 点作正平线 GE,使 $g'e' \perp a'b'$;过 G 点作水平线 GF,使 $gf \perp ab$,则 GF 和 GE 两相交直线所确定的平面即为所求。

49

2. 平面与平面垂直

两平面相互垂直的几何条件是：若一直线垂直于一平面，则过此直线所作的一切平面都垂直于该平面。如图2-47所示，直线 $AB \perp H$，过 AB 所作平面 $S,R,Q,\cdots$，都与平面 H 垂直。由此可知，要作一已知平面的垂直面时，必须先作一条直线垂直于该平面，然后过该垂线作平面即可。若要判断两平面是否垂直，可先从一平面内的任一点向另一个平面作垂线，如果所作直线在第一个平面内，则此两平面必定相互垂直。

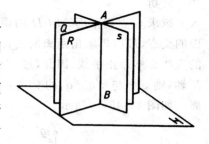

图 2-47　两平面垂直的条件

例 2-19　试过 M 点作一正垂面垂直于 $\triangle ABC$ 平面，如图 2-48 所示。

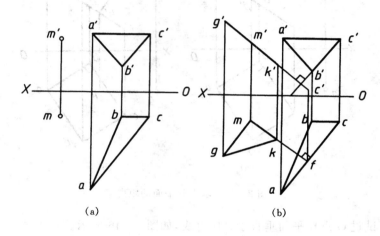

（a）　　　　　　　　　　（b）

图 2-48　过点作已知平面的垂直面

分析

过 M 点作一直线，使它垂直于 $\triangle ABC$ 面，再包含该直线作一正垂面即可。

作图　由于 $\triangle ABC$ 平面上的 BC 边为正平线，AC 边为水平线，因此过 M 点作一直线 MK，使 $m'k' \perp b'c'$、$mk \perp ac$，则 MK 垂直于 $\triangle ABC$ 平面；再包含 MK 所作的 $\triangle GMK$ 平面即为所求。

例 2-20　试判断两平面是否垂直，如图 2-49 所示。

分析

由两平面相互垂直的几何条件可知，过 $\triangle ABC$ 平面内的任一点 A，向另一已知平面作垂线 AK，然后判断 AK 是否在 $\triangle ABC$ 平面内，如果在，则此两平面必相互垂直。如图2-49所示，AK 不在 $\triangle ABC$ 平面内，所以两

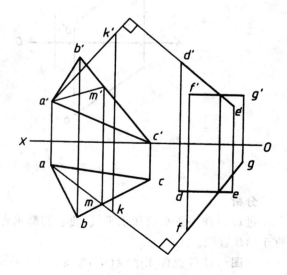

图 2-49　判断两平面是否垂直

平面不垂直。

在图 2-50 中,列出了平面与平面垂直的特殊情况。当两平面同时垂直于某一投影面,且两个有积聚性的投影反映直角时,则该两平面一定相互垂直,如图 2-50(a)所示。当两相交平面中有一平面在某一投影面上积聚为直线,且积聚的直线与另一平面上该投影面的平行线的投影垂直时,则该两平面一定相互垂直,如图 2-50(b)所示。当两平面分别平行于某一投影面时,则该两平面一定相互垂直,如图 2-50(c)所示。

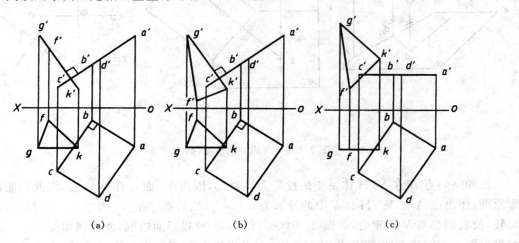

图 2-50　特殊情况下两平面的垂直问题

2.6　变换投影面法

2.6.1　换面法的基本概念

当空间直线或平面处于特殊位置时,在投影图上能够直接反映出某些投影特性,如直线的实长、平面的实形、直线和平面对投影面的倾角等。而直线和平面处于一般位置时,则不能直接反映这些投影特性。如何使空间直线或平面与投影面处于特殊位置呢?变换投影面法(以后简称换面法)是常用的方法之一。

让几何元素的空间位置保持不动,用一个新的投影面来代替原来的某一投影面,使空间几何元素与新的投影面处于有利于图解的位置,这种方法称为变换投影面法。

在变换投影面时,新投影面的选取必须符合以下两个基本条件:

(1)新的投影面必须与空间几何元素处于有利于图解的位置;

(2)新的投影面必须垂直于被替换投影体系中的某一投影面。

2.6.2　换面法的投影规律

1. 点的一次变换

如图 2-51(a)所示,在原投影体系 V/H 中,H 面保持不动,设一个新投影面 V_1,使 V_1 面垂直于 H 面,则 V_1/H 就构成一个新投影体系。通常我们把 V 面称为被替换投影面,H 面称为不变投影面,新设投影面 V_1 称为辅助投影面,V_1/H 体系称为辅助投影体系,V_1 面与 H 面

的交线 X_1 称为辅助投影轴。

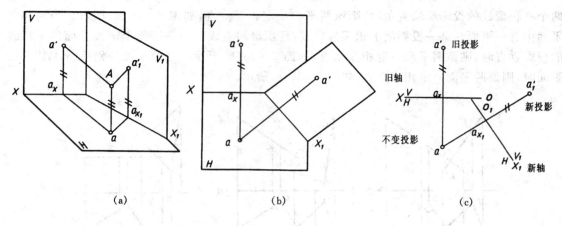

图 2-51 点的一次换面（换 V 面）

已知空间点 A 在 V/H 体系中的投影为 a 和 a'，因为 V_1 面垂直于 H 面，因此仍能用正投影原理，作出点 A 在 V_1/H 体系中的投影为 a 和 a'_1，然后顺序把 V_1 面绕 X_1 轴、H 面绕 X 轴旋转，使它们都与 V 面重合，如图 2-51(b)所示。去掉投影面边框，便得到如图 2-51(c)所示的投影图。为叙述方便，我们作以下约定：新设投影面与不变投影面的交线 X_1 称为新轴，被替换的投影面与不变投影面的交线 X 称为旧轴，点在新设投影面上的投影 a'_1 称为新投影，a' 称为旧投影，a 称为不变投影。那么，点在原投影体系和辅助投影体系中的投影具有下述规律：

(1)新投影与不变投影连线垂直于新轴($a'_1a \perp o_1x_1$)；

(2)新投影到新轴的距离等于被替换的旧投影到旧轴的距离($a'_1a_{x_1} = a'a_x$)。

同样，也可以设立一个 H_1 辅助投影面，使其垂直于 V 面，则 V/H_1 也构成辅助投影体系。同理，可得到 A 点在 V/H_1 体系中的辅助投影 a_1，如图 2-52 所示。

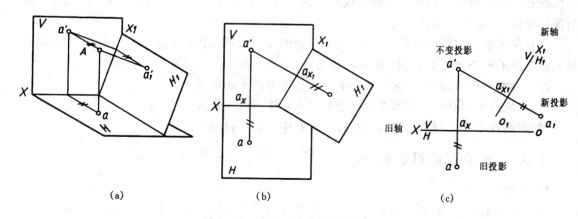

图 2-52 点的一次换面（换 H 面）

2. 点的两次变换

在解决实际问题时,常常需要连续两次或多次变换投影面。如图 2-53 所示,在进行点的两次投影变换时,其变换原理及求作点的辅助投影的作图方法,与点的一次变换完全相同。在进行多次变换时,应注意以下几点:

(1)交替变换投影面,即:$V/H \rightarrow V_1/H \rightarrow V_1/H_2 \rightarrow V_3/H_2 \rightarrow \cdots$;

(2)一次变换用注脚1,二次变换用注脚2,依次类推;

(3)在每一次变换中,与不变投影相邻的两个投影到各自投影轴的距离均相等。

依据这个规律可以作出任意多次变换后的辅助投影。

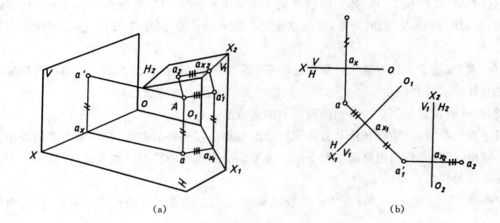

(a)   (b)

图 2-53　点的两次换面

3. 换面法的基本作图问题

(1)把一般位置直线变换为辅助投影面的平行线

如图 2-54(a)所示,一般位置直线 AB 在 V/H 体系中的投影,既不反映空间直线的实长,也不反映直线对投影面的倾角。现保持 H 面不动,新设一个辅助投影面 V_1,使得 V_1 面垂

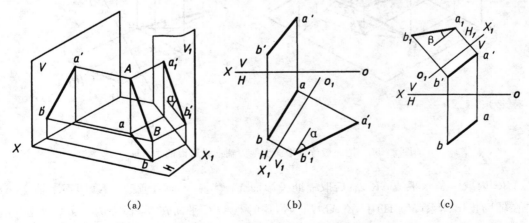

(a)   (b)   (c)

图 2-54　把一般位置直线变换为辅助投影面的平行线

直于 H 面且平行于 AB 直线,此时 AB 直线在 V_1/H 体系中,已成为 V_1 面的平行线,AB 直线在 V_1 面上的投影 $a'_1b'_1$ 反映实长,$a'_1b'_1$ 与 O_1X_1 轴的夹角反映直线 AB 对 H 面的倾角 α。其作图过程,如图 2-54(b) 所示。

①作新轴 X_1 平行于 ab(以保证 V_1 面平行于 AB,X_1 与 ab 的距离可以任选)。

②用点的换面法投影规律,作出 A、B 两端点的辅助投影 a'_1、b'_1。

③连接 $a'_1b'_1$,即为直线 AB 在辅助投影面 V_1 上的投影。则:$a'_1b'_1 = AB$,$a'_1b'_1$ 与 X_1 的夹角等于直线 AB 与 H 面的倾角 α。

同理,也可保持 V 面不动,新设一个辅助投影面 H_1,使得 H_1 面垂直于 V 面且平行于 AB 直线,这时 AB 直线在 V/H_1 体系中已成为 H_1 面的平行线,AB 直线在 H_1 面上的投影 a_1b_1 反映实长,a_1b_1 与 O_1X_1 轴的夹角,反映直线 AB 对 V 面的倾角 β。其作图过程,如图 2-54(c) 所示。

由此看来,欲求直线对某个投影面的倾角,则必须保留该投影面不动。可用换面法求出一般位置直线的实长和倾角 α、β、γ。(求 γ 的作图方法请读者自行思考)

(2)把一般位置平面变换为辅助投影面的垂直面

当平面为投影面垂直面时,其有积聚性投影与相应投影轴的夹角,就反映该平面与相应投影面的倾角。因此,我们用换面法把一般位置平面变换成辅助投影面的垂直面,从而可求出平面对投影面的倾角。

如图 2-55(a)所示,$\triangle ABC$ 为一般位置平面,若要把它变换为新投影面的垂直面,则先要

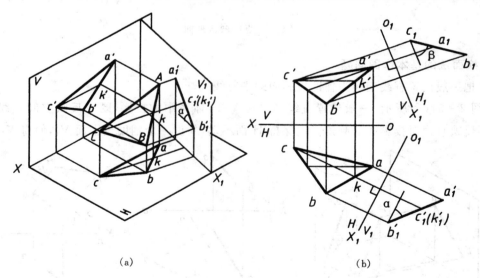

(a)   (b)

图 2-55 把一般位置平面变换为辅助投影面的垂直面

在 $\triangle ABC$ 内取一条水平线 CK,然后取辅助投影面 V_1 替换 V 面且垂直 CK(即:X_1 轴 $\perp ck$),于是在辅助投影体系(V_1/H)中,$\triangle ABC \perp V_1$,这时 $\triangle ABC$ 平面在 V_1 面上的投影 $a'_1b'_1c'_1$,就积聚成一直线,它与 X_1 轴的夹角,即为 $\triangle ABC$ 平面对 H 面的倾角 α。其作图过程,如图 2-56(b)所示。

54

欲求平面对 V 面的倾角 β,则要先在△ABC 内取一条正平线,然后取辅助投影面 H_1 替换 H 面,以建立辅助投影体系(V/H_1),并使△ABC $\perp H_1$,这时△ABC 平面在 H_1 面上的投影就积聚成一直线,它与 X_1 轴的夹角即为△ABC 平面对 V 面的倾角 β。

总之,欲求平面对某个投影面的倾角,则必须保留该投影面不动。

（3）一般位置平面变换为辅助投影面的平行面

由于△ABC 在 V/H 体系中是一般位置面,它与 V、H 面都不垂直,因而与它平行的辅助投影面也与 V、H 面都不垂直,这不符合建立新的辅助投影体系的条件,因此,一次变换是不能实现的,必须要经过两次变换才能解决。如图 2-56 所示,一次变换先把一般位置平面变换为辅助投影面的垂直面($V/H \rightarrow V_1/H$),二次变换再取辅助投影面 $H_2 \perp V_1$,且与△ABC 平面平行（即:X_2 轴 $// a'_1b'_1c'_1$）,这样,在 V_1/H_2 体系中△ABC 就成为 H_2 面的平行面。把一般位置平面变换成辅助投影面的平行面,可求得平面的实形。

变换投影面法也可用来解决其它一些涉及距离和夹角等方面的问题。

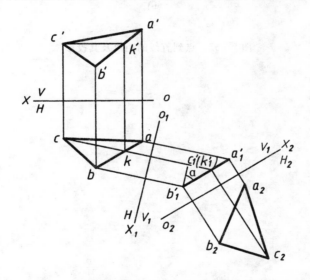

图 2-56　把一般位置平面变换成新的投影面的平行面

例 2-21　试求 C 点到已知直线 AB 的距离及其投影,如图 2-57(a)所示。

分析　当直线 AB 垂直于某一投影面时,则在该投影面上 C 点投影与直线积聚成点投影的连线即为所求,需二次变换。

作图　（1）将一般位置直线 AB 变为新投影面的垂直线 a_2b_2,如图 2-57(b)所示。

（2）连接积聚点与 C 点在新投影面的投影 c_2,垂足为 k_2,c_2k_2 即为距离实长。

（3）c_2k_2 为新投影面平行线,所以 $c'_1k'_1$ 平行于投影轴 O_2X_2,得点 k'_1;AB 直线上求点即得 K 点的投影 k、k',连接 $c'k'$、ck,如图 2-57(c)所示。

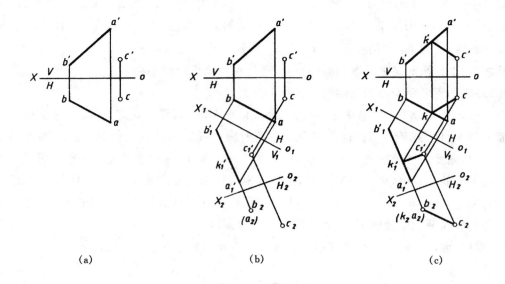

(a)   (b)   (c)

图 2-57　点到直线的距离及其投影

第3章 基本体的三视图

任何复杂的物体都可以被分解成一些简单的立体,最常用的简单立体(即单一的几何形体)称为基本几何形体,简称基本体。根据基本体表面性质的不同又可分为平面立体和曲面立体两种。

平面立体 由平面包围而成的形体,其表面都是平面,如棱柱、棱锥等。

曲面立体 由曲面或曲面和平面围成的形体,其表面是曲面、曲面和平面。机械零件中最常见的曲面立体是回转体,如圆柱、圆锥等。

三视图是指立体在三投影面(V、H、W)上的投影。本章主要讨论基本体的三视图画法,以及在其表面上取点、取线的作图方法。

3.1 三视图的形成及其投影规律

在机械制图中,通常把互相平行的投射线当作人的视线,那么物体的投影就称为视图。如图 3-1(a)所示,将立体放置于三投影面体系中,分别向 H、V、W 面进行投影,把立体的正面投影称为主视图,水平面投影称为俯视图,侧面投影称为左视图,立体的这组投影简称为三视图。三视图的配置,如图 3-1(b)所示。

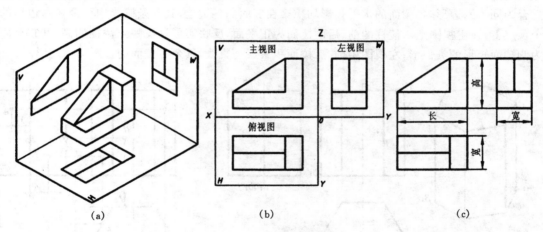

图 3-1 三视图的投影规律

把物体左右方向(X 方向)的尺寸称为长,前后方向(Y 方向)的尺寸称为宽,上下方向(Z 方向)的尺寸称为高。画三视图时,采用无轴投影(不画投影轴),立体的可见轮廓线画成粗实线,不可见的轮廓线画成虚线,当可见轮廓线与不可见的轮廓线投影重叠时只画粗实线。由图 3-1(c)可以看出:主视图和俯视图都反映了物体的长度,主视图和左视图都反映了物体的高度,俯视图和左视图都反映了物体的宽度。因而,三视图间存在下述关系:

主视图和俯视图——长对正

主视图和左视图——高平齐

俯视图和左视图——宽相等

"长对正、高平齐、宽相等"是三视图之间的投影规律。

3.2 平面立体的三视图

平面立体的基本形式有两类:棱柱和棱锥。

平面立体的侧面叫棱面,棱面与棱面的交线是棱线,底面与棱面的交线是底面的边。棱柱体的表面是由棱面和上、下两个底面所围成,各棱线互相平行且垂直于底面的棱柱体称为正棱柱,正棱柱体的各棱面都是矩形。

棱锥体的表面是由棱面和一个底面所围成,各棱线相交于一点,棱锥体的各棱面都是三角形。若用一平行于底面的平面截去锥顶,即成锥台,锥台的棱面都是梯形。

通常以底面的边数来命名棱柱和棱锥,如三棱柱、四棱锥等。画平面立体的三视图,就是画出围成平面立体的各棱面和底面的投影,或者说画出围成平面立体的各棱线和顶点的投影。

3.2.1 棱柱

1. 棱柱体的三视图

为便于画图和看图,通常把棱柱体的底面置于与某一投影面平行的位置。如图3-2(a)所示,放置六棱柱的上、下底面平行于水平投影面,且前、后两棱面平行于正立投影面,主视图的投影方向如图3-2(a)"A"的指向,此时在俯视图上反映六棱柱上、下底面的真形,且上、下两底面重合为同一六边形,各棱面的水平投影均积聚在底面的各边上,其六条棱线均积聚在六边形的六个顶点上;在主视图上六棱柱的前、后两棱面为正平面,反映实形且反映六棱柱的高,其它棱面均为侧棱面矩形的类似形;左视图中前、后棱面积聚成一直线,其余各棱面的投影均为矩形。

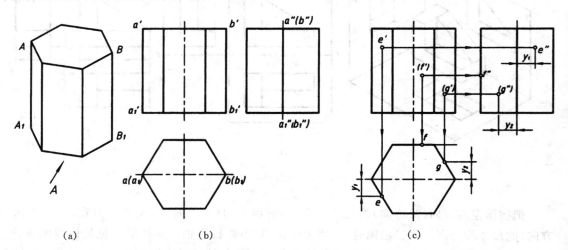

图3-2 六棱柱三视图的作图和体表面取点

画棱柱体三视图时,应先画反映底面实形的视图,再根据棱柱体的高度,按三视图的投影规律画出其余两个视图,如图3-2(b)所示。其具体画图步骤如下:

(1)分别画出三个视图的基准线;

(2)画出反映上、下底面实形(此处为正六边形)的俯视图;

(3)根据棱柱的高度,按三视图的投影关系画出主、左两视图;

(4)擦去多余的线,整理加深。

2. 在棱柱体表面上取点

在平面立体表面上取点,首先要根据点的已知投影的位置和可见性,确定出点或线位于立体的哪个面上,然后用平面上取点、取线的作图方法来进行投影作图。对于特殊位置棱面上的点或线,可以利用平面的积聚性直接作出,一般位置平面上的点或线,则需要作辅助线求出。其可见性判别的依据是:当点或线所在平面的投影可见时,则它们的投影可见,否则为不可见。

例 3-1 在图 3-2(c)中,已知六棱柱表面上点的正面投影 e'、(f')、(g'),求此三点在另外两个视图上的投影,并判断可见性。

分析

由图 3-2(c)可知,E 点在左前棱面上,其俯视图可利用积聚性直接作出,其左视图可利用"高平齐、宽相等"的投影规律作出,e'' 点在左视图上为可见点;F 点在正后棱面上,其俯视图和左视图均可利用积聚性直接作出。G 点在右后棱面上,其作图方法与 E 点相同,g'' 不可见。

3.2.2 棱锥

1. 棱锥体的三视图

为便于画图,通常把棱锥体的底面置于与某一投影面平行。图 3-3(a)为一四棱锥,它的底面是四边形且与 H 面平行,锥底在俯视图上的投影反映实形,正面和侧面都积聚为水平方向的直线段。各棱面是一般面,它们的三个投影均为三角形。棱线 SA、SB、SC、SD 均为一般线,各棱线的交点即为锥顶 S。

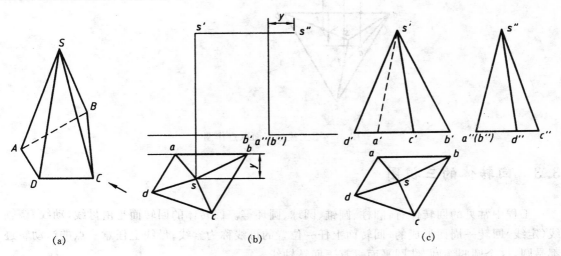

图 3-3 四棱锥三视图作图

作图步骤如下:

(1)如图 3-3(b)所示,应先画基准线,以底面为高度方向的基准,以底面上的侧垂线 ab 为宽度方向的基准;

（2）画出反映底面实形的俯视图及底面的其余两个视图；作出锥顶 S 的水平投影 s ，根据四棱锥的高度，即可作出其正面投影 s' 及侧面投影 s''，如图 3-3(b)所示；

（3）将锥顶 S 和底面各顶点 A、B、C、D 的同面投影连线。由于 $s'a'$ 棱线被前棱面遮挡不可见，用虚线画出，其余均加深成粗实线，如图 3-3(c)所示。

2. 在棱锥体表面上取点

在棱锥体表面上取点，可利用直线上取点或平面上作辅助线的方法来作图。

例 3-2 如图 3-4 所示，已知三棱锥表面上 E 和 F 点的正面投影 e'、f'，求该两点的另外两个投影，并判断可见性。

分析

由图 3-4 可以看出，由于 e' 为可见点，所以 e 点在 SAC 棱面上。在主视图的 $s'a'c'$ 面上过 e' 作辅助线 $a'1'$，再作出 $a1$ ，则点的水平投影 e 在辅助线 $a1$ 上，e'' 据投影规律作出；F 点在 SB 棱线上，可直接利用在直线上取点的方法求得 f 和 f''。由于 E 点所在 SAC 面的水平投影及侧面投影均可见，所以 e、e'' 为可见；棱线 SB 的水平投影可见，f 亦可见。

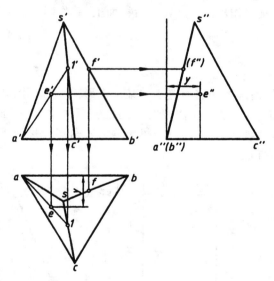

图 3-4 三棱锥表面取点作图

3.3 回转体的三视图

工程中常见的回转体有：圆柱、圆锥、圆球、圆环等。回转体的回转面是由母线（动线）绕轴线（定线）回转一周而形成的，回转面上任一位置的母线称为素线；母线上任意一点的运动轨迹都是圆，这个圆叫纬圆，纬圆平面垂直于回转轴线。

3.3.1 圆柱体

1. 圆柱体的三视图

圆柱体是由圆柱面及上、下底圆所围成。圆柱面是由一直线作为母线绕与其平行的轴线回转一周而形成的，圆柱面上的每一素线均与轴线平行。

画圆柱体的三视图时，一般把圆柱体的轴线置于投影面的垂直位置，使上、下底圆平行于投影面。如图 3-5(a)所示，让圆柱体上、下底圆与 H 面平行，此时圆柱体的轴线为铅垂线，圆柱面上的每一素线均为铅垂线，因此圆柱面的俯视图积聚为一圆，该圆所围的圆平面反映底圆的实形(上、下底圆重合为同一圆)。主视图和左视图是大小相同的矩形，圆柱体底圆积聚为矩形的上、下两条边，在主视图和左视图中，圆柱体的轴线用点划线画出，圆柱面上的素线只画出**转向轮廓素线**(确定回转面投影范围的素线)的投影，其它素线不画。主视图只画出最左、最右转向轮廓素线 AA_1、BB_1 的投影，左视图只画出最前、最后转向轮廓素线 CC_1、DD_1 投影。在主视图中转向轮廓素线 AA_1、BB_1 的投影把圆柱面分为前半个圆柱面和后半个圆柱面，前半个圆柱面可见，后半个圆柱面不可见；在左视图中转向轮廓素线 CC_1、DD_1 的投影把圆柱面分为左半个圆柱面和右半个圆柱面，左半个圆柱面可见，右半个圆柱面不可见。圆柱体的三视图如图 3-5(b)所示。

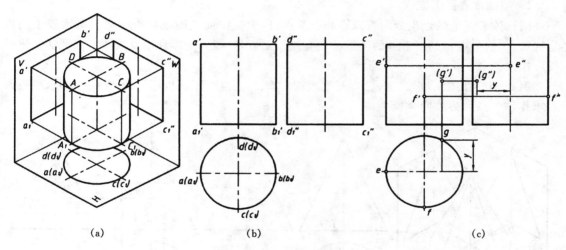

(a)　　　　　　　　　　(b)　　　　　　　　　　(c)

图 3-5　圆柱的三视图分析与作图

2. 圆柱体表面上取点

圆柱体表面上的点分为特殊点和一般点，位于投影转向轮廓素线上的点是特殊点，这些点可利用直线的投影特性直接作出，一般点则需利用圆柱面的积聚性投影来进行作图。

例 3-3　如图 3-5(c)所示，在圆柱体表面上，已知 E、F、G 点的正面投影 e'、f'、(g')，求作它们的另外两个投影 。

分析

E 点在最左投影转向轮廓素线上，F 点在最前投影转向轮廓素线上，这两点可利用投影关系直接求出其水平投影 e、f 和侧面投影 e''、f''。G 点在圆柱面的右后方，为一般点，利用圆柱面水平投影的积聚性，即可求出 G 点的水平投影 g，再根据点的正面投影 (g') 与水平投影 g，求得侧面投影 (g'')。

3.3.2　圆锥

1. 圆锥体的三视图

圆锥体是由圆锥面与一底圆所围成。圆锥面是由一直母线绕与其相交的轴线回转一周而形成的,素线与轴线的交点为锥顶,圆锥面上每一素线均与轴线相交,纬圆是平行于底圆的一组圆,如图3-6(a)所示。

画圆锥的三视图时,一般把圆锥体的轴线置于投影面的垂直位置,使底圆平行于投影面,图3-6(a)、(b)是轴线垂直于水平面的圆锥体的直观图与三视图,其俯视图为圆,这个圆既是圆锥体底圆的投影,又是圆锥面的投影。主视图和左视图是相同的等腰三角形,等腰三角形的底边是圆锥底圆有积聚性的投影,两腰分别为圆锥面上投影转向轮廓素线的投影。最左、最右转向轮廓素线 SA、SB 把圆锥面分为前半个圆锥面和后半个圆锥面,在主视图中前半个圆锥面可见,后半个圆锥面不可见;最前、最后转向轮廓素线 SC、SD 把圆锥面分为左半个圆锥面和右半个圆锥面,在左视图中左半个圆锥面可见,右半个圆锥面不可见。请读者对照图3-6(b),自行分析圆锥面上四条转向轮廓素线投影在圆锥体三视图中的位置。

2. 圆锥体表面上取点

圆锥体表面上的点也分为特殊点和一般点,位于圆锥面上四条投影转向轮廓素线上的点是特殊点,这些点可利用直线的投影特性直接作出,而一般点则需利用素线法或纬圆法来进行投影作图。

例3-4 在图3-6(c)中,已知圆锥表面上 E、F 两点的正面投影 e'、f' 及 G 点的水平投影 g,求作该三点的另外两个投影。

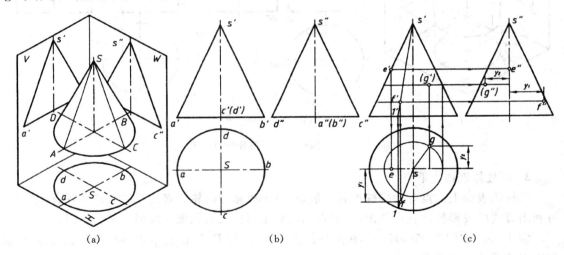

(a)	(b)	(c)

图3-6 圆锥体的三视图与求点作图

分析与作图

由 E 点的已知投影 e' 可判断,E 点在圆锥面的最左转向轮廓素线上,该点在俯视图和左视图上均可见。因此可直接作出 e、e''。

由 F 点的已知投影 f' 可判断,F 点在左、前半个锥面上,该点在俯视图和左视图上均可见。用素线法作图,在主视图上过 f' 作素线 $s'1'$(在圆锥表面取线必须过锥顶),再作 $s1$,由 f' 作投射线与 $s1$ 的交点,即为 f,据 f'、f 可得 f''。

由 G 点的已知投影 g 可判断,G 点在右后锥面上,该点在主视图和左视图上均不可见。用纬圆法作图,过点的水平投影 g 作纬圆,再按图示箭头方向作出纬圆的正面投影,过 g 作投射线与纬圆正面投影的交点即为g'；再由g与g'即可求得(g'')。

3.3.3 圆球

1. 圆球的三视图

圆球体是由球面所围成的立体。圆球面是以一半圆为母线以其直径为轴线回转一周而形成，素线是半圆线，纬圆是与轴线垂直的一组大小不等的圆。

圆球体的三个视图都是与圆球直径相等的圆，如图3-7(a)所示。这三个圆分别是圆球体表面上对三个投影面的投影转向轮廓圆。主视图上的圆是圆球面对V面的投影转向轮廓圆A，它把圆球面分为前半球面和后半球面；俯视图上的圆是圆球面对H面的投影转向轮廓圆B，它把圆球面分为上半球面和下半球面；左视图上的圆是圆球面对W面的投影转向轮廓圆C，它把圆球面分为左半球面和右半球面。圆球三视图如图3-7(b)，在主视图上，前半球面可见，后半球面不可见；在俯视图上，上半球面可见，下半球面不可见；在左视图上，左半球面可见，右半球面不可见。

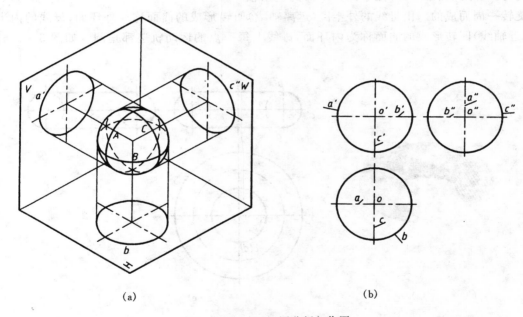

(a) (b)

图3-7 圆球三视图分析与作图

2. 圆球表面上取点

位于圆球体表面上三个投影转向轮廓圆上的点是特殊点，这些点可利用投影特性直接作出。而一般点则需利用辅助纬圆法进行投影作图，在圆球表面作辅助纬圆法时，一定要与各投影面平行。

例3-5 如图3-8所示，已知圆球表面上点的正面投影e'、(f')、g'，求点的另外两个投影。

分析

由e'可知，E点位于圆球面对V面转向轮廓圆上，由g'可知，G点位于圆球面对W面转向轮廓圆上，E、G两点均为特殊点，可利用投影特性直接作图。由于该两点在圆球面的左上方

63

和前上方,因此 E、G 两点在俯视图和左视图上的投影均可见。

由(f')可知,F 点位于圆球面的右后下方,该点在俯视图和左视图上均不可见。过 f' 作平行于正面的纬圆,作此纬圆水平面投影,再过 f' 向水平面引投射线与纬圆水平投影的交点即得(f),由(f')、(f)求得(f''),如图 3-8 所示。

该问题若采用水平纬圆或侧平纬圆应如何作图,请读者自行分析。

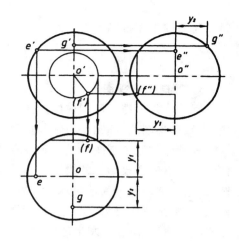

图 3-8 圆球体表面取点

3.3.4 圆环体的三视图

1. 圆环体的三视图

圆环体的表面是圆环面。圆环面是由一母线圆绕与其(除该圆轴线外)处于同一平面的一条轴线旋转一周而成的。由母线的外半圆(远离轴线)回转形成的曲面称为外环面,母线的内半圆(靠近轴线)回转形成的曲面称为内环面,母线上每一点的运动轨迹都是圆。如图 3-9(a)所示。

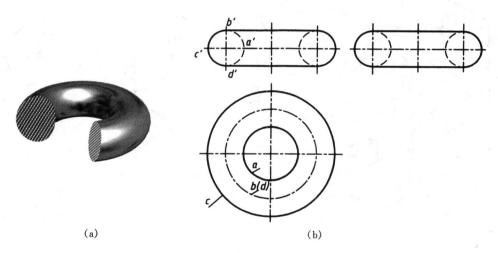

(a)   (b)

图 3-9 圆环三视图

图 3-9(b)为轴线垂直于水平投影面的圆环体的三视图,其俯视图是两个同心圆,该两个同心圆是环面上对水平投影面的投影转向轮廓纬圆的投影,它们分别是母线上最小纬圆 a 和最大纬圆 c 的投影,点画线圆 b 是母线圆最高点 b' 和最低点 d' 的轨迹圆的投影,a、c 这两个同心圆把圆环面分为上半面和下半环面,上半环面为可见表面,下半环面为不可见表面。在主视图中的左、右两个小圆是环面最左、最右两个素线圆的投影,它们把圆环面分为前环面和后环面,上、下两条公切线是最高、最低两个纬圆的投影,也是外环面与内环面的分界纬圆,在主视图中只有前环面的外环面是可见面,其余均为不可见面;在左视图中的前、后两个小圆是环面最前、最后两个素线圆的投影,它们把圆环面分为左环面和右环面,在左视图中只有左环面

的外环面为可见面,其余均为不可见面。

2. 环表面上取点

位于圆环体表面上对三个投影面的转向轮廓纬圆上的点是特殊点,这些点可利用投影特性直接作出。而一般点则需利用辅助纬圆法来进行作图,在圆环表面作辅助纬圆时,一定要作与回转轴线垂直的辅助纬圆。

例 3 – 6　如图 3 – 10 所示,已知环面上点 E、G 的正面投影 e'、g' 和 F 点的水平投影 f,求该三点的其它两个投影。

分析与作图

由 f、g' 可知,F、G 在圆环最大纬圆上,由 e' 可知 E 点在最高纬圆上,均属特殊点,直接作图可得,作图过程如图 3 – 10 所示。

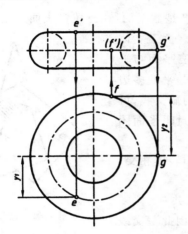
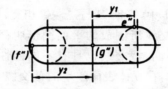

图 3 – 10　圆环表面上取点作图

第4章 立体表面的交线

当平面与立体相交或立体与立体相交时,在立体表面上会产生交线。平面与立体相交在立体表面产生的交线称为截交线,立体与立体相交在立体表面产生的交线称为相贯线,本章主要研究截交线和相贯线的作图方法。

4.1 平面与立体相交

在图4-1中,平面 P 与三棱锥相交,平面 P 是截平面,在三棱锥表面产生的交线△ABC为截交线,截交线所围成的平面图形叫截断面。由于立体表面的性质不同,截交线也具有不同的性质。当平面与平面立体相交时,在立体表面产生的截交线,一定是平面多边形。当平面与回转体相交时,在立体表面产生的截交线,可以是封闭的平面曲线、平面曲线与直线组成的封闭平面图形或折线组成的封闭平面图形。

不管是平面与平面立体相交,还是平面与回转体相交,其截交线都具有如下基本性质:

(1)共有性　截交线为截平面与立体表面所共有。

(2)封闭性　由于立体表面都有一定范围,因此截交线一般为封闭的平面图形。

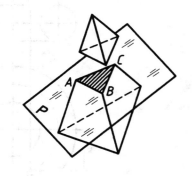

图4-1　截交线概念

4.1.1 截交线的一般作图方法及步骤

由截交线的基本性质可以看出,求作截交线就是要求出截平面与立体表面的一系列共有点。下面是求截交线的一般作图方法和步骤。

1. 分析已知视图

(1)空间分析　分析立体表面的几何性质和截平面与立体的相互关系,判断截交线的空间性质和形状。

(2)投影分析　分析立体的放置位置和截平面与投影面的相对位置,判断截交线的投影范围和特征。

2. 投影作图

(1)求特殊点　截交线上的特殊点,是指能确定截交线投影范围、区分截交线投影可见与不可见的分界点。平面立体上各棱线与截平面的交点都是特殊点;回转体的特殊点是决定截交线曲线性质的一些特定点,如椭圆长短轴的端点、抛物线双曲线的顶点、截交线投影可见与不可见的分界点等,这些点一般都位于立体表面的投影轮廓素线上。

(2)求一般点　当截交线是曲线时,求适当个一般点,以便使截交线能光滑连接,使曲线的形状和位置较为准确。

（3）判断可见性，并顺序连点 截交线可见性的判别原则是：当立体表面为可见时，该表面上的截交线为可见；否则为不可见。可见的截交线画成粗实线，不可见的截交线画成虚线。

①平面立体截交线的连点原则是：同一棱面上的两点才可相连。

②曲面立体截交线的连点原则是：相邻两条素线上的两点方可相连。

（4）检查整理立体的外形轮廓线。

4.1.2 平面与平面立体相交

当平面与平面立体相交时，在立体表面产生的截交线是平面多边形，截平面与棱面的交线是多边形的边，截平面与棱线的交点是多边形的顶点。因此，求截平面与平面立体的截交线，只要求出立体的棱线与截平面的交点，然后依次把同一棱面上的交点连线即可。

例4-1 如图4-2（a）所示，已知四棱柱被一正垂面P截切，完成四棱柱被截切后截交线的投影及其三视图。

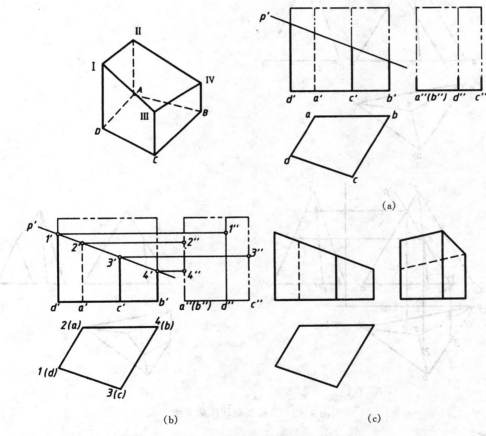

图4-2 四棱柱截交线作图

分析

由已知视图可以看出，四棱柱底面平行于水平投影面，截平面斜截四棱柱的四个棱面，截交线是四边形。由于截平面是正垂面，因此截交线的正面投影就重合在截平面积聚的直线上；截交线的水平投影与棱面一样积聚在底面的各边上，由此可以判断，截交线在主视图和俯视图

67

上的投影为已知,只需求出截交线的侧面投影即可。

作图

(1)利用积聚性直接作出棱柱体的四条棱线与截平面交点的正面投影 1′、2′、3′、4′和水平投影 1、2、3、4,如图 4-2(b)所示;

(2)然后利用直线上点的投影性质,作出交点的侧面投影 1″、2″、3″、4″;

(3)判别可见性并连点。把四个交点(按同棱面交点相连的原则)相连。由于交点 III、IV 所在棱面的左视图为不可见面,因此 3″和 4″两点连线应画虚线,如图 4-2(c)所示;

(4)整理轮廓线。由于截切平面把四棱柱的上部切断,因此截切平面以上的四棱柱的轮廓线应擦去。四棱柱被截切后的三视图,如图 4-2(c)所示。

例 4-2 求三棱锥被正垂面 P 截切后,求截交线的投影及其三视图,如图 4-3(a)所示。

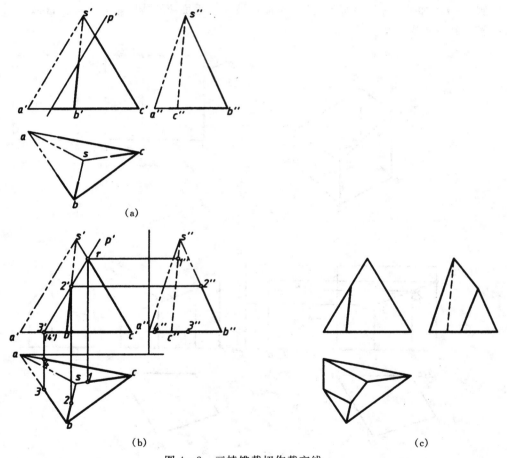

图 4-3 三棱锥截切作截交线

分析

三棱锥底面平行于水平投影面,截平面斜切三棱锥的三个棱面及底面,因此截交线是四边形;由于截平面是正垂面,截交线的正面投影就重合于截平面所积聚的直线上,需画出截交线的水平投影和侧面投影。

作图

(1)在主视图上利用积聚性,直接标出截交线上的正面投影 1′、2′、3′、4′,如图 4-3(b);

（2）根据直线上取点的作图方法,直接作出交点的水平投影 1、2、3、4 和侧面投影 1″、2″、3″、4″;

（3）判别可见性并连点。由于截交线的水平投影可见,侧面投影无锥体棱面遮挡亦可见,因此,用粗实线顺序连接 1、2、3、4 四点及 1″、2″、3″、4″成四边形;

（4）整理轮廓线。由于截切平面把三棱锥的左上部切断,因此截切平面以上的轮廓线应擦去。三棱锥被截切后的三视图,如图 4-3(c)所示。

例 4-3 四棱台被挖去一切口,求其截交线的水平面投影,如图 4-4(a)。

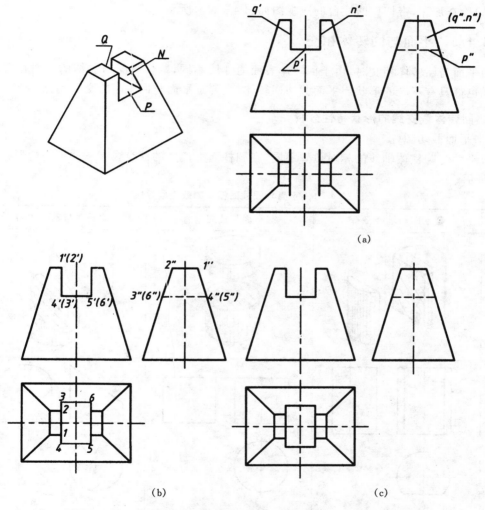

图 4-4 四棱台挖切的截交线作图

分析

如图 4-4(a)所示,四棱台的上下底面平行于水平面,水平投影反映底面实形;前后两棱面为侧垂面,投影在侧面积聚;左右棱面是正垂面,投影在正面积聚。四棱台被三个平面截切:一个水平面 P、两个侧平面 Q、N。切口左右对称,两个侧平面截切到四棱台的上顶面和前后两棱面,其截交线为梯形,并截交线侧面投影反映实形,正面投影和水平投影积聚为直线;水平

69

面截切到四棱台的前后两棱面,其截交线为矩形,水平投影反映实形,正面投影和侧面投影积聚为直线,且侧面投影不可见。

作图

(1)如图4-4(b)所示,在左视图中找出侧平面Q截交线梯形的投影,并标出点$1''$、$2''$、$3''$、$4''$,据投影关系在主视图上找出$1'$、$2'$、$3'$、$4'$,即可作出水平投影1、2、3、4,连点完成梯形截交线水平积聚的直线;N平面与Q平面左右对称作法类似;

(2)在主、左视图中找出P平面积聚的线段$3'$、$4'$、$5'$、$6'$及$3''$、$4''$、$5''$、$6''$,按投影关系,作出截交线矩形的水平投影3456;

(3)检查加深,带切口四棱台的三视图如图4-4(c)所示。

4.1.3 平面与回转体相交

当平面与回转体相交时,由于回转体表面的性质不同,截切平面与立体的相对位置不同,截交线也都具有不同的形状。平面截切回转体,主要是平面与回转面的交线问题。

1. 回转体截交线的形状特性分析

(1)平面截切圆柱

截平面与圆柱体轴线的相对位置不同,在圆柱面上产生的截交线有三种不同的形状,如表4-1所示。

表4-1 平面与圆柱面相交的截交线性质

	截平面与轴线平行	截平面与轴线垂直	截平面与轴线倾斜
立体图	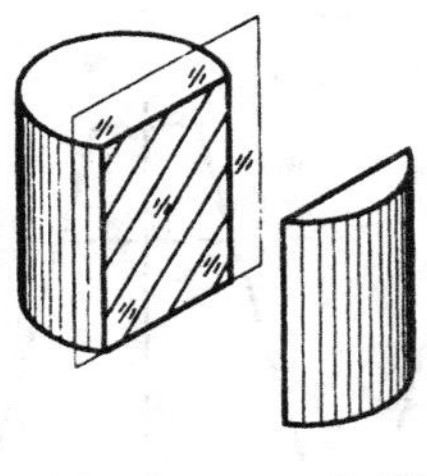	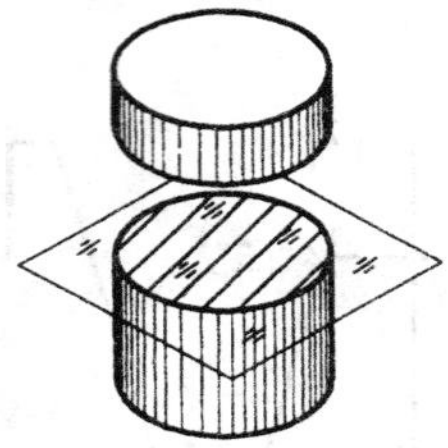	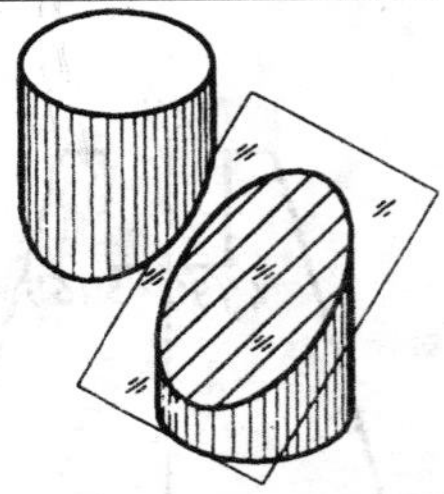
投影图	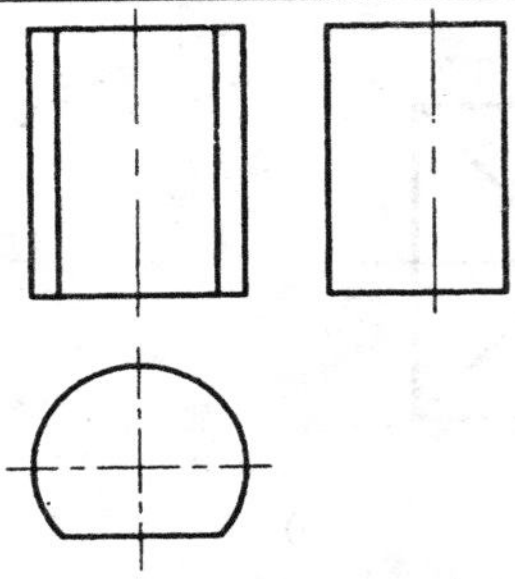	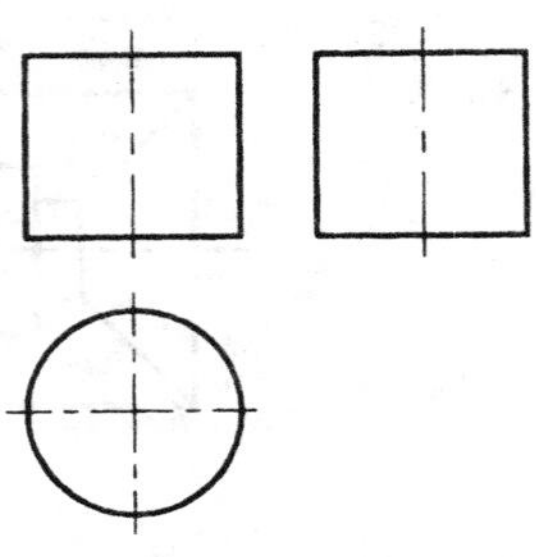	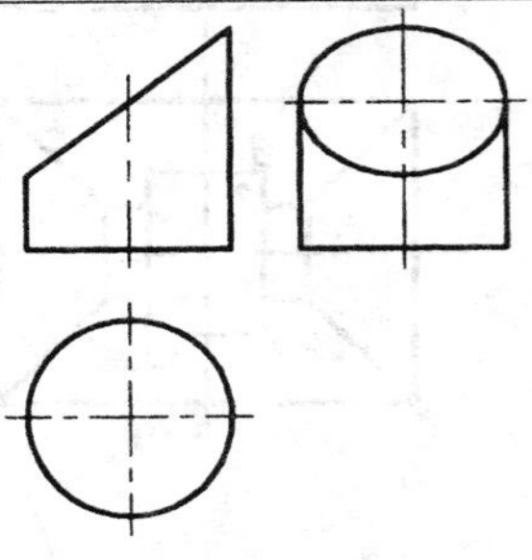
	截交线为两条素线	截交线为圆	截交线为椭圆

①截平面平行于圆柱轴线时,它与圆柱面相交于两条素线,与上下底面相交为两直线,所以截交线的形状是矩形。

②截平面垂直于圆柱轴线时,截交线的形状是与圆柱体直径相同的圆。

③截平面倾斜于圆柱轴线时,截交线的形状是椭圆;椭圆的短轴垂直于圆柱轴线,其长度

等于圆柱体直径,椭圆的长轴垂直于椭圆的短轴且倾斜于圆柱轴线,其长度随截平面对圆柱轴线的倾斜程度而变化。

（2）平面截切圆锥

设截平面与圆锥轴线的夹角为 θ,母线与轴线的夹角为 α,当 θ 与 α 之间大小不同时,即截平面与圆锥体轴线的相对位置不同,在圆锥表面上产生的交线有五种不同形状。如表 4-2 所示。

①当截平面垂直于圆锥轴线时,在圆锥表面产生的交线是纬圆,截切平面距锥顶愈近,纬圆的直径愈小。

②当截平面倾斜于圆锥轴线,且 $\theta > \alpha$ 即平面与圆锥面的所有素线相交时,交线是椭圆。θ 角的大小及平面距锥顶的远近不同,椭圆的长、短轴在变化。

③当截平面倾斜于圆锥轴线,且 $\theta = \alpha$,即平面平行于锥面上任意一条素线时,交线是抛物线。

④当截平面与圆锥轴线平行或倾斜,且 $\theta < \alpha$,即平面平行于锥面上任意两条素线时,交线是双曲线。

⑤当截平面通过锥顶截切圆锥时,它与圆锥面相交于两素线,与圆锥底面相交为一直线,故截交线为等腰三角形。

表 4-2　平面与圆锥面相交的截交线性质

	截平面垂直于轴线	截平面倾斜于轴线 $\theta > \alpha$	截平面倾斜于轴线 $\theta = \alpha$	截平面平行或倾斜于轴线 $\theta = 0°$ 或 $\theta < \alpha$	截平面过锥顶
立体图					
投影图					
	截交线为圆	截交线为椭圆	截交线为抛物线	截交线为双曲线	截交线为两素线

（3）平面截切圆球

平面截切圆球其截交线总是圆,截平面距球心越近,该截交圆的直径越大。当截切平面平行于某一投影面时,截交线在该投影面上的投影反映圆的实形,其它两个投影为直线(直线的长等于截交圆的直径);当截切平面垂直于某一投影面时,截交线在该投影面上的投影积聚为直线,其它两个投影为椭圆。

2. 回转体表面截交线的作图方法

截交线是截平面与回转面共有点的集合。作图时需求出一系列共有点的投影，然后将它们的同面投影依次连接成光滑的曲线。求截交线的常用作图方法有两种。

（1）直接作图法

当截切平面和立体表面的投影都具有积聚性时（称为"双积聚"），在这种情况下，截交线的两个投影为已知。这时可利用已知投影直接求得第三投影。这种作图方法称为直接作图法。

例 4－4　求圆柱被正垂面 P 截断的截交线，如图 4－5(a)所示。

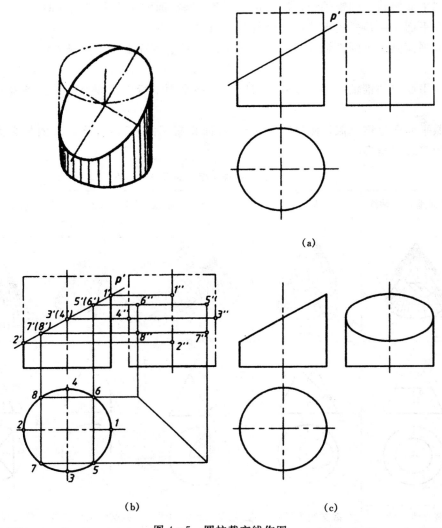

图 4－5　圆柱截交线作图

分析

由图可知，圆柱轴线为铅垂线，圆柱面的水平投影积聚于圆周，截平面为正垂面，它的正面投影积聚为直线段，截平面倾斜于圆柱的轴线，截交线是椭圆。从截交线的共有性可知，它的正面投影与截平面的正面投影重合，其水平投影重合于圆柱面水平投影的圆周上，所以截交线的两个投影均为已知，只需求作侧面投影，侧面投影为椭圆。

72

作图

(1)求特殊点 特殊点是指截交线上的最高、最低,最前、最后,最左,最右点和投影可见与不可见的分界点以及截交线本身性质所决定的一些特定点,如椭圆长、短轴的端点等。这些点大多位于回转体的投影轮廓素线上,轮廓线上的共有点一般都必须求出。特殊点中的某一个点,也可能兼有几个属性,如本例中,若把四条轮廓素线上的点设定为Ⅰ、Ⅱ、Ⅲ、Ⅳ,则点Ⅱ和Ⅰ分别是截交线的最低、最高点,也是最左,最右点,同时,又是正面投影可见与不可见的分界点,还是椭圆长轴的两个端点。点Ⅲ和Ⅳ分别是最前、最后点,也是侧面投影可见与不可见的分界点,同时又是椭圆短轴的端点。

作图时,先由截交线的两个已知投影入手,标出特殊点的已知投影,如1、2、3、4和1′、2′、3′、4′,然后按投影关系分别求出各点侧面投影1″、2″、3″、4″,如图4-5(b)所示。

(2)求一般点 为了作图准确,便于将所求各点连接成光滑曲线,必须再适当作一些一般点。其作图方法是,先在截交线的一个已知投影上确定一对重影点,如5′、6′,按投影关系,在截交线的水平投影上找到对应的5和6,这样由点的两个已知投影,就可直接求作5″和6″,用同样的方法可求出7、8点的投影。

(3)连线并判别可见性 参照水平投影上各点的相邻关系,将求得的点依次连接成光滑曲线。立体可见表面上的点都是可见的,连线时将它们连接成粗实线;立体不可见表面上的点都是不可见的,将它们连接成虚线。在本例中,因圆柱左上部分被截去,所以截交线的侧面投影都可见。如图4-5(c)所示为该圆柱被截切后形体的三视图。

例4-5 圆柱体开一方槽,求其截交线,如图4-6(a)所示。

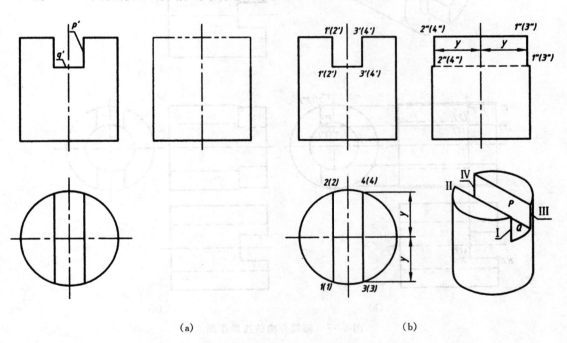

(a)　　　　　　　　　　　　　　　　(b)

图4-6 圆柱开槽的投影作图

分析

如图4-6(a)所示。圆柱开槽可认为被两个平行于轴线的平面 P 和一个垂直于轴线的平

面 Q 截切而成。两个 P 平面与圆柱面的交线是四段直线（素线）Ⅰ、Ⅱ、Ⅲ、Ⅳ，Q 平面产生的截交线是前、后两段圆弧。另外，平面 P 与 Q 之间以及两个 P 平面与圆柱上底面相交，产生的交线都是直线。三个截平面的正面投影有积聚性，圆柱面的水平投影有积聚性，因此圆柱表面上截交线的正面投影和水平投影分别与它们重合，为两已知投影，只有侧面投影需求出。

作图

(1) 从已知的正面投影入手，在水平投影的圆周上确定四段素线的水平投影。再由它们的正面和水平投影，求作对应的侧面投影。画图时，应特别注意俯、左视图的 Y 向尺寸相等；

(2) 两段水平圆弧的侧面投影与平面 Q 的投影重合，是前后两段看得见的粗实线；

(3) 平面与平面之间的交线分别与相应平面的积聚性投影重合。平面 P 和 Q 交线的侧面投影为不可见线，画成虚线；

(4) 圆柱开槽后，侧面轮廓素线被截掉。注意：侧面轮廓线只能从下底画到圆弧的投影处。

例 4-6　求作圆筒开槽的正面投影，如图 4-7(a)所示。

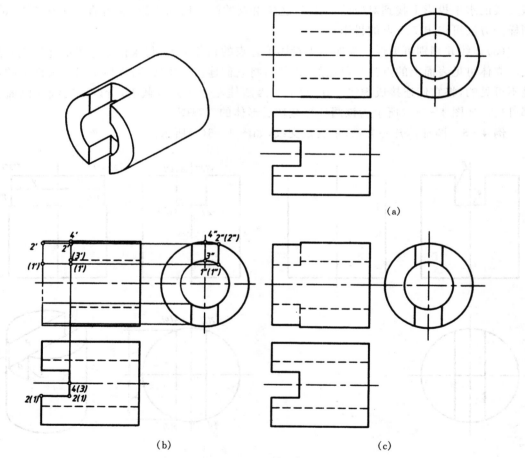

图 4-7　圆筒开槽的投影作图

分析

本题与上题相似，只是把圆柱改成圆筒，底面置于平行于侧面的位置，截平面不仅与外圆柱面相交，而且也与内圆柱面相交，因此产生了两层交线。作图时先求截平面与外圆柱面的交

74

线,再求与内圆柱面的交线,交线的分析与作图同上题。

(2)辅助线作图法

当截平面或回转体表面之一的投影有积聚性时(一般称为"单积聚"),在这种情况下,截交线的一个投影为已知,这时可利用在回转体表面上作辅助线的方法,求得截交线的另外两个投影。这种作图方法叫辅助线作图法。

例 4 - 7 圆锥被正平面截切,求其截交线,如图 4 - 8(a)所示。

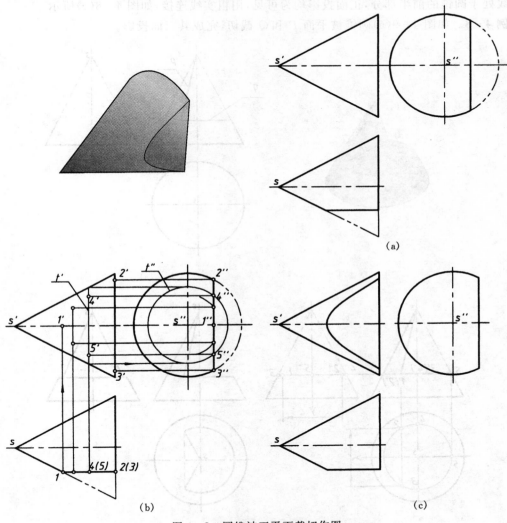

图 4 - 8 圆锥被正平面截切作图

分析

(1)圆锥的轴线垂直于侧平面,截平面为正平面,该平面与锥轴平行,截交线在空间是双曲线。

(2)该双曲线的侧面投影和水平投影分别与截切平面的积聚性投影重合,为已知,其正面投影反映真形,需求出。

作图

(1)求特殊点 如 4 - 8 中的立体图,双曲线的特殊点是位于圆锥底面圆周上的两个点Ⅱ、

Ⅲ以及双曲线的顶点Ⅰ；如图4-8(b)所示，从截交线上的已知投影1、2、3出发，作出1′、1″、2″、3″，再求得2′、3′；

（2）求一般点　每作一个与截平面相交的纬圆，都可求得两个共有点，如作纬圆T，可求得两点Ⅳ和Ⅴ，如先作圆t″，确定交点4″、5″，再求得对应的t′（直线），可在其上面求得4′和5′，如此作图，可求得一系列一般点；

（3）连线并判断可见性　按已知投影上各点的顺序，依次将所求各点连接成光滑曲线。该双曲线处于圆锥的前半部分，正面投影均为可见，用粗实线连接，如图4-8(c)所示。

例4-8　如图4-9(a)圆锥被平面P和Q截切，完成其三面投影。

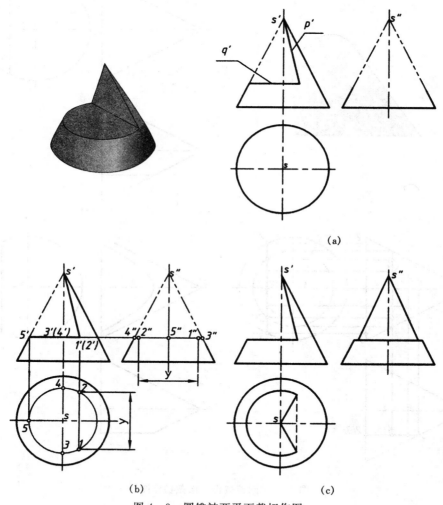

图4-9　圆锥被两平面截切作图

分析

（1）图示为一轴线垂直于水平面的圆锥，水平面投影反映底面的实形；截平面由两个平面组成：平面P与平面Q，平面P为正垂面，平面Q是水平面，平面P和Q的交线是正垂线。

（2）平面P过锥顶截切，截交线是三角形；平面Q垂直于轴线，它与圆锥的交线是圆的一部分。

(3)平面 P 截切后的截交线,其正面投影积聚成直线为已知,侧面投影与水平投影都是截交线三角形的类似形,需要求出;平面 Q 的正面和侧面投影积聚成直线,其水平投影反映圆的实形,由图 4 - 9(a)可知,正面投影已知,水平与侧面投影需作出。

作图

(1)如图 4 - 9(b)所示,在已知的正面投影上,标出截交线三角形的三个顶点 $s'1'2'$,过 $1'(2')$ 点作纬圆,求得 1、2 及 $1''$、$2''$点;

(2)平面 Q 的正面投影积聚成直线 q',其水平投影圆的纬圆半径与 1 点相同,纬圆与圆锥的左、前、后三条轮廓素线分别交于点 5、3、4,据点的投影关系求得 $5''$、$3''$、$4''$,如图 4 - 9(b)所示;

(3)连线。连接 $s1$、$s2$ 及 $s''1''$、$s''2''$,完成平面 P 的两面投影,水平投影 12 被锥顶遮挡不可见,用虚线连接;直线连接 $3''4''$是平面 Q 的侧面投影;平面 P 与 Q 的交线为直线 I II;

(4)擦去多余的线加深整理,如图 4 - 9(c)所示。

例 4 - 9 圆球被三平面 P、Q、N 截切,求截交线,如图 4 - 10(a)所示。

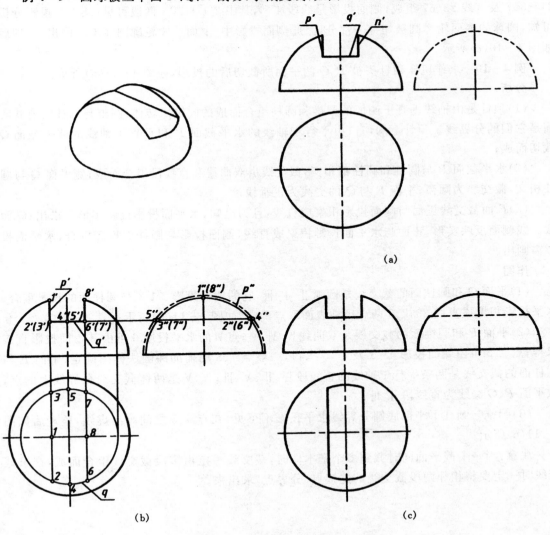

图 4 - 10 圆球被三平面截切作图

分析

如图 4-10(a) 是一半圆球的三面投影, 半圆球被三个平面(P、Q、N)截切; P、N 平面左右对称均为侧平面, 所以 P、N 平面截切圆球后截交线是侧平圆, 因截切的是半圆球一部分, 截交线为部分圆弧; Q 平面为水平面, 截交线是水平圆弧, 其侧面投影积聚成线。截交线的正面投影已知, 需作出截交线的水平投影及侧面投影。

作图

(1) 作 P 和 N 平面上截交线的侧平纬圆 p'' 与 Q 平面的水平纬圆 q, 作图过程如图 4-10(b)所示;

(2) 作 P、N 平面的水平投影均积聚成直线, 分别交水平轴线于 1、8, 交纬圆 q 于 2、3、6、7, Q 平面的侧面投影积聚为一直线, 直线交 p'' 于 $2''$、$3''$, 交球大圆于 $4''$、$5''$;

(3) 连线、整理 P 平面侧面截交线由 $2''1''3''$ 圆弧与线段 $2''3''$ 组成, $2''3''$ 线段不可见, 水平投影积聚在 213 线段上; N 平面侧面与 p'' 重合, 水平投影为 687 线段; Q 平面水平投影由圆弧 246、357 及直线 23、67 组成, 侧面投影是线段 $4''5''$, 其中 $2''4''$ 与 $3''5''$ 两段可见; 从正面投影分析可知, 圆球的侧面轮廓圆被切掉一部分, 因此侧面投影中, 上面一段轮廓圆弧不能画出, 整理后如图 4-10(c)所示。

例 4-10 求作机床顶针头被 P、Q 两平面所截切后的投影, 如图 4-11(a)所示。

分析

(1) 顶针是由轴线垂直于侧面的圆锥和圆柱组合而成的同轴回转体, 圆锥与圆柱的公共底面是它们的分界线。顶针上的切口由平行于轴线的水平截面 P 和垂直于轴线的侧平截面 Q 截切而成;

(2) 水平截面 P 与圆锥和圆柱都相交, 截交线由双曲线和直线段组合而成; 侧平面 Q 与圆柱相交, 截交线为圆弧; 平面 P 与 Q 的交线为正垂线;

(3) P 面截交线正面与侧面投影积聚成直线, 且为已知, 水平面投影反映实形需求出; Q 面截交线侧面反映实形, 正面与水平面投影积聚成直线, 侧面投影与圆柱面投影重合, 水平面投影需画出。

作图

(1) 平面 Q 和圆柱面的截交线是圆弧 Ⅱ Ⅰ Ⅲ, 它的侧面投影 $2''1''3''$ 与圆柱面的投影重合, 水平投影积聚成直线 23, 2、3 两点用柱表面取点确定, 如图 4-11(b)所示;

(2) 平面 P 和圆锥面的截交线是双曲线 Ⅳ Ⅵ Ⅴ; 点 Ⅵ 的水平投影 6 可由其正面投影直接求得; 点 4、5 可由侧面投影 $4''$、$5''$ 及 $4'$、$5'$ 求得, 一般点 7、8 用辅助纬圆法作图确定; 平面 P 与圆柱面的截交线是两条平行于轴线的直线段 Ⅳ Ⅱ、Ⅴ Ⅲ; Ⅳ Ⅴ 是两体截交线分界线上的点; 截平面 P、Q 交线为直线段 Ⅱ Ⅲ;

(3) 圆锥与圆柱下半部底圆分界线水平投影不可见, 在点 4、5 之间画出虚线, 整理后如图 4-11(c)所示。

注意:当一个截平面同时截到多个基本体时, 截交线一定由多段截交线组合而成, 在求截交线时一定要将相邻两段截交线的连接点(分界点)求出。

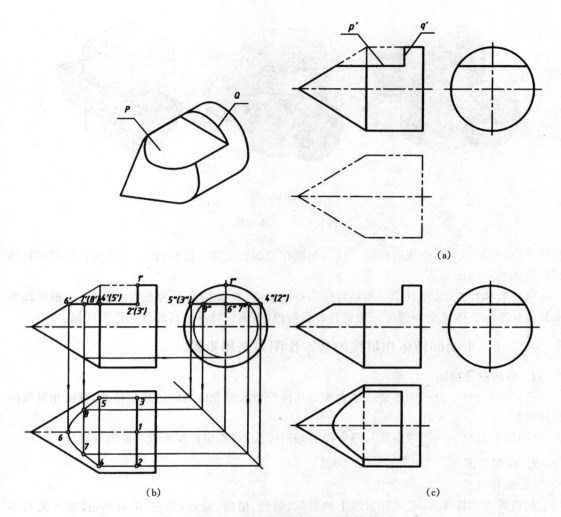

图 4-11　机床顶针头截切口投影作图

4.2　两回转体相贯

4.2.1　相贯线概述

　　如图 4-12 所示,两立体相贯,在立体的表面产生的交线称为相贯线。相贯线具有如下基本性质:

　　(1)共有性　相贯线是两立体表面共有点的集合。

　　(2)封闭性　因立体都有一定范围,所以相贯线一般是封闭的。

　　按相交立体表面的性质可分为:两平面立体相贯,平面立体与曲面立体相贯,两曲面立体相贯,一般常见的是两回转体相贯。求两平面立体相贯线的作图方法,实质上可归结为求两相交棱面的交线问题,和求一立体的棱线与另一立体的交点问题。求平面立体和曲面立体的相

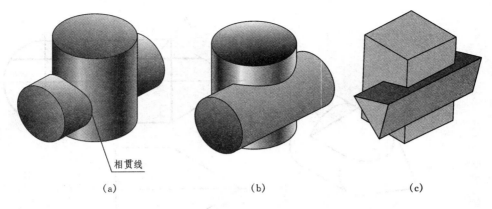

相贯线

(a)   (b)   (c)

图 4-12　立体相贯

贯线,可以归结为求截交线的问题。这些问题在前面有关章节已经讨论,本节仅讨论两回转体相贯线的基本作图方法。

两回转体相贯,其相贯线一般是封闭的空间曲线(特殊情况下为平面曲线)。求相贯线的实质就是求两立体相交表面的一系列共有点的投影,而后将其进行连线的作图问题。

4.2.2　求两回转体相贯线的基本作图方法和步骤

1. 分析已知视图

(1)空间分析　分析两相交立体表面的几何性质及两立体之间的相对位置,判断相贯线的空间形状。

(2)投影分析　分析两立体与投影面的相对位置,判断相贯线的投影范围和特征。

2. 投影作图

(1)求特殊点

相贯线上的特殊点,是指相贯线上的最高、最低、最前、最后,最左、最右点,投影可见与不可见的分界点以及相贯线上的其它特征点,这些特殊点大多数都位于两个回转体的投影轮廓素线上,因此,两回转体的轮廓素线上的共有点一般都应求出。在这些特殊点中,有的点可能兼有几个属性。

(2)求一般点

应在特殊点之间求适当个一般点,以便相贯线能光滑连接,使曲线的形状和位置较为准确。

(3)判断可见性,顺序连点

相贯线可见性的判别原则是:当两立体表面都是可见面时,该表面上的相贯线才可见,否则为不可见。可见的相贯线画成粗实线,不可见的相贯线画成虚线。

回转体表面相贯线的连点原则是,同时位于两立体的两条相邻素线上的两点才可连线。

(4)检查整理立体的外形轮廓线。

4.2.3　两回转体相交相贯线的作图举例

两回转体相交,求其相贯线时常采用直接作图法和辅助线作图法。

1. 直接作图法

如果两相交立体表面的投影都有积聚性(称为双积聚)时,相贯线的两个投影必分别与两立体表面的有积聚性投影重合,此时相贯线的两个投影为已知,可根据点的投影规律,直接作图求出第三投影,这种作图方法叫直接作图法。

例 4 - 11 求两正交圆柱的相贯线。如图 4 - 13(a)所示。

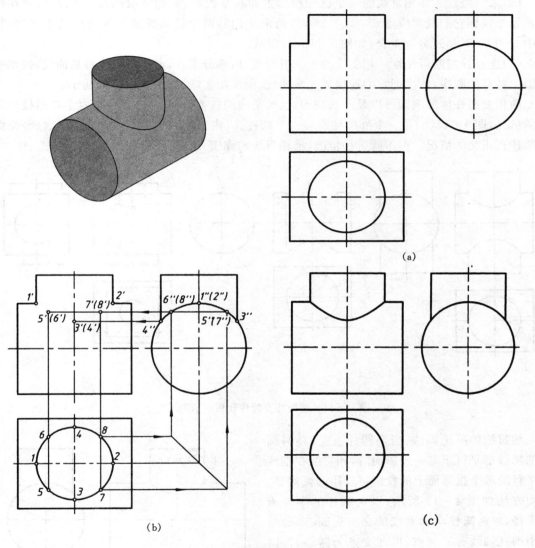

图 4 - 13　两圆柱相贯线的作图

分析

由图 4 - 13(a)可知,两圆柱的轴线垂直相交(叫正交),相贯线是一条左右、前后对称的空间曲线。一圆柱的轴线垂直于侧平面,该圆柱面的侧面投影有积聚性,相贯线的侧面投影积聚于两柱共有的部分圆弧上,另一圆柱的轴线垂直于水平面,该圆柱面的水平投影有积聚性,相贯线的水平投影与之重合在圆周上,相贯线的正面投影需求出。

81

作图

（1）求特殊点　在已知相贯线的水平投影上，标出位于圆柱四条轮廓素线上四个点的投影1、2、3、4。在侧面投影上，标出该四个点相对应的投影1″、2″、3″、4″。1、2两点为相贯线最左、最右点；3、4两点为相贯线最前、后两点。由该四个特殊点的已知两投影，可求出对应的正面投影1′、2′、3′、4′，其中3′和4′重影为一点。

（2）求一般点　在相贯线的一个已知投影上如水平投影，对称地取四点5、6、7、8，再在侧面投影上找到它们的对应点5″、6″、7″、8″，然后由它们的两个已知投影求得对应的正面投影，其中5′与6′、7′和8′分别重合，如图4-13(b)所示。

（3）连点并判断可见性　相贯线的正面投影前、后部分重合，前半部分为可见曲线，按水平投影上各点的顺序，依次把它们连接成光滑曲线，画成粗实线，如图4-13(c)所示。

两相交圆柱体的表面可以是外圆柱面，也可是内圆柱面。图4-14(a)是两个外圆柱面正交的情况，图4-14(b)是一个外圆柱面与一个圆柱孔（内表面）正交的情况，图4-14(c)是两个圆柱孔正交的情况。但不管哪种情况，求相贯线的作图方法是完全相同的。

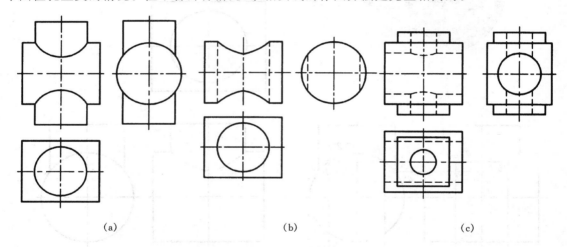

(a)　　　　　　　　　　(b)　　　　　　　　　　(c)

图4-14　两圆柱及圆柱孔相贯示例

相贯线的简化画法：当两圆柱正交，且两圆柱的轴线都平行于某一投影面时，相贯线在轴线所平行的那个投影面上的投影可以用圆弧代替。作图方法如图4-15所示，以大圆柱的半径R为半径，以两圆柱轮廓素线的交点为圆心，画弧与小圆柱轴线有一交点，以此交点为圆心，再以R为半径画弧，此圆弧即为相贯线的投影。

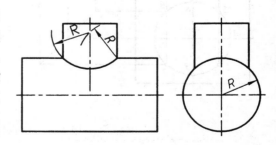

图4-15　简化作图

2. 辅助线作图法

当相交两立体中，其中只有一个立体表面的投影有积聚性（单积聚）时，此时，相贯线的一个投影就重影在该立体表面有积聚性的投影上，相贯线的一个投影为已知，要求另外两个投影，利用在无积聚性的立体表面上求点的方法，即辅助线法作图。

例 4 - 12　求圆柱与圆台的相贯线,如图 4 - 16(a)所示。

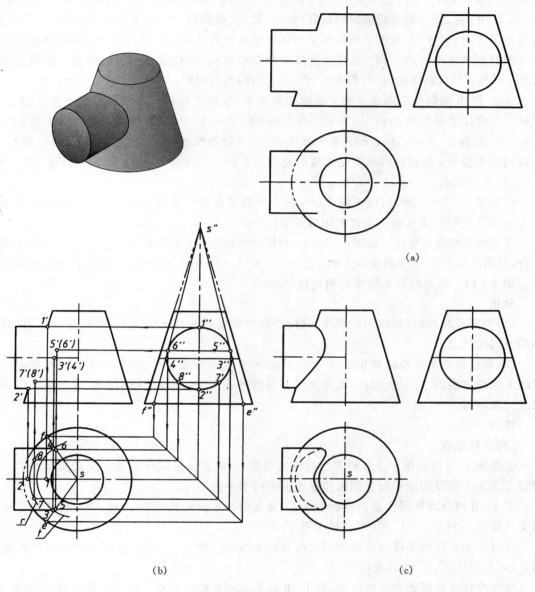

(a)

(b)　　　　　　　(c)

图 4 - 16　圆柱与圆台相贯作图

分析

由图 4 - 16(a)可知,圆台和圆柱的轴线分别是铅垂线和侧垂线,两轴线相交且处于同一正平面内,它们的相贯线是一组前后对称的空间曲线。圆柱面的侧面投影有积聚性,相贯线的侧面投影与之重合。圆锥面没有积聚性投影,此例属于单积聚的情况,可利用在圆锥面上取点的方法作图。

作图

(1)求特殊点

①如图 4-16(b)所示。在相贯线的已知投影——侧面投影上标出圆柱的四条轮廓素线上点的侧面投影 1″、2″、3″、4″，由于Ⅰ、Ⅱ两点也同时位于圆锥的最左转向轮廓素线上，可以判定，点Ⅰ、Ⅱ、Ⅲ、Ⅳ分别是相贯线的最高、最低，最前、最后点，点Ⅰ、Ⅱ又是正面投影可见与不可见的分界点，点Ⅲ、Ⅳ是水平投影可见与不可见的分界点，除以上四点之外，还有圆锥素线相切于圆柱面的两个切点 5″、6″，也是相贯线的两个极限点，是相贯线最右的两点。作两素线的投影 $s'e''$ 和 $s'f''$ 与圆周相切，其切点 5″、6″，为它们的侧面投影。

②点Ⅰ、Ⅱ同时位于两立体的正面轮廓素线上，所以正面投影的轮廓线交点是 1′、2′。由 1′和 2′可直接求得 1 和 2；由 $s'e''$ 和 $s'f''$ 作出相对应的 se 和 sf，即可在其上求得相应的 5、6，由 5、6 与 5″、6″得 5′、6′；点Ⅲ、Ⅳ的正面和水平投影，需借助纬圆 T 求得，如图 4-16(b)所示，该纬圆的水平投影 t 与圆柱的水平轮廓线的交点为 3 和 4，再由 3″、4″和 3、4 求 3′、4′。

（2）求一般点

①如图 4-16(b)所示，用求点 3 和 4 的方法即可求得一系列一般点，如作纬圆 R，可求得点 7 和 8 等；当然，求这些点也可利用辅助素线作图。

②连线并判断可见性。如图 4-16(c)，根据侧面投影中各点的相邻顺序连线，正面投影前后重合，只画出粗实线，水平投影以 3 和 4 分界，将 3-5-1-6-4 段连成粗实线，其余连成虚线。

例 4-13 求圆柱和半圆球的相贯钱，如图 4-17(a)所示。

分析

（1）由图可知，圆柱轴线为铅垂线，且位于圆球的前后对称平面上，相贯线是一组前、后对称的空间曲线。

（2）圆柱面的水平投影有积聚性，相贯线的水平投影与之重合，为相贯线的已知投影。相贯线又是圆球表面上的线，因此，求相贯线上点的另外两个投影，可利用在圆球表面上作纬圆取点方法求得。

作图

（1）求特殊点

①如图 4-17(b)所示。在相贯线的已知投影上，确定位于圆柱四条轮廓素线上点的水平投影 1、2、3、4 以及圆球正面和侧面轮廓线上点的水平投影 1、2、5、6。

②Ⅰ、Ⅱ两点既在圆柱正面轮廓素线上，又在圆球正面轮廓线上，因此，两立体正面轮廓线的交点即为 1′和 2′；由 1′、2′，可直接求得 1″、2″。

③过 3 和 4 作侧平纬圆求得 3″、4″，再分别求得对应的 3′、4′；5、6 在圆球的侧面轮廓素线圆上，可直接作 5″、6″，然后求得 5′、6′。

从这些特殊点所处的位置可知，点Ⅰ、Ⅱ分别是相贯线的最左，最右点，也是最高，最低点，同时又是相贯线正面投影可见与不可见的分界点，点Ⅲ、Ⅳ分别是相贯线的最前，最后点，同时也是侧面投影可见与不可见的分界点。

（2）求一般点

①如图 4-17(b)所示。求一般点的作图方法与前相同，在水平投影上取 7、8 两点，过 7、8 点作水平纬圆 t，可得 7′、8′，用点的投影规律再求得 7″、8″。

②连点并判断可见性。该相贯线前后对称，其正面投影重合，按水平投影次序依次连接成粗实线即可。由于圆柱位于圆球的左边，在侧面投影上，只有位于左半圆柱面上的相贯线是可见的，因此，以圆柱的侧面轮廓线上的 3″、4″分界，3″7″2″8″4″这一段曲线是可见的，连接成粗实

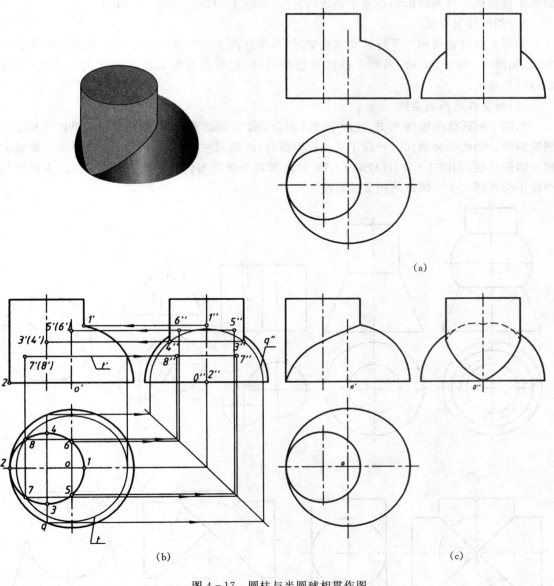

图 4 - 17　圆柱与半圆球相贯作图

线,其余不可见,连接成虚线。

从水平投影可以看出,圆柱和圆球的侧面轮廓线不在同一平面上,它们不能相交,因此,侧面投影中,两轮廓线投影的交点不是两立体表面的共有点,同时可以看到,圆柱的侧面轮廓线位于圆球侧面轮廓线的左边,因此,圆球的侧面轮廓线的一段被圆柱遮挡,成为不可见的线。

4.2.4　回转体相贯线的特殊情况

两回转体的相贯线,一般是封闭的空间曲线,但在特殊情况下也会是平面曲线或直线等。

(1)相贯线是圆

当两回转体共轴时,其相贯线是圆。这个圆平面与回转体的轴线垂直,在回转体轴线平行的那个投影面上该圆投影为垂直于轴线的直线,如图4-18(a)、(b)、(e)所示。

(2)相贯线是直线

如两个圆柱轴线相互平行且共底相交时,在圆柱面上的相贯线是平行于轴线的两条公有素线,如图4-18(c)所示;当两个圆锥共顶相贯时,相贯线在锥面上是两条公有素线,如图4-18(d)所示。

(3)相贯线是椭圆曲线

当两个回转体的轴线相交,且两个回转面公切于一圆球面时,它们的相贯线是两个相交的椭圆曲线。当两回转轴同时平行于某一投影面时,两椭圆在该投影面上的投影分别积聚成为相交的两直线,如图4-18(f)和图4-18(e)内部均为圆柱与圆柱正交、图4-18(g)为圆锥与圆柱正交并同切于一圆球的相贯线情况。

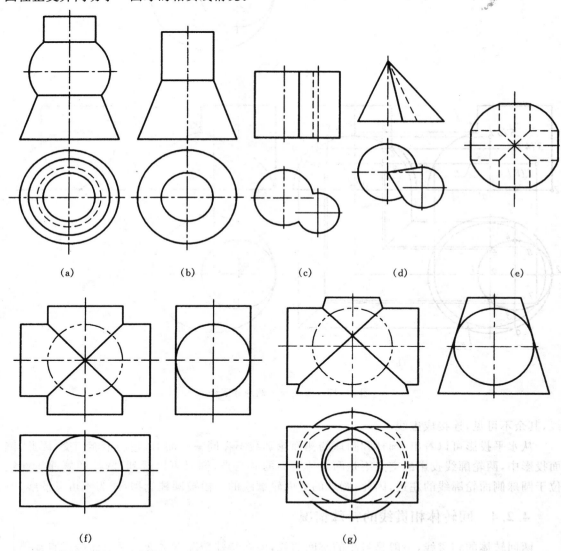

(a)　　　　(b)　　　　(c)　　　　(d)　　　　(e)

(f)　　　　　　　　(g)

图4-18　回转体贯线为圆或直线、椭圆的情况

86

第5章 组合体的三视图

由两个以上简单体组合而成的立体称为组合体。本章讨论运用形体分析法及线面分析法,来解决组合体的画图、看图及尺寸标注等问题。

5.1 组合体的构形分析

5.1.1 组合体的构形方式

任何一个复杂的物体都是由一些简单体通过叠加或挖切等方式组合而成的,如图 5-1(a)所示的支架,可看成是由底板Ⅰ、支撑板Ⅱ、圆筒Ⅲ、肋板Ⅳ及小圆筒Ⅴ,五个形体叠加而成,这种构形方式叫叠加式(或堆积式)。又如图 5-1(b)所示的立体,可看成是由一个长方体经多次挖切而形成,挖切是从实形体中挖去一些实形体,在被挖切的形体上形成缺口、空腔或空洞,使被挖切的实形体成为不完整的基本几何体,这种构形方式叫挖切式(或切割式)。一个组合体可能是单一叠加式或切割式,也可能同时兼有这两种构形方式。

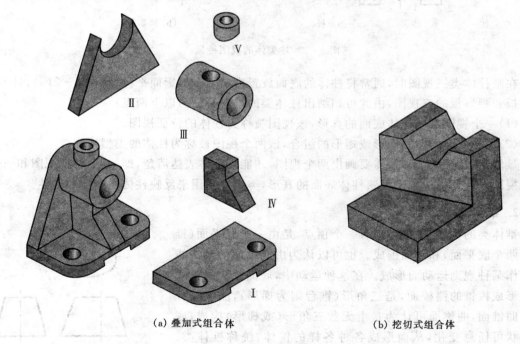

(a) 叠加式组合体　　　　　　　　　(b) 挖切式组合体

图 5-1　组合体的构形方式

5.1.2 简单体的分类及视图特征分析

常见的简单体按其构形特点和规律可分为三类:柱类、锥类和回转类。

1. 柱体类（或称为拉伸体，限直角柱或正柱）

柱体类的构形：柱体类由两个相互平行的底面和侧面围成。该形体可看作是由一个底平面（任意平面图形）沿其法线作平行移动而成；在这种运动中，底面轮廓的直线部分形成棱柱的侧棱面，其形状是矩形；底面轮廓线的曲线部分形成曲面，该曲面也属柱面（可以认为是由无数矩形构成）。底面形状任意变化，从而可形成各种各样的柱体，如图5-2所示。基本体中的棱柱、圆柱都属于柱体。

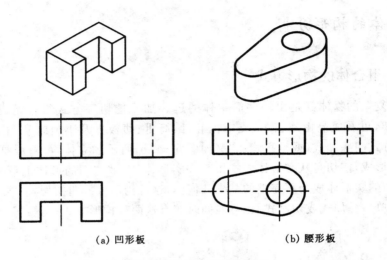

(a) 凹形板　　　　　　　　　(b) 腰形板

图5-2　柱类体的视图特征

在画柱体类三视图时，通常将柱体的底面放置为与某一投影面平行，如图5-2(a)、(b)是凹形板和腰形板的三视图，由此可归纳出柱体类的视图特征为以下两点：

(1)一个视图反映柱体底面的真形，该视图被称为柱体的特征视图。

(2)另外两个视图是矩形或矩形的组合，该两个视图被称为柱体的类型视图。

显然，表达柱体类一般需要画出两个视图，才能将柱体表达清楚，即：一个特征视图和一个类型视图。特征视图用来反映柱体底面的真形，类型视图用来反映柱体的高度和属性。

2. 锥体类（限正锥）

锥体类的构形：锥体类都有一个顶点，是由一个底平面（锥台有两个底平面）和侧面围成。也可以认为由底平面沿其法线方向作某种规则运动而形成。在这种运动中，底面轮廓的直线部分形成棱锥的侧棱面，是三角形（锥台则为梯形），曲线部分形成曲锥面，曲锥面可认为是由无数三角形（或梯形）构成，底面形状可任意变化，从而形成各种各样的锥体，统称锥体类。圆锥、棱锥属锥体，如图5-3所示的立体也属锥体。

在画锥体类三视图时，通常让锥体的底面平行于某一投影面，因此锥体的视图特征可归纳为以下两点：

(1)一个视图反映锥体底面真形（若是锥台则同时反映锥体上底面真形），该视图被称为锥体的特征视图。

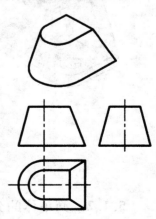

图5-3　锥类体的视图特征

（2）另外两个视图是三角形或三角形的组合（若是锥台则是梯形或梯形的组合），该视图被称为锥体的类型视图。

表达锥体类一般也需要画出两个视图才能将锥体表达清楚，即：一个特征视图和一个类型视图。特征视图用来反映锥体底面的真形，类型视图用来反映锥体的高度和属性。

3. 回转类形体

回转类形体的构形：回转体由母面旋转形成。母面的形状可任意变化，从而可形成各种各样的回转体，统称回转类。基本体中的圆柱、圆锥、圆球等都是回转体，如图 5 - 4(a)、(b)所示立体都是回转体。须指出，圆柱和圆锥既是回转类，也属于柱类和锥类。

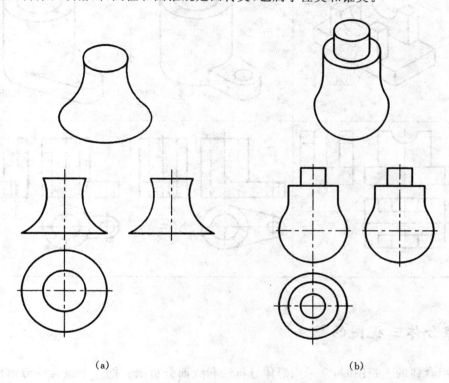

(a)   (b)

图 5 - 4　回转体的视图特征

画图时取回转体的轴线与某投影面垂直放置，回转类的视图特征可归纳为以下两点：

（1）两个视图反映了母面的真形，这两个视图被称为回转体的特征视图。

（2）一个视图是圆或多个同心圆。

表达回转体时，通常必须有一个特征视图，用以表达母面的形状，用类型投影表示其类属，如图 5 - 4 所示。如果在回转体的特征视图上标注其直径尺寸，则其类型视图可省略不画。

综上所述，简单体包含了各种基本体，同时，又扩展了基本体的含义。

5.1.3　简单体叠加时表面邻接关系

简单体在组合过程中，其邻接表面间的相对位置可分为三种情况：共面、相切和相交。邻接表面间的位置不同，其投影特征也就不同，在表 5 - 1 中列出了这三种位置的投影情况。

（1）共面　当两形体表面邻接共面时,在共面处不应画出分界线。

（2）相切　当两形体表面邻接相切时,由于相切处是光滑过渡,所以切线的投影在三个视图上均不画出。

（3）相交　当两形体的表面邻接相交时,两邻接表面之间产生的交线必须画出。

表 5－1　相邻形体的表面邻接关系

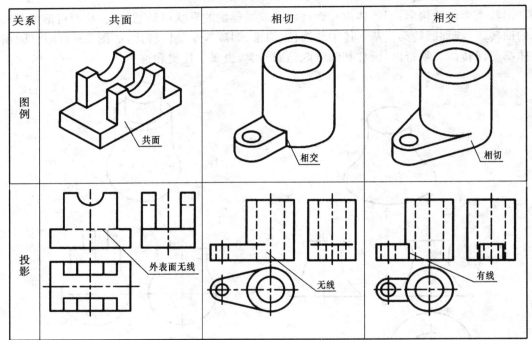

5.2　组合体三视图的画法

在画组合体的三视图时,常采用形体分析法和线面分析法。把一个组合体分解成由一些简单体通过叠加或挖切等方式组合而成,并确定各简单体邻接表面间的相对位置关系,从而得出形体的整体构形,这种分析问题的方法称为形体分析法。而线面分析法是把组合体分解为由若干个面和线构成,并分析它们之间的相对位置及与投影面之间的相对位置关系,从而确定组合体的整体构形。在组合体画图中,应以形体分析法为主,以线面分析法为辅来进行分析画图。

5.2.1　形体分析

在画组合体三视图之前,首先要进行形体分析,分析该组合体是由几个简单体组成,每个简单体属于哪一类,然后再分析各简单体之间的相对位置关系。

如图 5－1 所示的支架,分解成底板、大圆筒、小圆筒、支撑板和肋板五个简单体组成,其中大圆筒、小圆筒与支撑板是柱体;肋板若是忽略与圆筒相交产生的一小段柱面,也是一个五棱柱;底板是由一个柱体被挖去一个凹槽（属四棱柱）及两个圆柱孔而形成;这五个柱体的相对位置关系是:底板居下,圆筒居上,支撑板在肋板的后面,其两侧棱面与圆筒的柱面相切,肋板居中起连接和支承作用,肋板的上面与圆筒相交,小圆筒与大圆筒相交;整体结构呈左右对称。

5.2.2 选择主视图投影方向

在形体分析的基础上,画图前还需考虑两个问题:组合体的放置及主视图的投影方向。

1. 组合体的放置原则

一般要让组合体的主要平面与投影面平行,主要轴线与投影面垂直。如支架的底平面与水平面平行,大圆孔的轴线垂直于正垂面。

2. 主视图投影方向的选取原则

使主视图能较明显地反映组合体的整体形状特征。为此,主要应从以下几个方面综合考虑:

(1)所选方向应尽可能多地反映组合体的形状特征。

(2)较好的反映各形体之间的位置关系。

(3)使各视图中的虚线较少并有利于布置视图等。

例如,支架的主视图投影方向,可按图5-5中箭头所示的 A、B、C 三个方向选择,现分析比较如下:

A 向:反映支架整体左右对称的形状特征,圆筒(柱体)、支撑板(柱体)的形状特征以及底板带凹槽的特征;同时反映各形体上、下和左、右的位置关系;支撑板侧棱面与圆柱面相切及肋板与圆筒相交的连接关系。

B 向:反映肋板(柱体)的形状特征,各形体上、下和左、右的位置关系反映得较好,但支架的整体特征和三个视图的图纸利用不如 A 向好。

C 向:C 向具有和 A 向一样的特点,但虚线较多。

综上所述,选择 A 向作为主视图的投影方向较好,主视图投影方向确定之后,其它两个视图的方向相应就确定了。

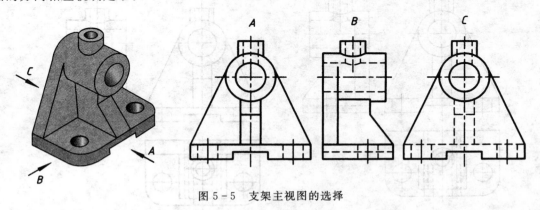

图 5-5 支架主视图的选择

5.2.3 组合体的画图步骤

为了掌握画图规律,提高画图速度和质量,应按下述步骤画图,如图5-6所示。

(1)画出确定各视图位置的基准线,合理布置视图,如图5-6(a)所示。

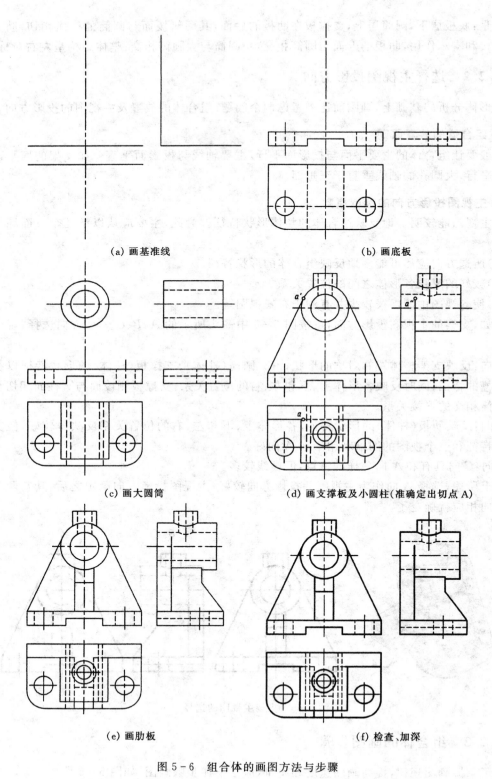

(a) 画基准线

(b) 画底板

(c) 画大圆筒

(d) 画支撑板及小圆柱(准确定出切点 A)

(e) 画肋板

(f) 检查、加深

图 5-6　组合体的画图方法与步骤

每个视图必须有两个方向的画图基准线。画图基准线通常选用视图的对称线、主要回转体的中心线、轴线和较大平面的积聚性投影等。

（2）从特征视图出发，逐个画出每个简单体的三视图。如柱体应先画其底面形状（特征视图），然后再画另外两个视图（类型视图），而且画图时要先画主要结构，后画次要细节。如画底板时，先按柱体画出其三个投影后，再画凹槽的投影，如图 5-6(b)、(c)所示。

（3）分析各简单体之间的表面连接关系，正确画出其投影。如支撑扳和圆柱相切，要从主视图上准确定出切点 a' 的位置，然后再画出切点在左视图和俯视图上的投影(a''、a)，但不能画出切平面与圆柱面之间的界线；肋板与大圆筒相交，应按主视图的投影在左视图上画出该交线的投影，如图 5-6(e)所示。

（4）检查，整理，加深。组合体是一个整体，并非简单的形体堆积，因此画完各简单体的投影以后，必须进行检查和整理，补画遗漏图线或擦去多余的图线。对不可见的轮廓线，如俯视图上支撑板、肋板被圆筒遮挡部分应改画成虚线；圆筒、支撑板和肋板是相交成一体的，因此俯视图上支撑扳和肋板之间没有界线等。检查无误后方可按线型要求加深。最后完成支架的三视图，如图 5-6(f)所示。

例 5-1　如图 5-7(a)所示，画出楔块的三视图。

分析

图 5-7(a)所示的楔块属挖切式组合体，它是由长方体被前后对称地挖去两个四棱柱后形成的一个八棱柱体，如图 5-7(b)所示，然后被一平面斜截而形成。

（1）选择主视图投影方向

按主视图投影方向的选取原则，此处所选主视图投影方向，如图 5-7(a)所示。

（2）作图步骤

①先画出作图基准线，然后画出被挖切前的形体（长方体）的三视图，如图 5-7(c)所示；

②从左视图入手，画出前、后被挖去的四棱柱的三视图，如图 5-7(d)所示；

③从主视图入手，画出被正垂面斜切去左上部分后形体的投影；然后再作出八边形正垂面的水平投影，如图 5-8(e)所示。

（3）检查、整理加深后所画出楔块的三视图，如图 5-7(f)所示。

由此例可以看出，在画挖切式组合体三视图时，首先应分析该组合体是由哪类简单体被挖切，经过了几次挖切，然后再分析被挖切简单体与截切平面之间的相对位置关系。在画挖切式组合体三视图时，正确运用线面分析法是非常重要的。

5.2.4　组合体视图数量的确定

表达一个组合体不一定都需要画出三个视图，只要把构成组合体的各个简单体的形状以及它们之间的相对位置关系表达清楚的前提下，视图数量越少越好。

要确定视图的数量，首先应分析各简单体的特征投影分布在哪个视图上，然后考虑它们的类型投影和相对位置关系，看需要补充几个视图，综合起来就可确定视图数量。

如上述支架的底板和小圆筒的特征视图在俯视图上；支撑板和大圆筒的特征视图在主视

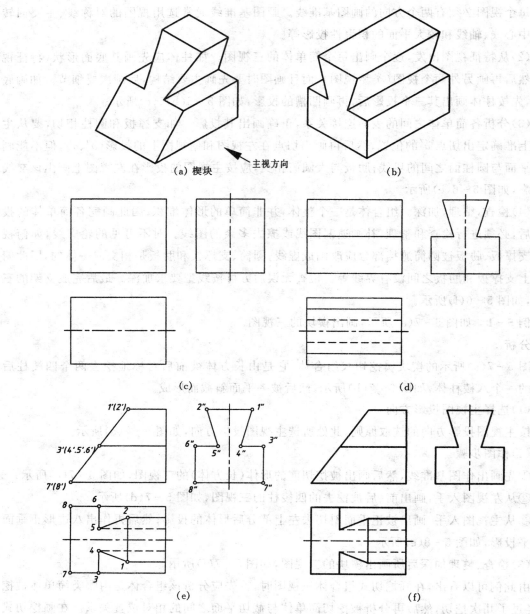

图 5-7　楔块的画图步骤

图上；肋板的特征视图在左视图上；因此支架必须用三个视图表达。再如楔块的特征视图在左视图上，而主视图是用来确定正垂面与八棱柱体的相对位置，因此楔块必须用两个视图表达。

当一个组合体全由回转体构成，且各回转体的轴线同时平行于某一投影面时，在标注尺寸后，这时可只画一个视图，如图5-8所示。

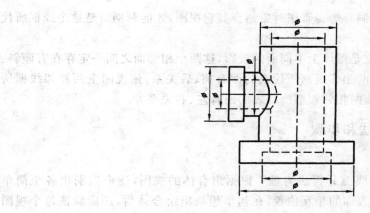

图 5-8　用一个视图表达组合体

5.3　看组合体视图的方法

看组合体视图,是根据已画出的视图,想象出该组合体的整体结构形状。画图是看图的基础,而看图既能提高空间想象能力,又能提高对视图的分析能力。

5.3.1　看图的基础知识

假如给定一个视图,如图 5-9 所示,可以构思出许许多多形体。在构思形体时,其思维方法一定要符合以下原则。

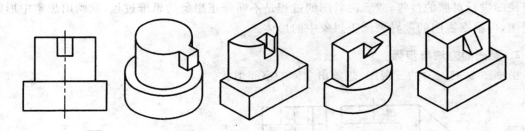

图 5-9　一个视图可对应若干形体

1. 视图上的每一条轮廓线(粗实线、虚线)具有三种含义

(1)代表形体上一个面(平面或曲面)有积聚性的投影。

(2)代表形体上两个面的交线,如棱线、截交线、相贯线。

(3)代表回转体转向轮廓线的投影。

对于视图中的线段,有时可能只具有一种属性,也可能兼有两种或三种属性,看图时需结合其它视图加以分析,才能准确判别清楚每条轮廓线所代表的含义。

2. 视图上每一线框的含义

(1)每个视图都由若干个封闭线框(粗实线、虚线或粗实线与虚线组合的线框)构成,每个封闭的线框,都代表形体上的一个面的投影,这个面可能是形体上的平面、曲面或是平面和曲

95

面相切的组合面,也可能是一空洞等等。看图时需结合其它视图,才能判别清楚这个线框所代表的含义。

(2)视图上两相邻线框,一定是形体上不同面的投影,这两个相邻面之间一定存在有倾斜、相交或错位的关系:在主视图上两相邻线框所代表的面有前、后关系;俯视图上两相邻线框所代表的面有上、下关系;左视图上两相邻线框所代表的面有左、右关系等。

5.3.2 看图的基本方法和步骤

1. 看图的基本方法

看图仍以形体分析法为主,线面分析法为辅。根据组合体的视图,逐个识别出各个简单体,进而确定各简单体之间邻接表面的相互位置,在初步想象出组合体后,还应验证每个视图与所想象的组合体是否相符,当两者不一致时,必须按照给定的视图来修正想象的形体,直至各个视图都与想象的组合体相符为止。

因此,在看图时应注意以下几点:

(1)要从反映形体特征的视图入手,几个视图联系起来看。一个组合体常需要两个或两个以上的视图才能表达清楚,其中主视图是最能反映组合体的形体特征和各形体间相互位置的。因而在看图时,一般从主视图入手,几个视图联系起来看,才能准确识别各形体的形状和形体间的相互位置,切忌看了一个视图就下结论。

(2)要认真分析视图中的线框,识别形体和形体表面间的相互位置。当组合体某个视图出现几个线框相连,或线框内还有线框时,通过对照投影关系,区分出它们的前后、上下、左右和相交等位置关系,帮助想象形体。

(3)要把想象中的形体与给定的视图反复对照。看图的过程是不断把想象中的组合体与给定视图进行对照的过程,或者说看图的过程是不断修正想象的思维过程,默画出想象中形体的视图,再根据视图的差异来修正想象中的形体。

2. 看图的方法与步骤

根据图 5-10(a)的三视图,想象出立体的空间形状。

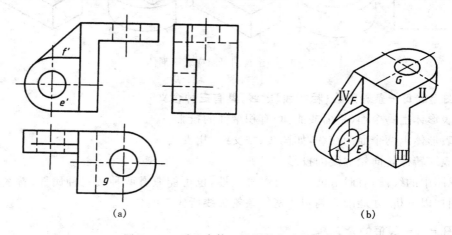

(a)   (b)

图 5-10　看组合体三视图的方法与步骤

（1）分析视图，概括了解形体

由于已知的三个视图均为不对称图形，可知该组合体为上下、左右、前后均不对称的形体。

（2）分线框，对投影

从每个视图上先标出非矩形图框，再根据非矩形框找其对应的类形视图。如非矩形框 e'、f'、g，按投影关系分别找出这些图框的其它两个投影均为矩形，由此可以确定三个简单体都是柱体。

（3）识形体，定位置

从主视图线框 e' 可知，形体Ⅰ是一底面形状为 e' 的柱体，e' 面上的圆由俯视图和左视图所对应的虚线，可判断为一孔；同样可判断形体Ⅱ为底面形状为 g 的柱体；形体Ⅲ为一四棱柱；形体Ⅳ为底面为 f' 的三棱柱。由俯视图和左视图可知，形体Ⅰ、Ⅱ、Ⅲ、Ⅳ后表面共面；由主视图可知，形体Ⅱ和形体Ⅲ前表面共面；形体Ⅳ的棱面与形体Ⅰ的半圆柱面相切。

（4）综合起来想整体

在确定了各个形体的结构形状及其相互位置后，整个组合体的形状也就清楚了。该组合体的整体结构形状，如图 5-10(b) 所示。

例 5-2 看懂图 5-11(a) 给出的主、俯视图，想象出组合体的空间形状，并补画出左视图。

分析

此例是看图和画图的综合举例。首先按看图步骤想象出组合体的空间形状，再补画左视图，根据各形体的形状和相邻表面间的位置关系，按照三视图投影规律，逐步画出左视图。

作图

（1）分线框，对投影，识形体。由图 5-11(a) 可知，两个视图均左、右对称，因此该组合体一定是左右对称的形体。在主、俯视图上有四个非矩形线框 A、B、C、D，分别寻找其它视图上这四个线框所对应的投影，可判定该组合体是由四个柱体经相交和叠加而构成。以 B 为底面的半圆柱与以 C、D 为底面的两个柱体相交，以 A 为底面柱体对称地叠加其上，如图 5-11(f) 所示。

（2）画出各个形体的第三投影。对柱体而言，它的类型投影是矩形或矩形的组合，如图 5-11(b)、(c)、(d) 是分别画四个柱体左视图的过程。

（3）整理、加深后的左视图如图 5-11(e) 所示。

例 5-3 根据图 5-12(a) 给定的两个视图，想象出该组合体的空间形状，并补画出俯视图。

分析

从已知两视图可以知道，该立体是左右、前后都对称的切割式组合体。这个组合体可看成是一个十二棱柱体被前后对称切割而形成。看图时，需采用线面分析法，即通过分析围成立体的线、面性质和位置，来判断立体构形的方法，通常只分析面的投影和性质，就可把视图看懂了。

作图

（1）分线框，对投影，识形体。由图 5-12(a) 所示，主视图只有一个封闭线框（十二边形），

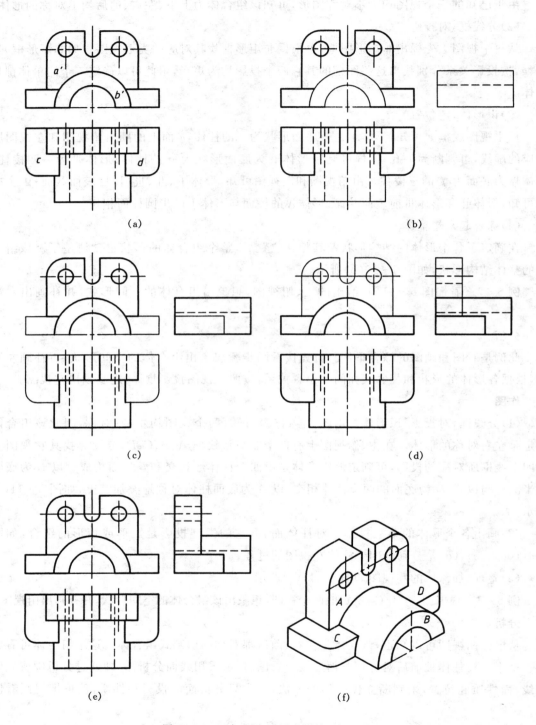

图 5-11 已知两个视图求作第三视图

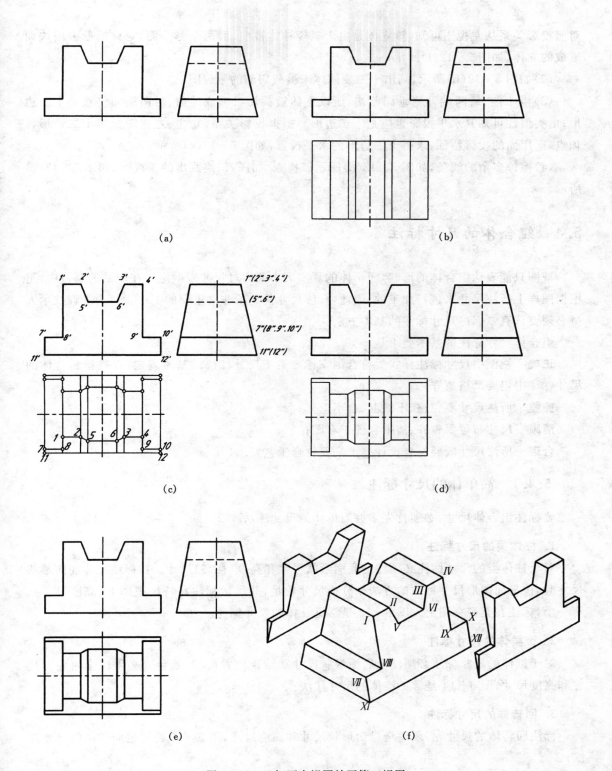

图 5-12　已知两个视图补画第三视图

对照投影关系从左视图可知,该立体是由十二棱柱体被前、后两个侧垂面,对称的截去两块而形成的立体,如图 5-12(f)所示;

(2)如图 5-12(b)所示,画出十二棱柱体未被截切前的俯视图;

(3)由于前、后两端被侧垂面截切,所以立体被截切后形成的前、后两端面仍然是十二边形;由类似性可知其水平投影也应是十二边形。根据投影关系,在主、左视图标出十二边形各顶点,运用面的投影特征,求得十二边形的水平投影,如图 5-12(c)所示;

(4)擦掉多余的线条,如图 5-12(d)所示。检查、加深,最终画出的俯视图,如图 5-12(e)所示。

5.4　组合体的尺寸标注

视图只能表达组合体的形状,而形体的真实大小要通过尺寸来确定。在产品的制造中,是根据图样上所注尺寸来进行加工的,因此,标注尺寸是一项非常重要的工作。对于工程技术人员必须要认真掌握好尺寸标注的基本方法。

组合体尺寸标注的基本要求是:

正确　视图中尺寸标注样式要符合国家标准关于尺寸注法的基本规定,在进行组合体的尺寸标注中仍要严格遵守;

完整　所注尺寸要完整、不缺漏、也不重复;

清晰　尺寸布置要整齐、清晰和便于看图;

合理　所注尺寸既要符合设计要求又要符合工艺要求。

5.4.1　简单体的尺寸标注

要标注组合体尺寸,必须首先掌握简单体的尺寸注法。

1. 柱体类的尺寸标注

对于柱体类的尺寸标注必须注全底面形状尺寸和高度(柱高)尺寸。在标注柱体底面形状尺寸时,按平面图形尺寸标注的方法来分析尺寸数量,并尽量标注在特征视图上;高度尺寸只有一个,标注在类型视图上。图 5-13 是常见柱体的尺寸标注。

2. 锥类体的尺寸标注

对于锥体的尺寸标注必须注全底面形状尺寸和锥顶位置尺寸,锥台则必须注全两底面尺寸和高度尺寸,图 5-14 是常见锥体的尺寸注法。

3. 回转体的尺寸标注

标注回转体的尺寸,必须注全母面形状尺寸和高度尺寸,图 5-15 是常见回转体的尺寸注法。

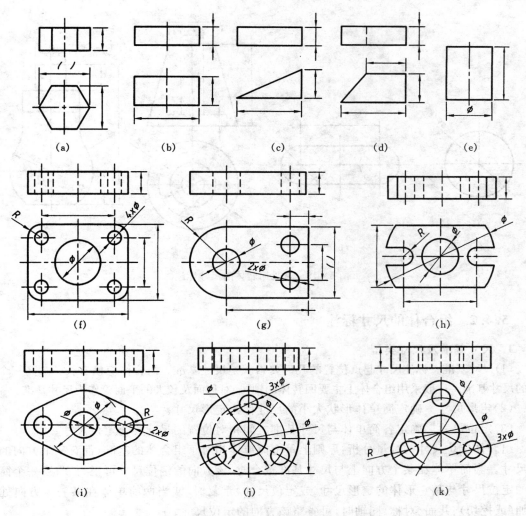

图 5-13　常见柱体的尺寸注法

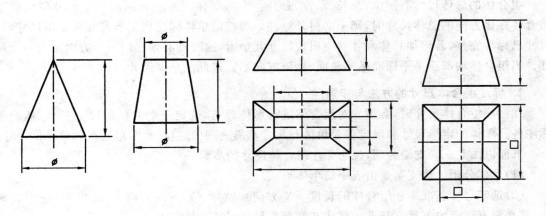

图 5-14　是常见锥体的尺寸注法

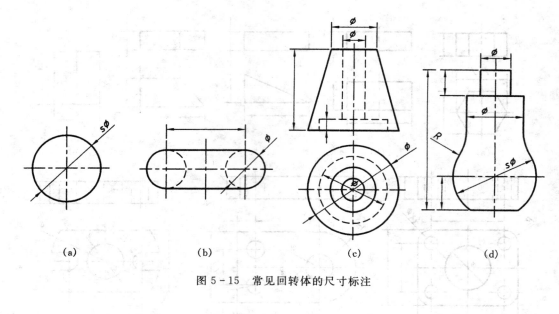

(a)　　　　　　　　(b)　　　　　　　　(c)　　　　　　　　(d)

图 5-15　常见回转体的尺寸标注

5.4.2　组合体的尺寸标注

1. 尺寸基准及尺寸类型

（1）尺寸基准　标注尺寸起点位置的几何要素就是尺寸基准。组合体应该有长、宽,高三个方向的尺寸基准。一般采用组合体上主要回转体的轴线、对称面及较大的平面等作为尺寸基准。

（2）定形尺寸　确定简单体形状大小的尺寸称为定形尺寸。

（3）定位尺寸　确定各简单体与尺寸基准之间相对位置的尺寸称为定位尺寸。

组合体定位尺寸的数量分析:原则上每个简单体相对于组合体的基准,都有三个方向的定位尺寸。当简单体在某个方向上与尺寸基准重合时,该方向的定位尺寸可视为零;当一个简单体的定位尺寸与其它形体的定形尺寸(或定位尺寸)重复时,或当两简单体在某一个方向处于叠加(或挖切)、共面、对称、同轴时,可省略该方向的定位尺寸。

（4）总体尺寸

组合体的总体尺寸有三个:总长、总宽、总高。当简单体在某一方向的定形尺寸就反映了组合体在该方向的总体尺寸时,则不必另外标注。当按简单体标注出定形尺寸或定位尺寸后,尺寸已标注完整,若再加总体尺寸就会出现尺寸冗余时,这时则必须在同一个方向减去一个尺寸。当组合体端部不是平面而是回转面时,该方向不直接标注总体尺寸。

2. 标注组合体尺寸的方法与步骤

在标注组合体尺寸时,必须先对组合体进行形体分析,选定三个方向的尺寸基准,然后再标注各简单体的定形尺寸和确定各简单体与尺寸基准之间的定位尺寸,最后再调整总体尺寸。

下面以图 5-16 支架为例,说明标注组合体尺寸的步骤。

（1）形体分析　该支架是由五个简单体组成。

（2）选定尺寸基准　在组合体的长度（X 方向）、宽度（Y 方向）、高度（Z 方向）三个方向上,都必须有一个主要尺寸基准。尺寸基准通常与画图基准是一致的。

长度方向尺寸基准选支架的左右对称面;宽度方向尺寸基准选底板和支撑板的后端面;高

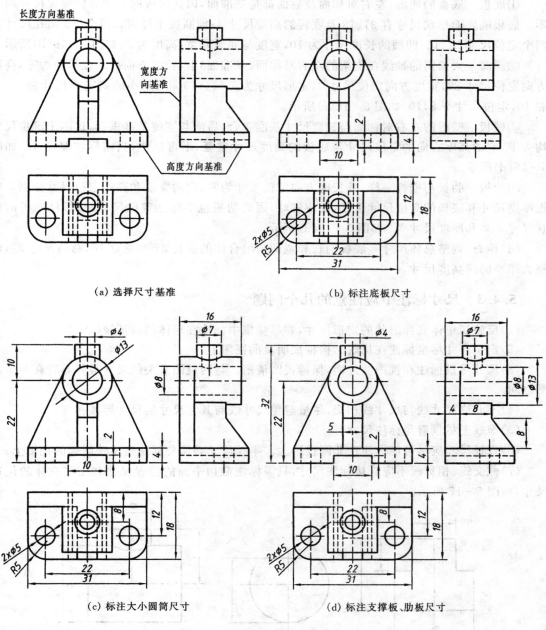

(a) 选择尺寸基准   (b) 标注底板尺寸

(c) 标注大小圆筒尺寸   (d) 标注支撑板、肋板尺寸

图 5-16 支架的尺寸标注

度方向尺寸基准选底板的底平面。每个视图，必须有两个方向的尺寸基准，即

  主视图上：有 X 和 Z 方向的尺寸基准；

  俯视图上：有 X 和 Y 方向的尺寸基准；

  左视图上：有 Y 和 Z 方向的尺寸基准。

  支架的尺寸基准如图 5-16(a)所示。

  (3)逐个标注定形尺寸和定位尺寸

①底板　底板的底面、左右对称面及后面都是基准面,因此底板的三个方向定位尺寸均为零。底板的底面形状尺寸有 31、18 及底板的高度尺寸 4;前圆弧半径 R5,两个 ⌀5 圆孔尺寸及两个定位尺寸 22、12;凹槽的长度尺寸为 10,宽度与底面同宽,高度为 2,如图 5-16(b)所示。

②圆筒　大圆筒的轴线在支架的左右对称面(基准面)上,长度方向的定位尺寸为零,高度方向定位尺寸 22,宽度方向定位尺寸 0,定形尺寸为 ⌀8、⌀13 和 16;小圆筒定形尺寸 ⌀4、⌀7 和 10,定位尺寸 0,8,10,如图 5-16(c)所示。

③壁板　壁板的左右对称面与长度尺寸基准重合,后面与宽度基准重合,这两个定位尺寸均为零,它的高度方向的定位尺寸与底板的高度尺寸重复,不再标注,只需标注厚度 4。如图 5-16(d)所示。

④肋板　肋板与壁板一样,其长度方向定位尺寸为零,它的宽度和高度定位尺寸分别与壁板厚度尺寸和底板的高度尺寸重复,也应省略,因此肋板也不标注定位尺寸,只标注肋板的形状尺寸 8、8 和厚度尺寸 5。如图 5-16(d)所示。

(4)检查、调整总体尺寸　底板的长和宽即为组合体的总长 31 和总宽 18,总高尺寸 32,调整去掉小圆筒高度尺寸。

5.4.3　尺寸标注中应注意的几个问题

(1)反映简单体底面形状的定形尺寸,要尽量集中标注在形体的特征视图上。

(2)定位尺寸尽量标注在反映结构特征明显的视图上。

(3)尺寸尽量标注在视图的外面,保持视图清晰。与两视图有关的尺寸最好布置在两个视图之间。

(4)不允许尺寸线与尺寸线相交,尽量避免尺寸线与其它尺寸的尺寸界线相交。

(5)虚线上尽量避免标注尺寸。

(6)直径尺寸应尽可能标注在非圆投影上。半径尺寸必须要标注在反映圆弧的视图上。

(7)截交线、相贯线不应直接标注尺寸,只需标注截切平面的位置尺寸和相贯立体的位置尺寸,如图 5-17 所示。

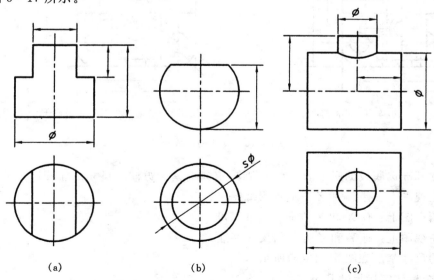

(a)　　　　　　　　　(b)　　　　　　　　　(c)

图 5-17　截交线、相贯线的标注方法

第6章　轴测图

6.1　轴测图的基本概念

6.1.1　轴测图的形成及有关术语

1. 轴测图的形成

将物体连同确定其空间位置的直角坐标系,沿不平行于任一坐标平面的方向,用平行投影的方法,向单一投影面(轴测投影面)投射,所得到的具有立体感的图形称为轴测投影图,简称轴测图。它能在一个投影面上同时反映物体三个面的形状,具有较好的直观性。

2. 轴测图的有关术语

(1)轴测轴　固连于物体上的直角坐标轴 OX、OY、OZ 的轴测投影 O_1X_1、O_1Y_1、O_1Z_1 叫轴测轴。

(2)轴间角　各轴测轴之间的夹角叫轴间角,即:$\angle X_1O_1Z_1$,$\angle X_1O_1Y_1$,$\angle Y_1O_1Z_1$。三轴间角之和为 $360°$。

(3)轴向变形系数　轴测轴上的单位长度与相应直角坐标轴上单位长度之比称为轴向变形系数,如图 6-1 所示,坐标轴上的一线段 OA 的轴测投影为 O_1A_1,则比值 O_1A_1/OA 即为轴向变形系数。OX、OY、OZ 轴的轴向变形系数分别用:$p=O_1A_1/OA, q=O_1B_1/OB, r=O_1C_1/OC$ 表示。

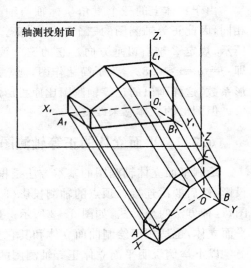

图 6-1　轴测图的形成

6.1.2　轴测投影的基本性质

(1)平行性　物体上相互平行的线段,其轴测投影仍相互平行;物体上平行于坐标轴的线段,其轴测投影仍平行于轴测轴。

(2)定比性　物体上两相互平行的线段或同一直线上两线段长度之比,在轴测投影图上保持不变;物体上平行于坐标轴的线段,其轴测投影与原线段实长之比等于相应的轴向变形系数。

6.1.3　轴测图的分类

根据投射方向与轴测投影面是否垂直,可将轴测图分为两类。

(1)正轴测图　投射方向与轴测投影面垂直。

(2)斜轴测图　投射方向与轴测投影面倾斜,即用斜投影法得到的轴测图。

根据轴向变形系数的不同,在每类轴测图中最常用的又分为三种:

①正(斜)等轴测图。三个轴向变形系数完全相等,即:$p=q=r\approx0.82$。

②正(斜)二等轴测图。两个轴向变形系数相等,如:$p=r\neq q(p=r=1;q=0.5)$。

③正(斜)三等轴测图。三个轴向变形系数均不相等,如:$P\neq q\neq r$。

从画图的便捷性和立体感考虑,国家标准推荐了三种常用的轴测图:正等测、正二测和斜二测。以下主要介绍正等测和斜二测轴测图的画图方法。

6.2 正等轴测图的画法

6.2.1 正等轴测图的轴间角及轴向变形系数

使物体上的三个直角坐标轴与轴测投影面的倾斜角度都相同,将物体向轴测投影面进行正投影,所得到的投影图称为正等轴测图。

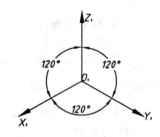

图6-2 正等轴测图的轴间角

由于物体上的三个直角坐标轴与轴测投影面的倾斜角度相同,因此正等轴测图的三个轴间角相等,各为120°,如图6-2所示,规定 Z 轴沿铅垂方向。它的三个轴向变形系数也相等,即:$p=q=r\approx0.82$。为了简化作图,通常用整数1作为简化变形系数,这样画出的正等轴测图比原投影放大了 $1/0.82\approx1.22$ 倍。但图形的立体感未改变。

6.2.2 平面立体的正等轴测图的基本作图方法

绘制平面立体轴测图的基本方法是根据立体表面上各顶点的坐标,分别画出它们的轴测投影,然后顺次连接各顶点的轴测投影(即绘制立体表面的轮廓线),从而获得平面立体的轴测图,这种方法叫坐标法,如图6-3所示。坐标法是绘制轴测图的基本方法,它不仅适用于绘制平面立体,也适用于绘制曲面立体和其它类型的轴测图。

以下举例说明平面立体正等轴测图的画图步骤。

例6-1 已知四棱台的二个视图,画出它的正等轴测图,如图6-3(a)所示。

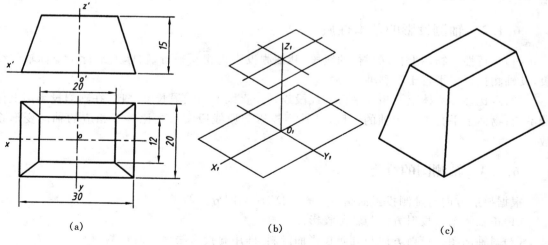

(a)　　　　　　　　　　(b)　　　　　　　　　　(c)

图6-3 正四棱台的正等轴测图

作图

(1)在已知视图上确定坐标系的位置　一般将坐标原点取在立体的对称面、轴线或角点。在此将坐标原点取在四棱台底面的对称中心,如图 6-3(a)所示。

(2)画出轴测轴和各顶点坐标　如图 6-3(b)所示,根据已知视图中所注尺寸,确定各顶点的坐标,用简化变形系数 1,分别画出底面及顶面各顶点的轴测投影图。

(3)用直线依次连接各顶点。

(4)整理,加深　规定在画轴测图时,将可见的棱线画成粗实线,不可见的棱线省略不画,一般在轴测图上不保留轴测轴。如图 6-3(c)所示,为四棱台的正等轴测图。

例 6-2　已知一立体的二个视图,如图 6-4(a)所示,画出它的正等轴测图。

作图

(1)在已知视图上确定坐标系的位置,如图 6-4(a)所示。

(2)画轴测轴和由 25、16、16 三个尺寸,画出完整四棱柱的轴测图,如图 6-4(b)所示。

(3)由 8、8、13 三个尺寸,画出被切割去左上部棱柱体后的各顶点的轴测投影,并连接各点,如图 6-4(c)所示。

(4)由 10、7、8 三个尺寸,画出被切割去右上前方的三棱锥后各顶点的轴测投影,并连接各点,如图 6-4(d)所示。

(5)整理加深,完成轴测图,如图 6-4(e)所示。

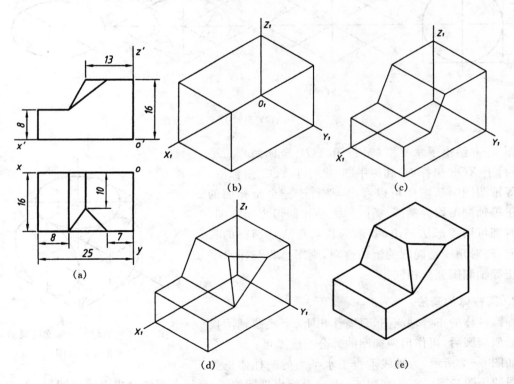

图 6-4　切割体的正等轴测图

107

6.2.3 回转体的正等轴测图的画法

1. 平行于坐标面圆的画法

平行于坐标面的圆的正等轴测投影为椭圆,画图时一般采用近似画椭圆的方法(菱形法)来绘制。

如图6-5(a)所示,为一水平圆(平行于 XOY 面的圆),要画该圆的正等轴测图,作图步骤如下:

(1)作出圆的外切正四边形,取圆心 O 为坐标原点,中心线为坐标轴 OX、OY,如图6-5(a)所示。

(2)画外切四边形的轴测图——菱形,并画出其长、短对角线,长对角线是椭圆的长轴方向,短对角线是椭圆的短轴方向,如图6-5(b)所示。

(3)如图6-5(c)所示,以菱形短对角线的顶点 O_2 为圆心,O_2 到对边中点 $B1$ 的距离为半径画大圆弧;同理,再以 O_3 为圆心画上下对称的大圆弧;连接 O_2B_1,与长对角线交于 O_4,以 O_4 为圆心,O_4B_1 为半径画小圆弧,同样方法画左右对称的小圆弧。

(4)整理加深后的水平圆的正等轴测图,如图6-5(d)所示。

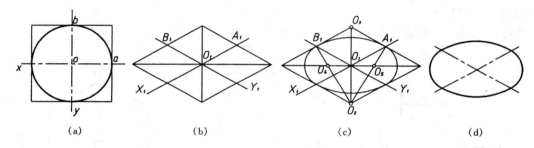

(a)　　　　　　　　(b)　　　　　　　　(c)　　　　　　　　(d)

图6-5　平行于 XOY 面圆的正等轴测图

图6-6给出了水平圆(平行于 XOY 坐标面)、正平圆(平行于 XOZ 坐标面)和侧平圆(平行于 YOZ 坐标面)的正等轴测图。从图中可以看出,平行于三个坐标面的圆的正等轴测图均为椭圆,椭圆的大小相同但方向不同,画图时都可用菱形法画出,菱形的长对角线是椭圆的长轴方向,短对角线是椭圆的短轴方向,画图过程与作水平圆的正等轴测图完全相同。

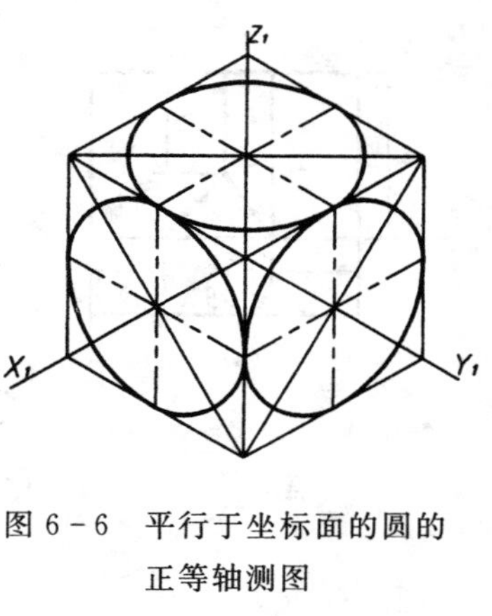

2. 圆柱体的画法

画圆柱体的正等轴测图,只需作出上、下底圆轴测投影的近似椭圆后,再作出两椭圆的外公切线即可。

图6-6　平行于坐标面的圆的
正等轴测图

如图6-7所示,为轴线垂直于水平面的圆柱体正等轴测图的作图步骤。首先在图6-7(a)上标出坐标位置,后用菱形法画出上底椭圆,如图6-7(b)所示,再用移心法,将上底椭圆的四段圆弧的圆心1、2、3、4,分别沿 Z 轴方向下移圆柱高度 h,得圆心 1_h、2_h、3_h、4_h 即可画出下底椭圆,再作出两椭圆的外公切线,最后整理加深,便完成了圆柱体的正等轴测图,如图 6 - 7(c)所示。

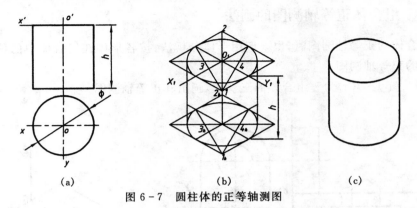

(a)　　　　　　　　　　(b)　　　　　　　　　　(c)

图 6 - 7　圆柱体的正等轴测图

3. 圆角的画法

画出图 6 - 8(a)所示带圆角底板的正等轴测图。

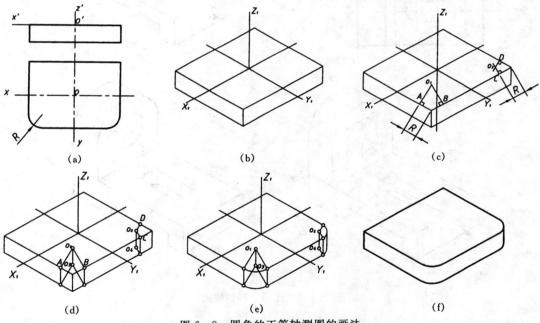

(a)　　　　　　　　(b)　　　　　　　　(c)

(d)　　　　　　　　(e)　　　　　　　　(f)

图 6 - 8　圆角的正等轴测图的画法

近似画图步骤如下:

(1)确定空间坐标,如图 6 - 8(a)所示。

(2)作轴测轴及长方体的正等轴测图,如图 6 - 8(b)所示。

(3)如图 6 - 8(c)所示,在长方体的上底面,由圆角的顶点处分别量取半径 R,截得四点 A、B、C、D;分别过 A、B、C、D 作各边的垂线,得两交点为 O_1、O_2,以 O_1 为圆心,O_1A 为半径和以 O_2 为圆心,O_2C 为半径画图弧。

(4)用移心法,得圆角下底面的圆心 O_3、O_4,如图 6 - 8(d)所示,分别以 O_3、O_4 为圆心作出下底面的圆弧。

(5)作出上、下圆弧的外公切线,如图 6 - 8(e)所示。

109

(6)整理加深,完成底板正等轴测图,如图 6－8(f)所示。

6.2.4　组合体正等轴测图的画法

在画组合体的正等轴测图时,也要应用形体分析法,按各形体在组合体中的位置,分别画出各个形体的正等轴测图。

例 6－3　图 6－9(a)为一组合体的三视图,画出其正等轴测图。

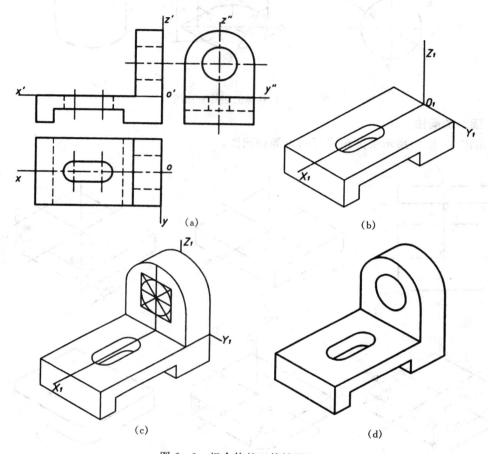

图 6－9　组合体的正等轴测图

分析

该组合体由底板和侧立板两个柱体构成,应逐一画出它们的轴测图。

作图

(1)将坐标原点选在底板上表面右端的中点处,如图 6－9(a)所示。

(2)画底板的正等轴测图,如图 6－9(b)所示,先画底板上底面的正等轴测图,然后按其高度画出下底面,再画底板下底面的凹槽及底板上的腰圆形通孔的正等轴测图。

(3)画侧立板的轴测图,如图 6－9(c)所示,在底板的上底面沿 X 轴截取侧立板的厚度,画 z 轴的平行线,即为侧立板前表面的对称线,在其上截圆孔中心高,得侧立板前表面的圆心,用菱形法先画出侧立板前表面的椭圆,用移心法可画出侧立板后表面的圆弧,再作前、后表面椭

110

圆弧的外公切线;侧立板上的圆孔用菱形法画出。

(4)整理加深,完成组合体的正等轴测图如图6-9(d)所示。

6.3 斜二等轴测图的画法

6.3.1 斜二等轴测图的轴间角和轴向变形系数

斜二等轴测图(简称斜二测)是使物体的一个坐标面平行于轴测投影面,用斜投影法得到的轴测图。一般选择 XOZ 坐标面平行于轴测投影面,轴间角 $\angle X_1 O_1 Z_1 = 90°$、$\angle X_1 O_1 Y_1 = 135°$,$\angle Y_1 O_1 Z_1 = 135°$,如图6-10所示,$X$、$Z$ 方向轴向变形系数相同,即:$p_1 = r_1 = 1$;Y 轴向变形系数 $q_1 = 0.5$。

由于画斜二测时,物体的一个坐标面(XOZ)平行于轴测投影面,因此,斜二测能反映物体上 XOZ 面及其平行面的实形,所以斜二测适合于表达只在一个方向上有多个圆、同心圆或曲线的物体。

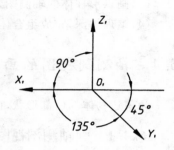

图6-10 斜二等轴测图的轴间角

6.3.2 斜二测图的画法

斜二测与正等轴测图的主要区别在于轴间角与轴向伸缩系数不同,其画图方法基本相同。

例6-4 图6-11(a)为一组合体的两个视图,画出斜二测图。

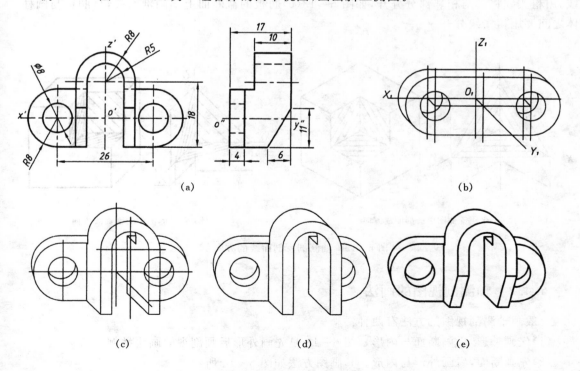

(a)   (b)

(c)   (d)   (e)

图6-11 斜二测图的画法

111

分析

该组合体由一个拱形的柱体和立板构成,应分别画出它们的轴测图。

作图

(1)将坐标原点选在立板后表面的对称面上,X 轴通过立板圆孔的中心线,如图 6-11(a) 所示。

(2)画轴测投影轴及立板的斜二测图,如图 6-11(b)所示。

(3)画拱形柱体的轴测图,如图 6-11(c)所示。

(4)整理加深,完成组合体的斜二测图,如图 6-11(d)、(e)所示。

6.4 轴测剖视图的画法

为表达物体的内部形状,可假想用剖切平面切去物体的某一部分,画成轴测剖视图。

6.4.1 画轴测剖视图的规定

(1)剖切平面的选取 为了能同时表达物体的内、外形状,一般采用两个平行于坐标面的相交平面剖切物体的 1/4,剖切平面应通过物体的对称面或主要轴线。

(2)剖面线的画法 被剖切物体的截断面上应用细实线画上剖面线。截断面平行于不同的坐标面,其剖面线具有不同的方向,如图 6-12 所示,是平行于各坐标面的截断面上剖面线的画法。当剖切平面平行地剖切物体的肋板或薄壁结构的对称面时,这些结构上都不画剖面线,用粗实线将其与相邻部分分开,如图 6-13(c)肋板的截断面上不画剖面线,且肋板与圆柱体之间要用粗实线分开。

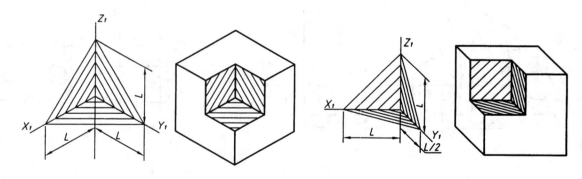

(a) 正等侧图中的剖面线方向   (b) 斜二侧图中的剖面线方向

图 6-12 轴测剖视剖面线的方向

6.4.2 轴测剖视图的画法

一般画轴测剖视图的方法有两种:

(1)先画外形,后画断面与内形。图 6-13 是先画外形后画剖视的画法举例。

(2)先画断面,后画外形与内形。其画图方法如图 6-14 所示。

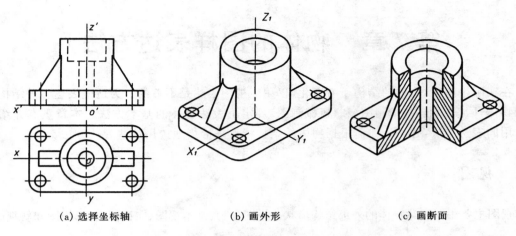

(a) 选择坐标轴   (b) 画外形   (c) 画断面

图 6-13 正等轴测剖视图的画法(一)

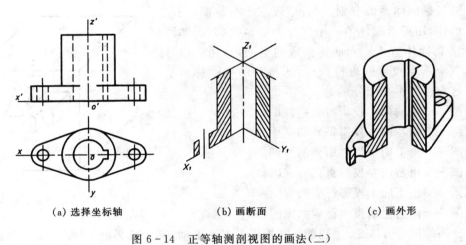

(a) 选择坐标轴   (b) 画断面   (c) 画外形

图 6-14 正等轴测剖视图的画法(二)

第7章　物体的图样表达方法

在实际生产中,物体的结构千变万化,仅用三视图表达是不够的。为适应表达各种结构形状的物体,国家标准《技术制图》和《机械制图》规定了表达物体的基本方法。本章重点介绍一些常用的表达方法,并讨论如何根据物体的结构特点来恰当地选用这些表达方法。

7.1　视图

视图主要用于表达物体的外部结构形状。视图分为:基本视图、向视图、局部视图和斜视图。

7.1.1　基本视图

在原三投影面体系的基础上,再增设三个投影面,构成一个正六面体,用正六面体的六个面作为基本投影面,如图7-1所示。将物体置入正六面体围成的空间内,用正投影法分别向六个基本投影面进行投射,所得到的视图称为基本视图。这六个基本视图分别为:

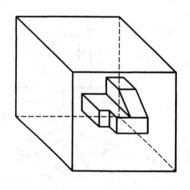

主视图——由前向后投影得到的视图。

左视图——由左向右投影得到的视图。

俯视图——由上向下投影得到的视图。

右视图——由右向左投影得到的视图。

仰视图——由下向上投影得到的视图。

图7-1　六个基本投影面

后视图——由后向前投影得到的视图。

各投影面的展开方法是,主视图所在投影面保持不动,其余投影面沿图7-2所示箭头方

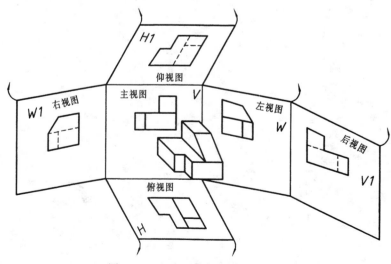

图7-2　六个基本投影面的展开

114

向旋转到与主视图所在投影面处于同一平面。展开后六个基本视图按图 7-3 所示的投影关系配置。六个基本视图之间仍符合"长对正、高平齐,宽相等"的投影规律,即:主、俯、仰、后四个视图长相等;主、左、右、后四个视图高平齐;俯、仰、左、右四个视图宽相等。国家标准规定:当六个基本视图按图 7-3 所示的投影关系配置时,不需标注视图名称。

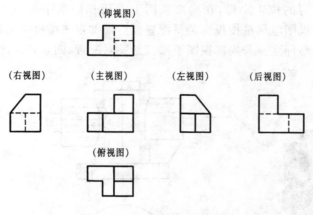

图 7-3 六个基本视图

在表达物体时并非都需画出六个基本视图,通常只需根据物体的结构形状特点,选择若干个基本视图即可。在视图上一般只画物体的可见部分,必要时用虚线表示不可见部分。

7.1.2 向视图

向视图是可以自由配置的基本视图。有时为合理布局图纸,在同一张图样上,当基本视图不按图 7-3 所示的投影关系配置时,都视为向视图。

对向视图必须进行标注,其标注方法为:在向视图上方用大写的拉丁字母注出该视图的名称,在相应的视图附近用箭头指明获得向视图的投射方向,并注上同样的字母。如图 7-4 所示。

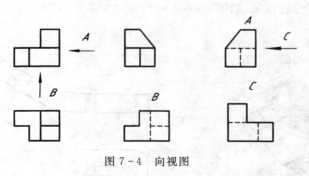

图 7-4 向视图

7.1.3 局部视图

将物体上的局部结构向基本投影面投射所得到的投影或表示基本视图的一部分称为局部视图。图 7-5(a)所示物体,当画出主、俯两个视图后,仍有两侧的凸台及左侧的肋板厚度没有表达清楚,但又没必要画出完整的左视图和右视图,此时可画出表达该部分结构的局部视图,如图 7-5(b)中的"A"和"B"视图均为局部视图。

局部视图所表达的只是物体的局部结构,故需画出断裂边界,其边界线用波浪线表示,如图 7-5(b)中"A"所示,但波浪线的范围不应超出实体范围。当所表达的局部结构是完整的,且外轮廓线又成封闭时,波浪线可省略不画,如图 7-5(b)中的"B"所示。

对局部视图必须进行标注,其标注方法为,在相应的视图附近用箭头指明获得局部视图的投影方向,并注上大写的拉丁字母,在局部视图上方用相同的字母注出该视图的名称,如图 7-5(b)所示。局部视图应尽量按投影关系配置。当局部视图按投影关系配置,中间又没有其它视图隔开时,可省略标注。若局部视图不按投影关系配置,则必须标注。

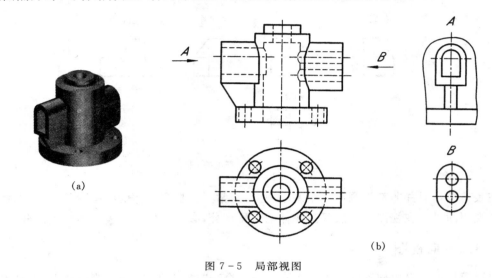

图 7-5 局部视图

7.1.4 斜视图

为了表达物体上与基本投影面倾斜结构的真实形状,如图 7-6(a)所示,可增设一个与这个倾斜面相平行且垂直于某一基本投影面的辅助投影面 H1,将物体上的倾斜面向该 H1 投射,所得到的视图称为斜视图,如图 7-6(b)所示的"A"视图。

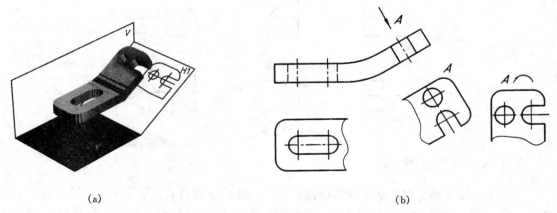

图 7-6 斜视图

斜视图一般只需表达物体倾斜部分的真实形状,因此,斜视图与局部视图一样,它们断裂

116

边界的画法相同。

斜视图一般按投影关系配置，必要时也可配置在其它适当位置，在不引起误解的前提下，允许斜视图旋转配置，这时斜视图上应加注旋转符号"⌒"或"⌒"，且表示斜视图名称的字母应靠近旋转符号的箭头端，如图7－6(b)所示。画图时，应注意斜视图与基本视图间的投影关系。

斜视图必须标注，其标注方法为：在相应的视图附近用垂直于倾斜表面的箭头指明投影方向，并注上大写的拉丁字母（注意：字母一律水平书写），在斜视图的上方用相同的字母标出斜视图的名称。

7.2 剖视图

7.2.1 剖视图的概念

1. 剖视图的形成

当物体的内部结构形状较为复杂时，在视图上必然会出现很多虚线，这些虚线往往与表示物体外形的轮廓线互相交错、重叠，影响视图的清晰度，甚至使物体表达不清，对看图和标注尺寸不利，为此国家标准规定用剖视图表达物体内部结构形状的方法。

如图7－7(a)所示，假想用剖切面将物体剖开，移去观察者和剖切面之间的部分，将余下的部分向选定的投影面进行投射所得的图形称为剖视图，简称剖视。

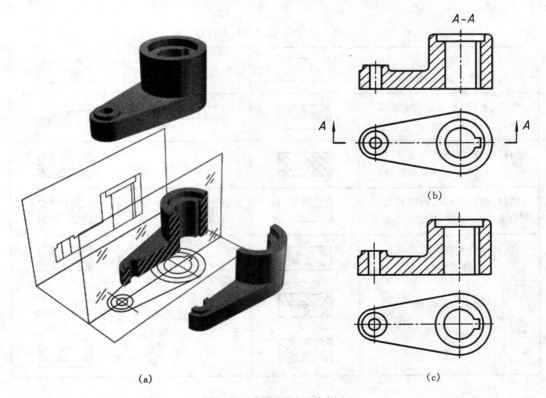

(a)

(b)

(c)

图7－7 剖视图的基本概念

物体经过剖切,在剖视图上把所剖开的内部结构用粗实线表示,显然较为清晰。因此,剖视图是表达物体内部结构形状的行之有效的方法。

2. 剖视图的画法

(1)确定剖切平面的位置 为便于画图,剖切平面一般应平行于某一投影面,并且尽可能通过物体的对称平面或内部结构(如空腔、沟槽等)的轴线。

(2)画出截断面的投影 在画剖视图时,首先要画出由剖切平面与物体实体相交的截断面。在断面图形上应画剖面符号。剖面符号不仅表示物体被切到的实体范围,同时也表明了制造物体所用材料的类别。根据 GB 4457.5—1984 中的规定,各种材料类别的剖面符号见表7-1所示。

(3)画出剖切平面之后的所有可见轮廓线。

画剖视图应注意以下两点:

①因为剖切是假想的,并不是真的将物体切去了一部分,因此画剖视图时,除剖视图本身外,其它视图仍按物体的完整形体画出。剖视图中不可见的结构,若在其它视图中已表达清楚时,其虚线一般省略不画。

②同一物体图的各剖视图中剖面线的方向与间隔应一致。金属材料的剖面符号,是用细实线画成与水平方向成45°,且间距相等、方向一致的剖面线。当剖视图中的主要轮廓线与水平方向成45°时,剖面线应画成与水平方向成30°或60°夹角的细实线,但倾斜方向应与其它视图上的剖面线方向一致。

表 7-1 各种材料的剖面符号

金属材料 (已有规定符号者除外)	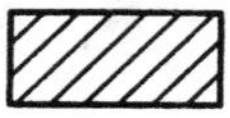	线圈绕组元件	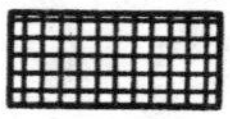
转子、电枢、变压器和电抗器等的叠钢片		基础周围的泥土	
塑料、橡胶、油毡等非金属材料 (已有规定剖面符号者除外)		混凝土	
型砂、填砂、砂轮、陶瓷刀片、硬质合金刀片、粉末冶金等	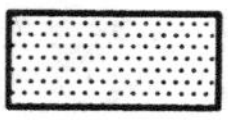	钢筋混凝土	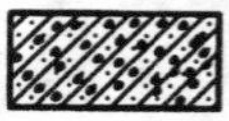
玻璃及供观察者用的其它透明材料	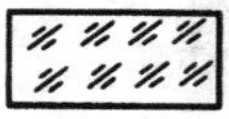	砖	
木材	纵断面	格网 (筛网、过滤网)	
	 横断面	液体	

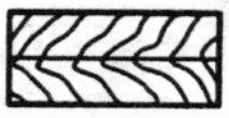

3. 剖视图的标注

为了便于看图,在剖视图上一般应进行标注。如图7-7(b)所示,标注的基本内容如下:

118

在相应的视图上用剖切符号(线宽 $1.5b$,长约 $5\sim10$ mm 断开的粗实线)表示剖切平面的位置,剖切符号应尽可能不与图形轮廓线相交,并在剖切符号的外端(垂直于剖切符号)画出箭头指明投影方向,并注上大写的拉丁字母;在剖视图的上方用相同的字母标出剖视图的名称,如图7-7(b)所示。

标注在下列情况可以省略:

(1)如图7-7(c)所示,当剖切平面与物体的对称平面完全重合,且剖切后的剖视图按投影关系配置,中间没有其它图形隔开时,可全部省略标注。

(2)当剖切平面没有通过对称面,且中间没有其它图形隔开时,可省略箭头,如图7-8(b)所示的"A—A"半剖视图。

7.2.2　剖视图的种类

剖视图按剖切的范围大小可分为:全剖视图、半剖视图和局部剖视图。

1.全剖视图

假想用剖切平面将物体完全剖开所得的剖视图称为全剖视图,如图7-8(a)所示及图7-7和图7-8(b)的主视图均为全剖视图。

全剖视图适用于内部结构比较复杂、外形结构简单的物体。当外形结构已在其它视图中表达清楚时,可采用全剖视图来表达物体的内部结构。

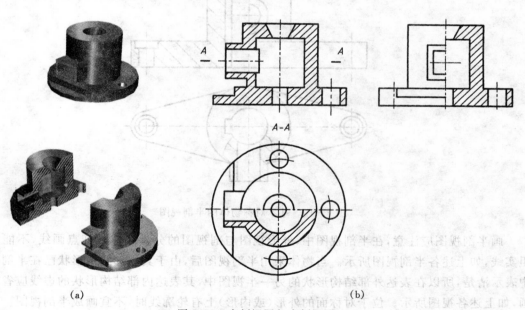

(a)　　　　　　　　　　　　　　　(b)

图7-8　全剖视图与半剖视图

2.半剖视图

当物体具有对称平面时,将其向垂直于对称平面的投影面上投射,以对称线分界,一半画成剖视图,另一半画成视图,这种剖视图称为半剖视图。如图7-8(b)的俯、左视图和图7-9(b)主、俯视图所示均为半剖视图。

半剖视图适用于表达内、外结构形状都较复杂且结构对称的物体。当物体的主要结构形

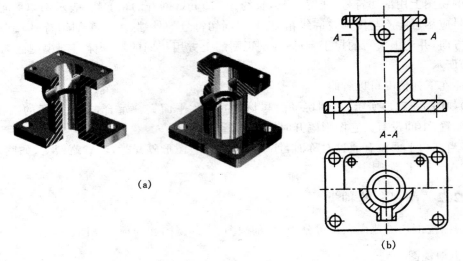

图 7 - 9　半剖视图

状对称,只有局部小结构不对称,且不对称部分已在其它视图上表达清楚时,也可以画成半剖视图,如图 7 - 10 所示。

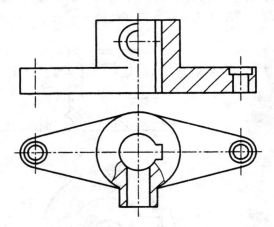

图 7 - 10　基本对称物体的半剖视图

画半剖视图应注意,在半剖视图中,外形视图与剖视图的分界线应是细点画线,不能画成粗实线,如上述各半剖视图所示。当物体采用半剖视图后,由于其内部结构形状已在半剖视图中表示清楚,所以在表达外部结构形状的另一半视图中,其表达内部结构形状的虚线应省略不画,如上述各视图所示。位于对称面的外形(或内形)上有轮廓线时,不宜画成半剖视图。

3. 局部剖视图

用剖切平面将物体局部地剖开所得的剖视图称为局部剖视图,如图 7 - 11(a)所示,其主视图和俯视图的上、下和左、右都不对称,不宜采用半剖视图,若采用全剖视图则会影响外形结构的表达。为了使物体的内、外结构都表达清楚,采用局部地剖开物体就得到局部剖视图。

局部剖视图是一种较为灵活的表达方法,剖切位置、剖切范围可根据需要而定。它适用于内、外部结构形状都需要在同一视图上表达的不对称物体。也可用来表达物体上的小孔、小槽

120

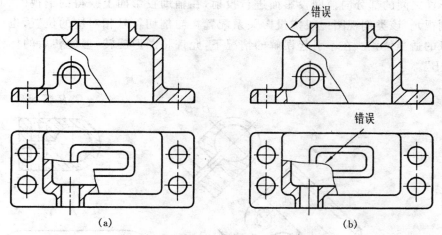

图 7 - 11 局部剖视图

等结构的内部形状。

当剖切平面的剖切位置明显时,局部剖视图的标注可省略,如图 7 - 11(a)所示。

画局部剖视图时,视图与剖视图部分以波浪线为界,波浪线是表示物体被断裂的痕迹,画波浪线应画在物体的实体部分,不应超出图形轮廓线之外,或画入孔、槽和孔腔之内。图 7 - 11 (b)是不正确的波浪线的画法。波浪线不得和图样上其它图线重合,如图 7 - 12(a)所示,只有当被剖切的结构为回转体时,才允许以该结构的轴线作为剖视图与视图的分界线,如图7 - 12 (b)所示。

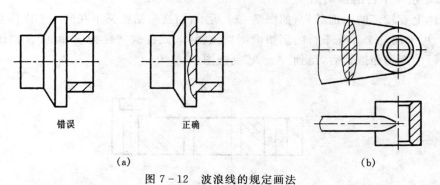

图 7 - 12 波浪线的规定画法

7.2.3 剖切面的种类

画剖视图时,根据物体的结构特点,可选用单一剖切面、几个相交的剖切面(交线垂直于某一基本投影面)、或几个相互平行的剖切平面等剖切方法。

1. 单一剖切面

仅用一个剖切平面剖开物体。一般用平行某一基本投影面的平面剖切物体,如前所讲的全剖视图、半剖视图和局部剖视图,均是采用此种方式得到的剖视图。

若物体上有倾斜的内部结构需要表达时,如图 7 - 13 中的“$B-B$”剖视图,可选择一个与该倾斜结构平行的辅助投影面,然后用一个平行于该投影面的剖切面剖切该物体,将剖切面与辅助投影面之间的部分向辅助投影面进行投射,在辅助投影面上获得的剖视图(此种剖切也称为斜剖视)。该类剖视图一般按投影关系配置在与剖切符号相对应的位置,也可将剖视图移至图纸的适当位置。在不引起误解的情况下,允许将图形旋转,但旋转后的标注形式应为"$\frown B-B$"。

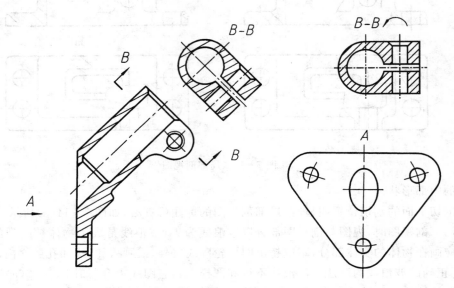

图 7-13 斜剖视图

2. 几个相互平行的剖切面

当物体上有较多的内部结构,如图 7-14 所示,而这些结构又不在同一平面内且分布投影不重叠时,可采用几个相互平行的剖切面剖切该物体(此种剖切称为阶梯剖)。如图中用了三个互相平行的剖切面剖切后,得到"$A-A$"剖视图。

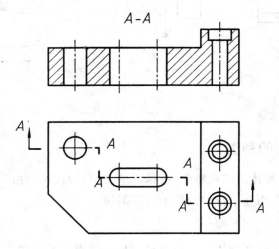

图 7-14 阶梯剖视图

用几个相互平行的剖切面剖切的方法,适用于表达外形较简单、内部结构呈分层排列的物体。在画这种剖视图时,不应画出两剖切平面转折处的分界线,剖切平面的转折处也不应与图

122

中的轮廓线重合，且在图形内不应出现不完整的要素，如图 7-15(a)、(b)所示。仅当两个要素在图形上具有公共对称中心线或轴线时，才可以出现不完整的要素，这时应各画一半，并以对称中心线或轴线为界，如图 7-15(c)所示。

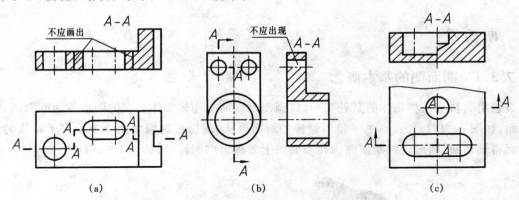

图 7-15　阶梯剖视图与剖切注意事项

采用几个平行的剖切面画出的剖视图必须标注。用粗短线表示剖切面的起、迄和转折位置，并标上相同的大写字母，在起、迄外侧用箭头表示投射方向，在相应的剖视图上方，用同样的字母注出剖视图名称，如图 7-14、图 7-15 所示。当转折处地方有限又不致引起误解时，允许省略字母。当剖视图按投影关系配置、中间又无其它视图隔开时，可省略表示投射方向的箭头。

3. 几个相交的剖切面

用几个相交的剖切面(交线垂直于某一基本投影面)剖开物体(此种剖切可称为旋转剖)，如图 7-16(a)所示，该物体需表达的内部结构主要有三个孔，而又无法用单一剖切面同时把它们剖切表达出来，因此假想用两个垂直于投影面的相交平面作为剖切面，对物体进行剖切(两剖切面相交于中间圆柱孔的轴线)，将处在观察者和剖切平面之间的部分移去，并将被倾斜的剖切平面剖开的断面(及其相关结构)旋转到与选定的基本投影面平行的位置，然后再进行投射，便得到图中"A-A"全剖视图。

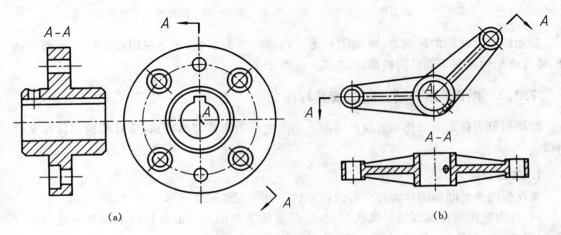

图 7-16　相交的剖切面剖切

123

用旋转剖画剖视图时,凡没有被剖切平面剖到的结构,应按原来的位置投影,如图 7 - 16 (b)中的中间下部的小圆孔,在"A—A"中即是按原来位置投影画出。

旋转剖必须标注,标注方法如图 7 - 16(b)所示。

7.3 断面图

7.3.1 断面图的基本概念

假想用剖切平面将物体的某处切断,仅画出剖切面与物体实体相交的图形称为断面图,简称断面,如图 7 - 17(a)所示,为了得到键槽的断面形状,假想在键槽处用一个垂直于轴线的剖切平面将轴切断,画出它的断面图。在断面图上要画出剖面符号,如图 7 - 17(b)所示。

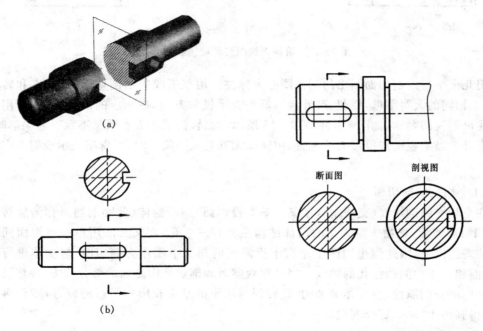

图 7 - 17　断面图　　　　　　图 7 - 18　断面图与剖视图的区别

断面图与剖视图的区别是,断面图只画出物体的断面形状,而剖视图除了画出断面形状外,还要画出物体留下部分的投影,如图 7 - 18 所示。

7.3.2 断面图的种类、画法及其标注

断面图分为移出断面图和重合断面图。移出断面图简称移出断面,重合断面图简称重合断面。

1. 移出断面

画在视图外的断面图称为移出断面,如图 7 - 19～图 7 - 23 所示。

(1)移出断面的轮廓线用粗实线绘制,应尽量配置在剖切线的延长线上或其它适当的位置,如图 7 - 19～图 7 - 23 所示。

124

（2）移出断面只画出剖切后的断面形状，但当剖切平面通过回转面形成的孔或凹坑的轴线时；或当断面出现完全分离的两部分时，为了防止误解，断面应按封口处理。如图7－19中的"B－B"和7－20的"A－A"断面所示。

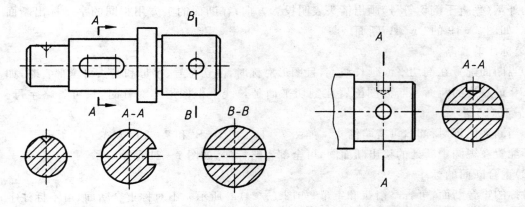

图7－19　移出断面图　　　　　　　　　　　　图7－20　移出断面图

（3）当断面图形对称时，可画在视图的中断处，如图7－21所示。

（4）为了表达物体上某一结构断面的真实形状，剖切面应垂直于被剖切结构的主要轮廓线，如图7－22所示。

（5）当用两个或多个相交平面剖切物体时，画出的移出断面图在中间一段应断开，如图7－23所示。

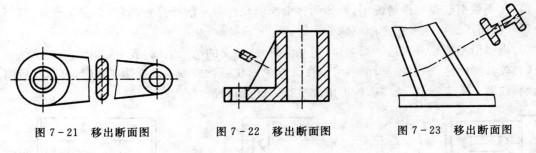

图7－21　移出断面图　　　　图7－22　移出断面图　　　　图7－23　移出断面图

2. 重合断面

画在视图里面的断面图称为重合断面，如图7－24所示。

重合断面的轮廓线用细实线绘制。当视图中的轮廓线与重合断面轮廓线叠时，视图中的轮廓线仍然应连续画出。如图7－24(b)所示。

当物体的断面形状简单且不影响图形清晰时，宜采用重合断面。

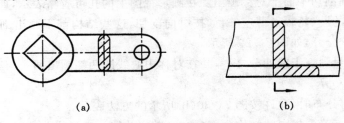

（a）　　　　　　　　　　　　　　　　（b）

图7－24　重合断面图

3. 断面图的标注

（1）移出断面的标注

移出断面的标注方法与单一剖的标注方法相同，用剖切符号表示剖切平面的位置，在剖切符号的外端（垂直于剖切符号）画出箭头表明投影方向；在断面的上方用相同的字母标出断面的名称，如图7-19的"$A-A$"断面。

（2）标注的省略

①当断面配置在剖切平面延长线上，且图形对称时，剖切符号、字母和箭头可全部省略，如图7-19最左边的断面。断面图配置在剖切平面延长线上但图形不对称时，只可省略字母。如图7-18（b）所示。

②当断面图形对称时，可省略箭头。如图7-19的"$B-B$"和7-20的"$A-A$"所示。

③配置在视图中断处的移出断面图，可全部省略标注，如图7-21所示。

（3）重合断面的标注

对称的重合断面，可省略箭头和字母，如图7-24（a）所示。不对称重合断面，可不标注字母，但仍要在剖切符号处画上箭头，如图7-24（b）所示。

7.4　其它表达方法

7.4.1　简化画法

为了简化画图和提高绘图效率，国家标准在技术制图中规定了一些简化画法和规定画法。现择要介绍如下。

（1）在不致引起误解的情况下，物体的移出断面允许省略剖面符号，如图7-25所示，但剖切位置和断面图的标注必须遵照原来的规定。

（2）当图形不能充分表达平面时，可用平面符号（相交的两细实线）表示，如图7-26所示。

（3）较长的物体（轴、杆、型材等）沿长度方向的形状一致或按一定规律变化时，可断开后缩短绘制，如图7-27所示，断裂边界可用波浪线、双折线和细双点画线绘制。

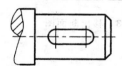 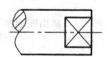 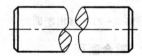

图7-25　省略剖面符号　　　　图7-26　平面表示　　　　图7-27　断裂画法

（4）当回转件上有均匀分布的肋、轮辐、孔等结构需要表达而又不处于剖切平面时，可以把这些结构假想旋转到剖切平面上对称画出。在圆形视图上的孔可省略表示，如图7-28所示。

（5）对于物体上的肋、轮辐及薄壁等，如按纵向剖切，这些结构都不画出剖面符号，而用粗实线将它与邻接部分分开，如图7-29所示。

（6）对称视图可只画一半或四分之一，并在对称中心线的两端画出两条与其垂直的平行细实线，如图7-30（a）所示。

当盘上的孔均匀分布时，允许按图7-30（b）所示的方法表示。

（7）当物体上具有若干相同的结构要素（如孔、槽），并按一定规律分布时，只需画出几个完整的结构要素,其余的可用细实线连接或画出它们的中心位置。但图中必须注明结构要素的总数,如图 7 - 30(c)所示。

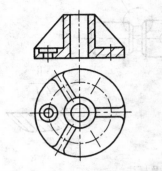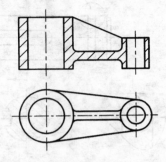

图 7 - 28　剖视图中均布的肋和孔的简化画法　　图 7 - 29　剖视图中肋、轮辐及薄壁的简化画法

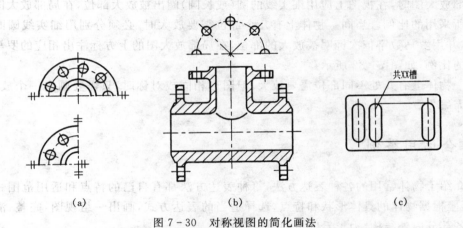

（a）　　　　　　　　　　（b）　　　　　　　　　（c）

图 7 - 30　对称视图的简化画法

（8）对于物体上因钻小孔或铣键槽而出现的相贯线允许省略或简化,但必须有一个视图已经清楚地表达这些结构的形状,如图 7 - 31 所示。

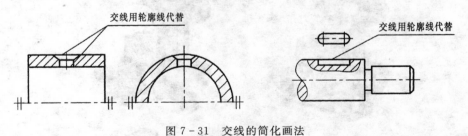

图 7 - 31　交线的简化画法

7.4.2　局部放大图

将物体的部分结构,用大于原图形所采用的比例画出的图形称为局部放大图。

局部放大图主要用于表达物体上的某些在视图中表达不够清楚的细小结构,如图 7 - 32 所示,局部放大图可画成视图、剖视图、断面图,它与被放大部位在原图中的表达方式无关。

局部放大图应尽量配置在被放大结构部位的附近。

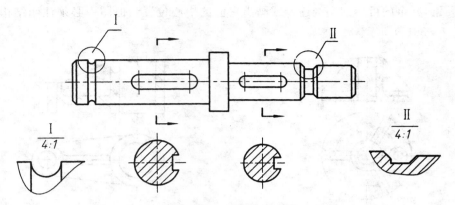

图 7 - 32　局部放大图的画法及标注

画局部放大图时,在视图上应用细实线的圆(或长圆)圈出被放大部位,在局部放大图的上方标注出所采用的比例。当同一物体上有几个部位需要放大时,必须分别用细实线圆圈出被放大部位,并用罗马数字依次标明被放大的部位,在局部放大图的上方标注出相应的罗马数字和所采用的比例,如图 7 - 32 所示。

当同一物体上有几处不同部位需要放大,但图形相同或对称时,只需要画出一个放大图,但每处均需编号。

7.5　综合运用举例

前面介绍了物体常用的各种表达方法,每种表达方法都有自己的特点和适用范围。在绘制图样时,应根据物体的具体形状和特点,选择适当的表达方式,画出一组视图,完整、清晰地表示物体各部分内外结构,力求看图方便,绘图较易。

以图 7 - 33 所示连接座为例,加以分析。

图 7 - 33　连接座立体图

128

1. 分析物体的结构形状

如图 7-33 所示连接座中间有一垂直圆形通孔,顶部有一法兰盘,左侧有一空心圆柱,右侧有一正垂空心圆柱,其前端有一腰形法兰盘,正垂孔与底板上的铅垂孔相通。连接座右部为长腰形,底板的形状左圆右方,底板的左上方有一半圆柱状凸块,它的右侧与大圆柱交接,顶部与水平圆柱垂直相贯,此外连接座上还有小孔、圆角等结构。

2. 选择合适的表达方案

如图 7-34 所示,根据连接座上下、左右、前后均不对称,外形及内腔结构形状都比较复

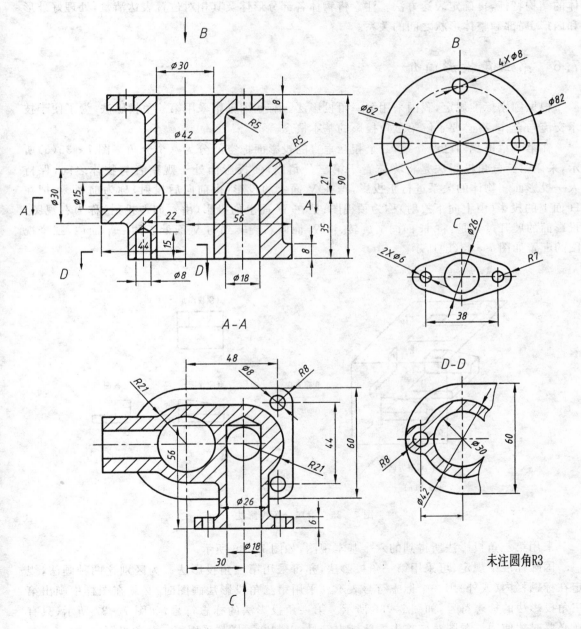

图 7-34　连接座的表达方案

129

杂,选用两个基本视图(主视图和俯视图并采用全剖视)和几个局部视图来表达。

主视图采用全剖,着重表达形体内各孔的形状及相互间的贯通情况。俯视图取 $A-A$ 全剖,将座体的腰形截面形状、右端腰形法兰盘及正垂孔的贯通情况表示清楚。此外,底板的外形在俯视图中也得到表达。

选用 B 向、C 向局部视图来表达两个法兰盘的外形。选用 $D-D$ 局部剖来表达半圆柱状凸块的截面形状。

通过对连接座表达方案的分析,可以看出,在确定物体表达方案时,首先应分析被表达物体的结构特征,再确定表达方法。注意将物体各部分形体及其相对位置表达清楚,处理好外形和内形、局部和整体形状之间的关系。

7.6　第三角投影简介

根据国家标准规定,我国采用第一角投影法。有些国家则采用第三角投影法,为了便于技术交流与合作,有必要了解第三角投影的基本概念。

在第 2 章里我们已经介绍,三个相互垂直的投影面把空间分为八个分角。图 7-35(a)所示,采用第三分角投影法是将物体置于第三分角内,使投影面处于观察者与物体之间,保持人—投影面—物体的关系进行正投影,把在 V 面上的投影(由前向后投射)称为前视图;把在 H 面上的投影(由上向下投射)称为顶视图;把在 W 面上的投影(由右向左投射)称为右视图。投影面的展开过程是:将 H 面向上旋转、将 W 面向右旋转到与 V 面处于同一平面内,三个视图的配置如图 7-35(b)所示。

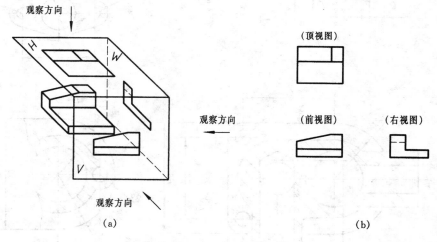

图 7-35　第三分角投影法

采用第三角投影法所得到的六个基本视图,如图 7-36 所示。

国际标准中规定,可采用第一角投影法,亦可采用第三角投影法。为区别这两种画法,规定在标题栏内(或外)用一个标志符号表示。采用第三角投影法画图时,必须在图样中画出第三角投影法的标志符号,如图 7-38 所示。第一角投影法的标志符号,如图 7-37 所示,只有在必要时才使用。看图时应首先看此标志符号,以判断图样是采用哪一分角投影。

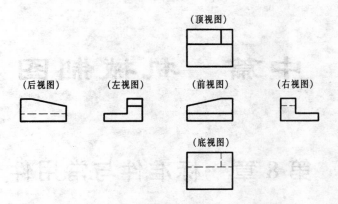

图 7-36　第三角投影法的六个基本视图

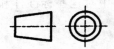

图 7-37　第一角投影法标志符号

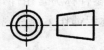

图 7-38　第三角投影法标志符号

中篇　机械制图

第8章　标准件与常用件

在机械设备中,需要大量使用螺钉、螺栓、螺母、键、销、轴承等零件,为了便于加工生产,对这些零件的结构、尺寸已全部标准化。结构、尺寸已全部标准化的零件称为标准件,部分结构、尺寸标准化的零件称为常用件,如齿轮、弹簧等。国家标准中对这些标准件和常用件的画法、符号、代号及标记都作了统一规定。

8.1　螺纹和螺纹紧固件

8.1.1　螺纹的形成及其结构要素

1. 螺纹的形成

一平面图形(如三角形、矩形、梯形等)绕一圆柱体(或圆锥体)表面作螺旋运动(等速回转和等速直线运动),在圆柱体表面形成的螺旋体称为螺纹。

在圆柱(或圆锥)外表面上所形成的螺纹称为外螺纹;在圆柱(或圆锥)孔内表面上形成的螺纹称为内螺纹。

在车床上车削螺纹,是一种常见的形成螺纹方法。如图8-1(a)、(b)所示,将圆柱料卡在车床的卡盘上,车床等速旋转,同时使车刀沿圆柱轴线方向作等速直线移动,当车刀尖切入工件一定深度时,便在圆柱体的表面上加工出螺纹,如图8-1(a)、(b)所示。

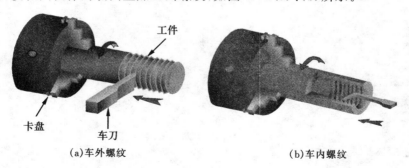

(a)车外螺纹　　　　　　　　　　　　　(b)车内螺纹

图8-1　外螺纹和内螺纹的车削法

在加工螺纹的过程中,由于刀具的切入,使螺纹构成了凸起和沟槽两部分,凸起部分的顶端称为螺纹的牙顶;沟槽部分的底部称为螺纹的牙底。

2. 螺纹的结构

(1)**螺纹的末端**　为了防止螺纹端部损坏和便于安装,通常在螺纹的起始做成一定形状的末端,如图8-2所示,圆锥形的倒角或球面形的圆顶等。

(a)倒角　　　　　　　　　(b)圆顶　　　　　　　　　(c)平顶

图8-2　螺纹的末端

(2)**螺纹收尾和退刀槽**　如图8-3所示,车削螺纹的刀具快到螺纹终止处时要逐渐离开工件,因此螺纹终止处附近的牙型要逐渐变浅,形成一段不完整的牙型,该段长度的螺纹称为**螺纹收尾**。为了避免产生螺尾,有时在螺纹终止处预先车出一个退刀槽,如图8-4(a)、(b)所示。

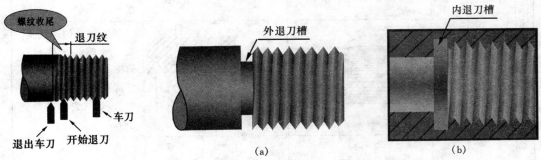

图8-3　螺纹的收尾

图8-4　螺纹的退刀槽

3. 形成螺纹的要素

(1)**螺纹的牙型**　在通过螺纹轴线的截断面上,螺纹的轮廓形状称为牙型。常见的螺纹牙型有:三角形、梯形和锯齿形等,常用标准螺纹的牙型,如表8-1所示。

(2)**螺纹的大径和小径**　与外螺纹牙顶(或内螺纹牙底)相重合的假想圆柱面的直径称为大径,内、外螺纹的大径分别以 D 和 d 表示。与外螺纹牙底(或内螺纹牙顶)相重合的假想圆柱面的直径称为小径,内、外螺纹的小径分别以 D_1 和 d_1 表示,如图8-5所示。

(3)**螺纹的线数**　螺纹有单线和多线之分。沿一条螺旋线所形成的螺纹称为单线螺纹,如

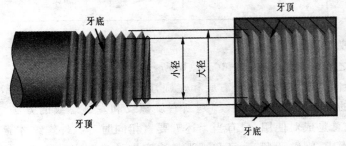

图8-5　螺纹的大径和小径

133

图 8-6(a)所示;沿两条或两条以上且在轴向等距分布的螺旋线所形成的螺纹称为多线螺纹。螺纹的线数以 n 表示,如图 8-6(b)是一双线螺纹。

(4)螺距和导程　相邻两牙在中径(一个假想圆柱的直径,该圆柱的母线通过牙型上凸起和沟槽宽度相等的地方)上对应两点间的轴向距离称为螺距,以 P 表示。

导程用 L 表示,同一条螺旋线上的相邻两牙在中径上对应两点间的轴向距离称为导程。

螺距、导程和线数三者之间的关系是:

单线螺纹的螺距: $P=L$;

表 8-1　常用标准螺纹

螺纹种类		牙型符号	外形图	内、外螺纹旋合后牙型放大图	功用
连接螺纹	粗牙普通螺纹	M		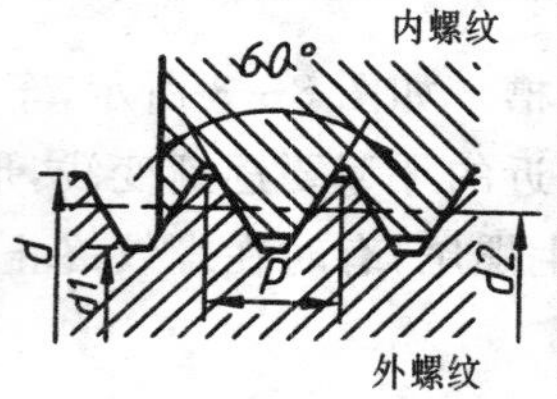	粗牙螺纹是最常用的连接螺纹。细牙螺纹的螺距与牙型较粗牙的小,适于薄壁零件和细小精密零件的连接
	细牙普通螺纹				
	非螺纹密封的管螺纹	G		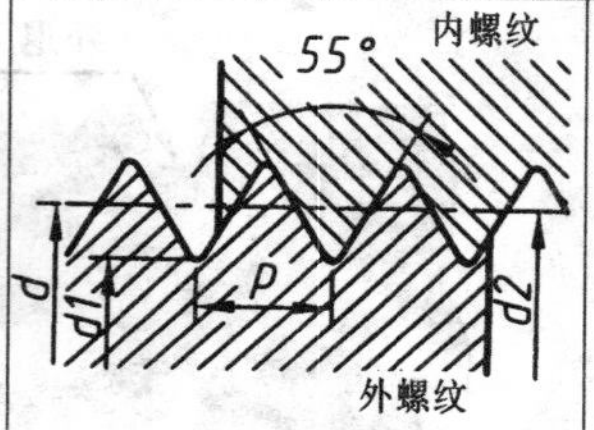	用于管件的连接上。是一种螺纹深度较浅的密封性好的特殊细牙螺纹,常用于水管、油管、煤气管等薄壁管子上
传动螺纹	梯形螺纹	Tr	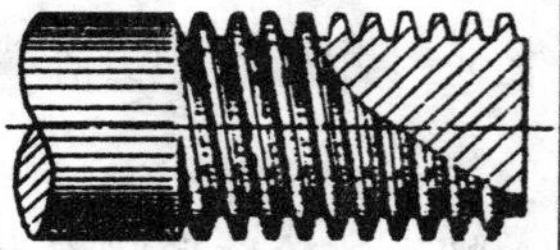	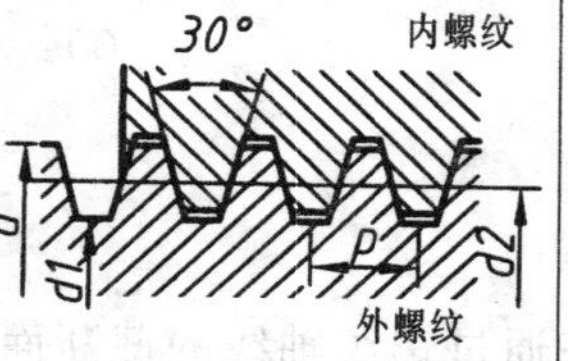	作传递动力和运动用,各种机床上的丝杠多采用这种螺纹
	锯齿形螺纹	B	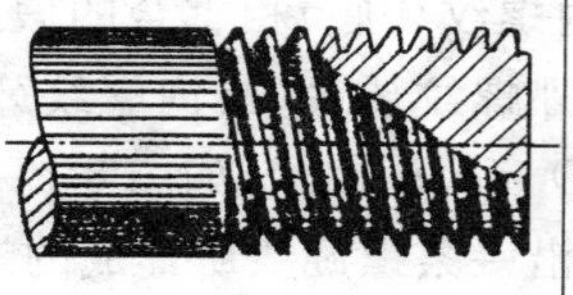	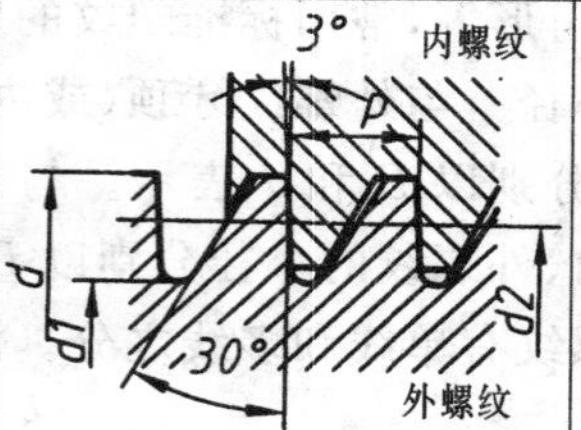	只能传递单向动力,例如螺旋压力机的传动丝杠就采用这种螺纹

多线螺纹的螺距: $P=L/n$。

螺距与导程之间的关系如图 8-6(a)、(b)所示。

(5)螺纹的旋向　螺纹的旋向分右旋和左旋,顺时针旋转时旋入的螺纹称为右旋螺纹;逆时针旋转时旋入的螺纹称为左旋螺纹。判断右旋螺纹和左旋螺纹的方法,如图 8-7(a)、(b)所示。内、外螺纹总是成对使用,只有当上述五要素相同时,内、外螺纹才能旋合在一起。

在螺纹的要素中,螺纹牙型、大径和螺距是决定螺纹最基本的要素,称为螺纹三要素。凡

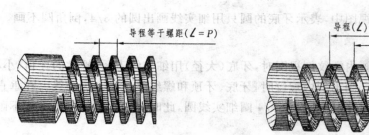

(a) 单线螺纹　　　　　(b) 双线螺纹

图 8 – 6　螺纹的线数

螺纹三要素符合标准的称为标准螺纹。螺纹牙型符合标准,而大径、螺距不符合标准的称为特殊螺纹。若螺纹牙型也不符合标准的则称为非标准螺纹。

8.1.2　螺纹的种类

螺纹按用途分为两大类,即连接螺纹和传动螺纹。连接螺纹常用的有三种:粗牙普通螺纹、细牙普通螺纹与管螺纹。连接螺纹的牙型一般为三角形。传动螺纹是用来传递动力和运动的,常用的有梯形螺纹和锯齿形螺纹。各种螺纹的牙型符号、牙型角及功用如表 8 – 1 所示。

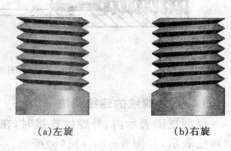

(a)左旋　　　　(b)右旋

图 8 – 7　螺纹的旋向

8.1.3　螺纹的规定画法

为便于绘图,国家标准(GB/T4459.1—1995)对螺纹和螺纹紧固件的画法作了规定。

1. 外螺纹的规定画法

如图 8 – 8(a)、(b)、(c)所示,螺纹的牙顶(大径)及螺纹终止线用粗实线表示,牙底(小径)用细实线表示,在平行于螺杆轴线的投影面的视图中,螺杆的倒角或倒圆也应画出;在垂直于

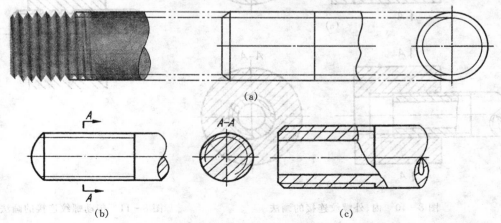

(a)

(b)　　　　　　　A—A　　　　　　　(c)

图 8 – 8　外螺纹的规定画法

135

螺杆轴线的投影面的视图中,表示牙底的圆只用细实线画出圆的3/4,倒角圆不画。

2. 内螺纹画法

如图 8-9 所示,画内螺纹剖视图时,牙底(大径)用细实线表示,螺纹的牙顶(小径)及螺纹终止线用粗实线表示。画不剖内螺纹时,牙底、牙顶和螺纹终止线全为虚线。在垂直于螺杆轴线的投影面的视图中,牙底仍画成约 3/4 圈细实线圆,此时规定螺纹的倒角省略不画。

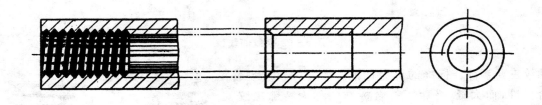

图 8-9　内螺纹的画法

3. 内、外螺纹的连接画法

以剖视图表示内、外螺纹连接时,在旋合部分应按外螺纹的画法绘制,其余部分仍按各自的画法表示,如图 8-10(a)、(b)所示。

绘图时应注意表示大、小径的粗实线要分别对齐。外螺纹若为实心杆件,沿轴线方向剖切时,按不剖绘制。

传动螺纹连接,在旋合处应采用局部剖视表示几个牙型,如图 8-11 所示。

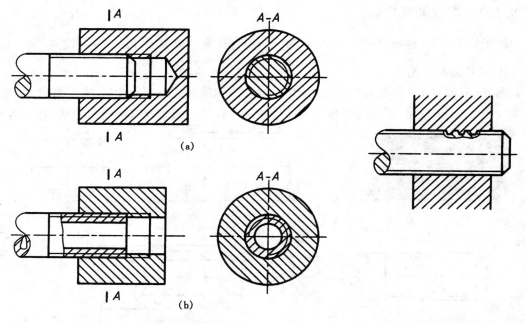

图 8-10　内、外螺纹连接的画法　　　　图 8-11　传动螺纹连接的画法

4. 螺尾部分和不通螺孔的规定画法

螺尾部分一般不需要画出,但当需要表示时,该部分用与轴线成30°的细实线画出,如图8-12(a)、(b)所示。

绘制不通的螺孔时,一般应将钻孔深度和螺纹部分的深度分别画出,如图8-13所示。当需要表示螺纹收尾时,螺尾部分的牙底用与轴线成30°的细实线表示,如图8-12(b)所示。

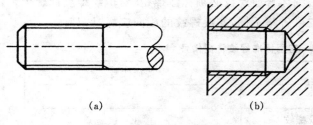 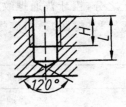

(a)   (b)

图8-12 螺尾的规定画法   图8-13 不穿通螺孔的画法

L—钻孔深度;H—螺纹深度

5. 不可见螺纹和相交螺纹孔的画法

不可见螺纹的所有图线按虚线绘制,如图8-14所示。

螺纹孔相交时,需要画出钻孔的相贯线,其余仍按螺纹的画法画出,如图8-15所示。

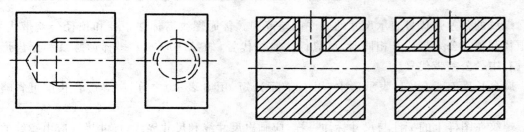

图8-14 不可见螺纹的画法   图8-15 螺纹相贯的画法

6. 非标准螺纹的画法

画非标准牙型的螺纹时,应画出螺纹牙型,并标出牙型尺寸及有关内容,如图8-16所示。

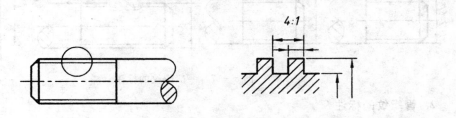

图8-16 非标准螺纹的画法

8.1.4 螺纹的标注

为了区分各种不同类型规格的螺纹,必须在图样上对螺纹进行标注,国家标准对标准螺纹应标注的内容和方法都做了统一规定。

137

1. 普通螺纹、梯形螺纹、锯齿形螺纹的标注

螺纹标注的通用格式如下：

| 特征代号 | 公称直径（大径） | × | 螺距或导程（螺距） | 旋向 | — | 螺纹公差代号 | — | 旋合长度代号 |

说明：螺纹的特征代号如表8－2所示。公称直径是指螺纹的大径。普通螺纹的螺距有粗牙和细牙之分，粗牙普通螺纹不标螺距，细牙普通螺纹必须标注螺距，对单线螺纹标螺距，对多线螺纹标导程（螺距）。右旋螺纹的旋向可省略不标，左旋螺纹的旋向应标"LH"。

表8－2　常用标准螺纹特征代号

螺纹种类		特征代号
普通螺纹		M
管螺纹	非螺纹密封的管螺纹	G
	用螺纹密封的锥螺纹	R（外螺纹）　Rc（内螺纹）
	用螺纹密封的圆柱管螺纹	Rp
梯形螺纹		Tr
锯齿形螺纹		B

螺纹的公差带代号表示尺寸的允许误差范围。普通螺纹需标注中径和顶径公差带代号，当中径和顶径公差带代号相同时，可只标注一个代号，如"M10－6H"。梯形螺纹和锯齿形螺纹只有中径公差带代号。

旋合长度有长（用L表示）、中（用N表示）、短（用S表示）之分，中等旋合长度可省略标注。

螺纹在图样上的标注与尺寸标注一样，应画出尺寸线和尺寸界线，尺寸界线应由螺纹的大径引出，螺纹代号应延尺寸线注出或注在引出线上，如图8－17所示。

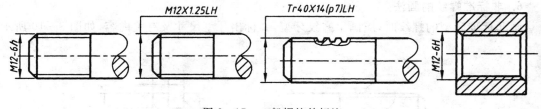

图8－17　一般螺纹的标注

2. 管螺纹的标注

管螺纹标注的顺序和格式是：

| 特征代号 | 公称直径 | 中径公差等级 | — | 旋向 |

说明：各种管螺纹的特征代号如表8－2所示。管螺纹的公称直径近似地等于管子的孔径，且以英寸为单位，但在图样上不标注单位。非螺纹密封的管螺纹（G）有A、B两种中径公差带等级，其它管螺纹无中径公差带等级。右旋螺纹的旋向可省略不标，左旋螺纹的旋向应标"LH"。

138

在图样上,管螺纹的标记代号全部注在引出线上,且引出线应从大径引出,如图 8-18 所示。

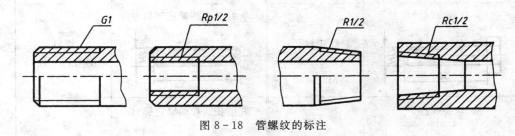

图 8-18 管螺纹的标注

8.1.5 螺纹紧固件的画法和标注

常用的螺纹紧固件有:螺栓、双头螺柱、螺钉、紧定螺钉、螺母和垫圈等如图 8-19 所示。由于这类零件都已标准化,由标准件厂大量生产并根据规定标记。它们的结构形式和尺寸,可从有关标准中查出。

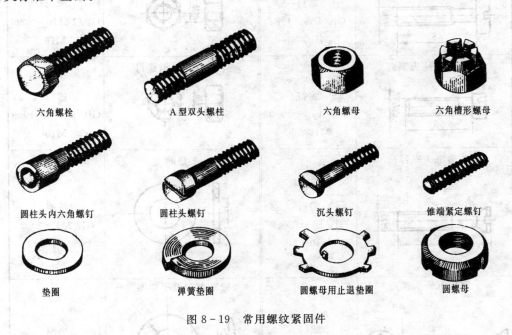

六角螺栓　　　　　A 型双头螺柱　　　　　六角螺母　　　　　六角槽形螺母

圆柱头内六角螺钉　　圆柱头螺钉　　　沉头螺钉　　　锥端紧定螺钉

垫圈　　　　弹簧垫圈　　　圆螺母用止退垫圈　　　圆螺母

图 8-19 常用螺纹紧固件

1. 常用螺纹紧固件的规定标记

表 8-3 列出了常用螺纹紧固件的规定标记方法。

2. 常用的螺纹紧固件的比例画法

螺纹紧固件都是标准件,因此在设计时,只需注明其规定标记,外购即可,不需要画出零件图。在画螺纹紧固件装配图时,为了作图方便,不必查表按实际数据画出,而是采用比例画法。所谓比例画法,即除了有效长度 L 需要计算、查找有关标准确定外,其它各部分尺寸都按与螺纹大径成一定的比例画出。

下面分别介绍六角螺母、六角头螺栓和垫圈的比例画法。

139

表 8 - 3　常用螺纹紧固件及其规定标记

名称及视图	规定标记示例	名称及视图	规定标记示例
六角头螺栓 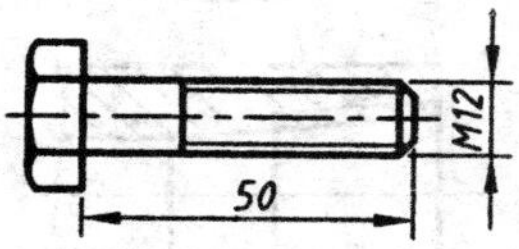	螺栓 GB/T5780—2000 M12×50	开槽锥端紧定螺钉 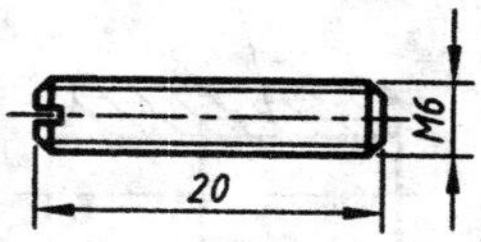	螺钉 GB/T71—1985 M6×20
双头螺柱 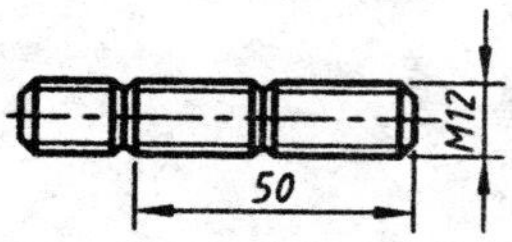	螺柱 GB/T897—1988 M12×50	开槽长圆柱端紧定螺钉 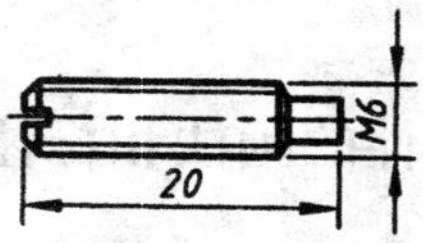	螺钉 GB75 M6×20
开槽圆柱头螺钉 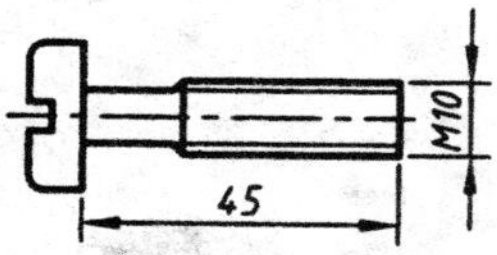	螺钉 GB/T65—1985 M10×45	Ⅰ型六角螺母—A和B级 	螺母 GB/T6170—2000 M16
内六角圆柱头螺钉 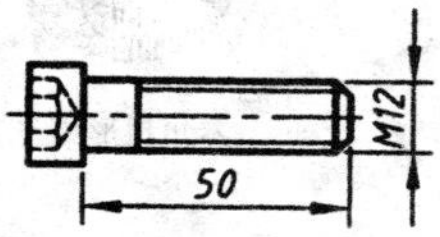	螺钉 GB/T70—2000 M12×50	Ⅰ型六角开槽螺母 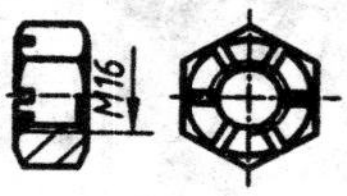	螺母 GB/T6178—1986 M16
开槽沉头螺钉 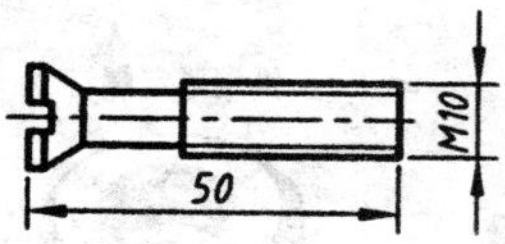	螺钉 GB/T68—2000 M10×50	平垫圈 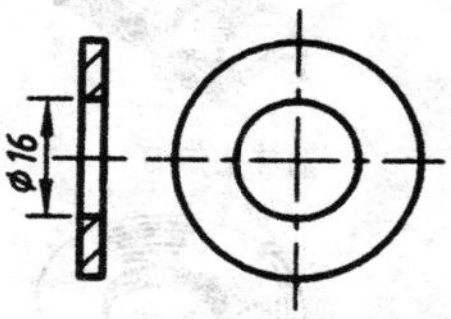	垫圈 GB97.1—2002 —16
十字槽沉头头螺钉 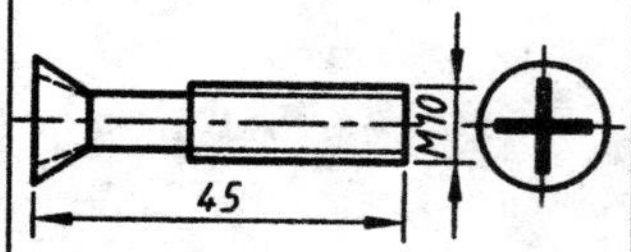	螺钉 GB819.1—2000 M10×45	标准型弹簧平垫圈 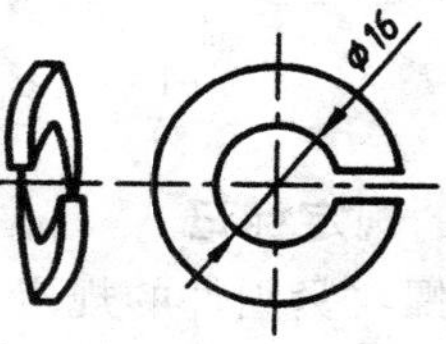	垫圈 GB/T93—1987 —16

（1）六角螺母　六角螺母各部分尺寸及其表面上用几段圆弧表示的曲线，都是按螺纹大径的比例关系画出，如图 8 - 20 所示。

（2）六角头螺栓　螺栓由头部及杆部组成，杆部刻有螺纹，端部有倒角。六角头头部除厚度为 $0.7d$ 外，其余尺寸关系和画法与螺母相同。六角头螺栓各部分尺寸与 d 的比例关系及画法如图 8-21 所示。

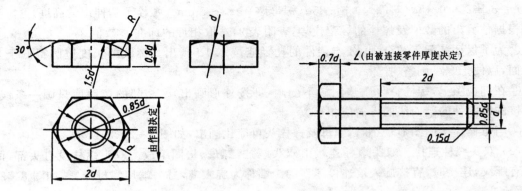

图 8-20　六角螺母的比例画法　　　　图 8-21　六角头螺栓的比例画法

（3）垫圈　垫圈各部分的尺寸仍以相配合的螺纹紧固件的大径为比例画出。为了便于安装，垫圈中间的通孔直径应比螺纹的大径大些。垫圈各部分的尺寸与大径 d 的比例关系和画法如图 8-22 所示。

3. 螺纹紧固件的连接画法

（1）螺栓连接　螺栓连接由螺栓、螺母、垫圈组成。螺栓连接用于被连接的两零件厚度不大，可钻出通孔的情况，如图 8-23（a）所示。

图 8-22　垫圈的比例画法

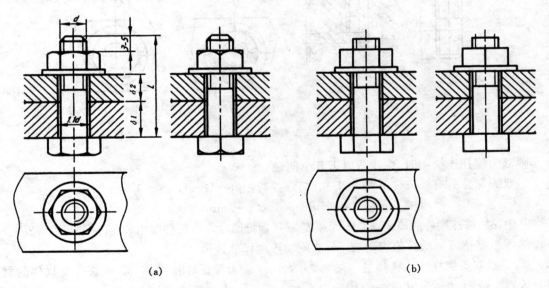

　　　　　　（a）　　　　　　　　　　　　　　　　（b）

图 8-23　螺栓连接图画法

画螺栓连接图时应注意的几个问题：

①已知螺纹大径 d（由强度设计计算所得尺寸）和被连接件的厚度 δ_1、δ_2，则螺栓的有效长

度 L 应按下式估算：

$$L=\delta_1+\delta_2+0.15d(垫圈厚)+0.85d(螺母厚)+(3\sim 5mm)(螺栓顶端伸出的高度)$$

根据估算出的数值及螺栓的标记代号,查附表9,选取相近的标准 L 数值。

②为了保证装配工艺合理,被连接件的孔径应按 $1.1d$ 画出。螺纹的长度应画得低于光孔顶面,以便于螺母调整、拧紧。

③在剖视图上,螺栓、螺母、垫圈按不剖画(即按外形画出)。相邻的接触面只画一条线。被连接的两零件的剖面线的方向应相反。

④当螺栓连接图图形较小时,螺母及螺栓头可简化画出,如图8-23(b)所示。

(2) 双头螺柱连接　双头螺柱连接由双头螺柱、螺母、垫圈组成。双头螺柱没有头部,两端均有螺纹,连接时,直接旋入被连接零件的一端称为旋入端,另一端用螺母拧紧,如图8-24(b)所示。

双头螺柱多用于被连接的两零件之一太厚,不适于钻成通孔或不能钻成通孔的情况。双头螺柱连接图的比例画法,如图8-24(b)所示。

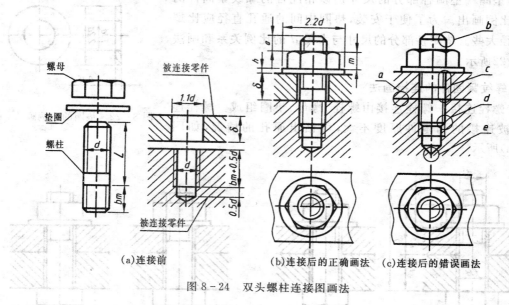

图 8-24　双头螺柱连接图画法

画双头螺柱连接图时,应注意以下几个问题：

①双头螺柱的有效长度 L 应按下式估算(参看图8-24(a))

$$L=\delta+h+m+a(3\sim 5mm)$$

其中：δ＝被连接件的厚度,h＝垫圈厚度,m＝螺母厚度,a＝螺柱伸出长度(一般可取$0.3d$)。然后根据估算出的数值查附表10,选取相近的标准数值。

②b_m 是双头螺柱旋入机件的一端,称为旋入端。为保证连接可靠,b_m 的长度与机件的材料有关,旋入端长度：钢为 $b_m=d$；铸铁为 $b_m=1.25d$ 至 $1.5d$；铝为 $b_m=2d$。

③为确保旋入端全部旋入机件螺孔内,双头螺柱旋入端的螺纹终止线应与被连接件的接触面平齐,如图8-24(b)所示。机件上螺孔的螺纹深度应大于旋入端的螺纹长度 b_m,一般螺孔的螺纹深度按 $b_m+0.5d$ 画出。在装配图中钻孔深度可按 b_m+d 画出。

④图8-24(c)中圈出了5处常见的错误画法：a.相邻零件剖面线方向应相反,或方向相同间

隔不同;b.螺柱伸出螺母部分螺纹表达不完整;c.上半部被连接零件的孔径应比螺柱的直径稍大,应画成两条线;d.螺纹旋合部分应对齐内、外螺纹的牙顶、牙底线;e.钻孔锥顶角应为120°。

（3）螺钉连接 螺钉连接是将螺钉直接拧入机件的螺孔里。螺钉连接多用于受力不大的情况。螺钉根据头部形状的不同有多种连接型式。图 8-25、26 是 n 种常用螺钉连接装配图的画法。

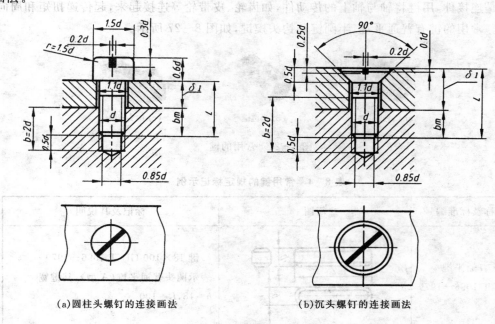

（a）圆柱头螺钉的连接画法　　　　（b）沉头螺钉的连接画法

图 8-25　螺钉连接的比例画法

画螺钉连接图时应注意的几个问题：

①螺钉的有效长度 L 可按下式估算（参看图 8-25(a)、(b)）

$L=\delta_1+b_m$（b_m 根据被旋入零件的材料而定）

然后根据估算出的数值及螺钉的标记代号查附表 11、12、13。选取相近的标准数值。

②取螺纹长度 $b=2d$,使螺纹终止线伸出螺纹孔端面,以保证螺纹连接时能使螺钉旋入压紧。

③在螺钉头的改锥槽主视图上涂黑,俯视图上涂黑并画成与中心线成45°倾斜角。

④紧定螺钉连接画法见图 8-26,紧定螺钉用于固定两零件,使它们不产生相对运动。图 8-26 所示是开槽锥端紧定螺钉的连接画法。

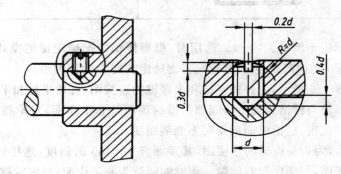

图 8-26　紧定螺定连接画法

8.2 键和销

8.2.1 键

键是连接件,用键将轴与轴上的传动件,如齿轮、皮带轮等连接起来,起传递扭矩和周向定位作用。常用的键有普通平键、半圆键和钩头楔键,如图 8-27 所示。

(a) 普通平键　　　　　(b) 半圆键　　　　　(c) 钩头楔键

图 8-27　常用的键

表 8-4　常用键的规定标记示例

名称及标准编号	简图	标记及其说明
普通平键 GB/T 1096—1979	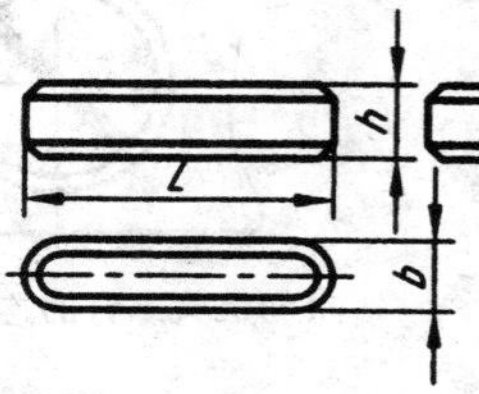	键 18×100 GB/T 1096—1979 表示圆头普通平键(A 型),其键宽 $b=18,L=100$
半圆键 GB/T 1099—1979	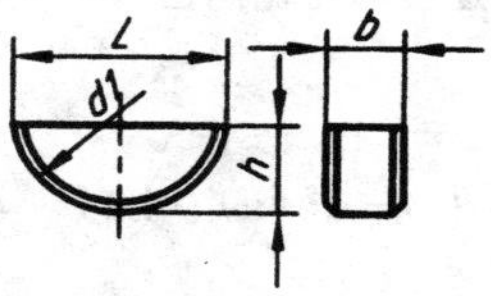	键 6×25 GB/T 1096—1979 表示半圆键,其键宽 $b=6,d_1=2$
钩头楔键 GB/T 1565—1979	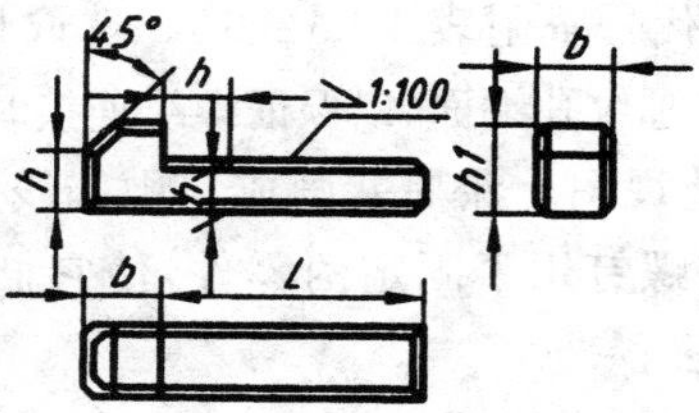	键 18×100 GB/T 1565—1979 表示钩头楔键,其键宽 $b=18,L=100$

常用键的规定标记示例见表 8-4。选用时,根据传动情况确定键的型式,根据轴径查附表 23～24,选定键宽 b 和键高 h,再根据轮毂长度选定长度 L 的标准值。

如图 8-28、图 8-29 所示,为普通平键和半圆键的连接图,普通平键和半圆键的侧面是工作面,在画连接图时,键与键槽侧面不留间隙。键的顶面是非工作面,与轮毂键槽顶面应留有间隙。而且国家标准规定,键沿纵向剖切时不画剖面线。

如图 8-30 所示,为钩头楔键的连接图,其顶面有 1∶100 的斜度,连接时将键打入键槽。顶面和底面同为工作面,与槽底没有间隙。而键的两侧为非工作面,画图时键槽两侧面应留有

144

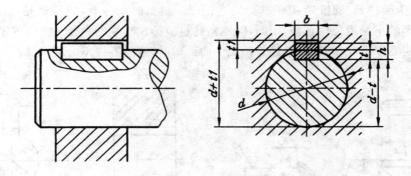

图 8-28 普通平键的连接画法

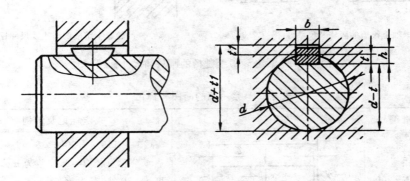

图 8-29 半圆键的连接画法

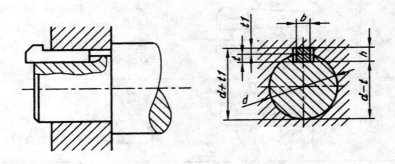

图 8-30 钩头楔键的连接画法

间隙。

现以圆头普通平键为例,说明轴上键槽及轮毂上键槽的画法和尺寸注法,如图 8-31 所示。

8.2.2 销

常用的销有圆柱销、圆锥销和开口销。圆柱销、圆锥销常用于零件之间的连接和定位,而开口销则用于螺母的防松,或固定其它零件以防止零件脱落。它们的结构形式和规定标记国家标准都有规定,见表 8-5。

145

图 8-32 为圆柱销、圆锥销和开口销的连接图。画图时应注意,圆锥销是以小端直径 D 为基准的,即销的小端为公称直径,因此,圆锥销孔也应标注小端的直径尺寸。国家标准规定:对于轴、销等实心零件,剖切平面通过其轴线纵向剖切时,这些零件不画剖面线。

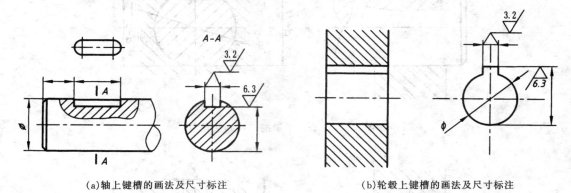

(a)轴上键槽的画法及尺寸标注　　　　　　　　(b)轮毂上键槽的画法及尺寸标注

图 8-31　轴及轮毂上键槽的画法和尺寸标注

表 8-5　常用销的简图和标记

名称及标准编号	简图	规定标记及示例
圆柱销 GB/T 119.1—2000		GB/T 119.1—2000　8 m6×30 表示公称直径 $d=8$,公差为 m6,公称长度 $l=30$,材料为钢,不经淬火,不经表面处理的圆柱销
圆锥销 GB/T 117—2000		GB/T 117—2000　8 m6×30 表示公称直径 $d=10$,公称长度 $l=60$,材料为 35 钢,热处理硬度 28～38HRC,不经淬火,表面氧化处理的 A 型圆柱销
开口销 GB/T 91—2000		GB/T 91—2000— 5×50 表示公称直径 $d=5$,公称长度 $l=50$,材料为低碳钢,不经表面处理的开口销

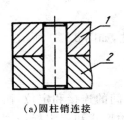

(a)圆柱销连接

(b)圆锥销连接

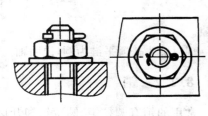

(c)开口销连接

图 8-32　销连接

146

当用销连接和定位两个零件时,被连接的两个零件上的销孔是一起加工的,在零件图上应当注明,如图 8 - 33 所示。

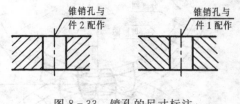

图 8 - 33　销孔的尺寸标注

8.3　齿轮

齿轮是机械传动中广泛应用的零件,用来传递动力、改变转动方向和速度以及改变运动方式等。

齿轮的种类很多,根据传动轴的相对位置不同,齿轮可分为三类(如图 8 - 34)。

(1)圆柱齿轮——用于两平行轴的传动,如图 8 - 34(a)所示。

(2)圆锥齿轮——用于两相交轴的传动,如图 8 - 34(b)所示。

(3)蜗轮蜗杆——用于两交叉轴的传动,如图 8 - 34(c)所示。

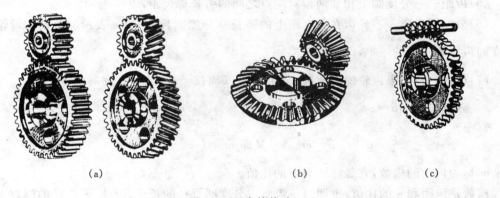

(a)　　　　　　　　　　　(b)　　　　　　　(c)

图 8 - 34　齿轮传动

8.3.1　圆柱齿轮

圆柱齿轮的轮齿有直齿、斜齿和人字齿三种。本节着重介绍圆柱直齿齿轮的尺寸关系和规定画法。

1. 标准直齿圆柱齿轮各部分的名称和尺寸关系

标准直齿圆柱齿轮各部分的名称和尺寸关系,如图 8 - 35 所示。

(1)齿顶圆——通过轮齿顶部的圆称为齿顶圆,其直径以 d_a 表示。

(2)齿根圆——通过轮齿根部的圆称为齿根圆,其直径以 d_f 表示。

(3)分度圆——当标准齿轮的齿厚与齿间相等时所在位置的圆称分度圆,其直径以 d 表示。

(4)齿高——齿顶圆与齿根圆之间的径向距离称齿高,以 h 表示。分度圆将轮齿的高度分

147

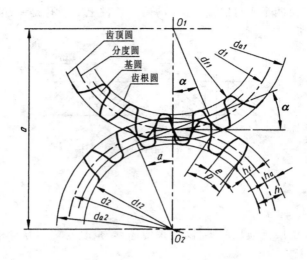

图 8-35 两啮合标准圆柱齿轮各部分名称

为两个不等的部分。齿顶圆与分度圆之间的径向距离称齿顶高,以 h_a 表示,分度圆与齿根圆之间的径向距离称齿根高。以 h_f 表示。齿高是齿顶高和齿根高之和,即 $h=h_a+h_f$。

(5)齿距——分度圆上相邻两齿对应点之间的弧长称齿距,以 p 表示。

(6)分度圆齿厚——轮齿在分度圆上的弧长称分度圆齿厚,以 e 表示。对标准齿轮来说,分度圆齿厚为齿距的一半,即:$e=\dfrac{p}{2}$。

(7)模数——如果齿轮的齿数为 z,则:分度圆周长$=zp$,又分度圆周长$=\pi d$,

所以　　　$\pi d=zp$　　　$d=\dfrac{p}{\pi}z$

令　　　$\dfrac{p}{\pi}=m$　　　$d=mz$　　　又即　$m=d/z$

m 称为齿轮的模数,它是齿距与 π 的比值。

模数是齿距和 π 的比值,也即每一齿所占分度圆直径的长度,因此,若齿轮的模数大,其齿距就大,齿厚也就大,即齿轮的轮齿大。若齿数一定,模数大的齿轮,其分度圆直径就大,轮齿也大,齿轮能承受的力量也就大。

模数是设计和制造齿轮的基本参数。为设计和制造方便,已将模数标准化。模数的标准数值见表 8-6。

表 8-6　标准模数 GB1357-87

第一系列	1,1.25,1.5,2.5,3,4,5,6,8,10,12,14,16,20,25,32,40,50
第二系列	1.75,2.25,2.75,(3.25),3.5,(3.75),4.5,5.5,(6.5),7,9,(11),14,22,28,36,45

注:选用模数时应优先选用第一系列,其次选用第二系列,括号内的模数尽可能不用。

(8)压力角——两啮合轮齿齿廓在接触点 P 处的公法线(力的传递方向)与两分度圆的公切线的夹角称压力角,如图 8-35 中的 α 表示。我国标准齿轮的压力角为 20°。

只有模数和压力角都相同的齿轮,才能互相啮合。

148

设计齿轮时,先要确定模数和齿数,其它各部分尺寸都可由模数和齿数计算出来。计算公式见表 8-7。

表 8-7 标准直齿圆柱齿轮的计算公式

各部分名称	代号	公式
分度圆直径	d	$d=mz$
齿顶高	h_a	$h_a=m$
齿根高	h_f	$h_f=1.25m$
齿顶圆直径	d_a	$d_a=m(z+2)$
齿根圆直径	d_f	$d_f=m(z-2.5)$
齿距	p	$p=\pi m$
分度圆齿厚	e	$e=\pi m/2$
中心距	a	$a=(d_1+d_2)/2=m(z_1+z_2)/2$

注:基本参数:模数 m,齿数 z,压力角 $\alpha=20°$。

2. 单个圆柱齿轮的规定画法

国家标准对齿轮的画法作了统一的规定。单个圆柱齿轮的画法如图 8-36 所示。

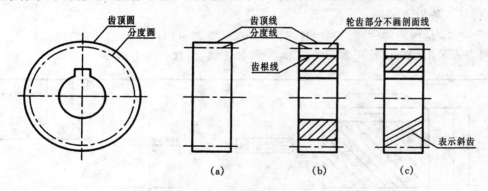

图 8-36 单个圆柱齿轮的画法

(1)齿顶圆和齿顶线用粗实线绘制,齿根圆和齿根线用细实线绘制或省略不画,分度圆和分度线用点划线表示。如图 8-36(a)所示。

(2)在齿轮的非圆投影上取剖视时,轮齿部分不画剖面线,齿根线用粗实线表示,如图 8-36(b)所示。

(3)对于斜齿齿轮,在非圆外形图上用三条平行的细实线表示齿线方向,如图 8-36(c)所示。

(4)齿轮的其它结构按投影画出。

3. 圆柱齿轮啮合的画法

两标准齿轮相互啮合时,分度圆处于相切的位置,此时分度圆又称节圆。啮合部分的画法规定如下。

(1)在投影为圆的视图(端视图)中,两节圆相切。齿顶圆与齿根圆的画法有两种:

①啮合区的齿顶圆画粗实线,齿根圆可省略不画,如图 8-37(a)所示。

②啮合区齿顶圆省略不画,如图 8-37(b)所示。

(2)在非圆投影的外形图中,啮合区的齿顶线和齿根线不必画出。节线用粗实线画出,如

149

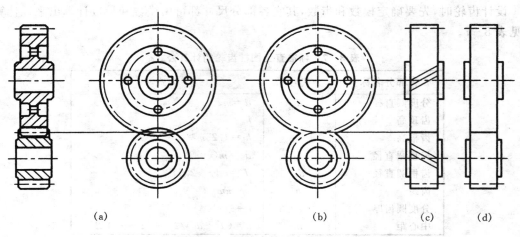

<table>
<tr><td>（a）</td><td>（b）</td><td>（c）</td><td>（d）</td></tr>
</table>

图 8-37　圆柱齿轮啮合的画法

图 8-37（c）、（d）所示。当非圆视图作剖视时,如图 8-37（a）所示,画图时应注意一个齿轮的齿顶线与另一个齿轮的齿根线之间有间隙,间隙大小为齿根高与齿顶高之差,其中一条顶线为粗实线,另一条为虚线。

图 8-38 是齿轮零件图。画齿轮零件图,不仅要表示出齿轮的形状、尺寸和技术要求,而且要列表表示出制造齿轮所需的基本参数,如模数、齿数和压力角等。

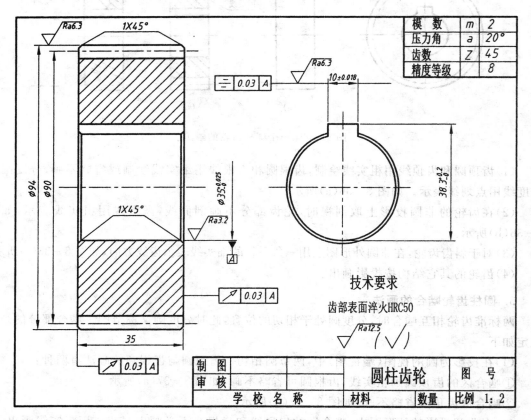

模　数	m	2
压力角	a	20°
齿数	Z	45
精度等级		8

技术要求

齿部表面淬火HRC50

制　图			圆柱齿轮		图　号	
审　核						
学 校 名 称		材料	数量	比例 1:2		

图 8-38　齿轮零件图

8.3.2 圆锥齿轮

圆锥齿轮又称伞齿轮,用来传递两相交轴的回转运动。

圆锥齿轮的轮齿位于圆锥面上,因此它的轮齿一端大一端小,齿厚由大端到小端逐渐变小,模数和分度圆也随齿厚而变化。为了设计和制造方便,规定以大端模数为标准来计算大端轮齿各部分的尺寸。锥齿轮各部分的名称和符号如图 8 - 39(b)所示。

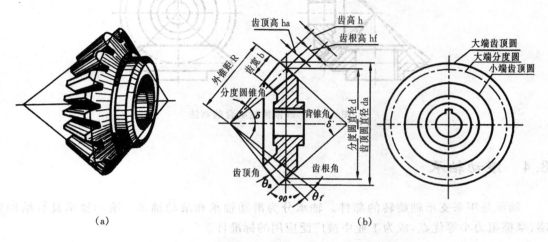

图 8 - 39 锥齿轮各部分的名称及单个齿轮的画法

1. 直齿圆锥齿轮各部分尺寸的计算

直齿圆锥齿轮各部分的尺寸也都与模数和齿数相关。轴线相交成 90°的直齿圆锥齿轮各部分尺寸的计算公式见表 8 - 8。

表 8 - 8 直齿圆锥齿轮的尺寸计算公式

名称	符号	公式
分度圆直径	d	$d = mz$
齿顶高	h_a	$h_a = m$
齿根高	h_f	$h_f = 1.2m$
齿高	h	$h = h_a + h_f = 2.2$
齿根圆直径	d_a	$d_a = m(z + 2\cos\delta)$
外锥距	R	$R = mz/2\sin\delta$
齿宽	b	$b = (0.2 \sim 0.35)R$

注:基本参数:大端模数 m,齿数 z,分度圆锥角 δ。

2. 圆锥齿轮的画法

圆锥齿轮的规定画法基本上与圆柱齿轮相同。只是由于圆锥的特点,在表达和作图方法上较圆柱齿轮复杂。

单个圆锥齿轮的画法,如图 8 - 39(b)所示。一般用主、左两视图表示,主视图常画成全剖视,左视图中,用粗实线画出齿轮大端和小端齿顶圆,用点划线画出大端分度圆,齿根圆不必画出。

圆锥齿轮的啮合画法，如图8-40所示。主视图画成剖视，由于两齿轮的节圆锥面相切，节线重合，画成点划线。在啮合区内应将其中一个齿轮的齿顶线画成粗实线，另一个齿轮的齿顶线画成虚线或省略不画，左视图画成外形视图。

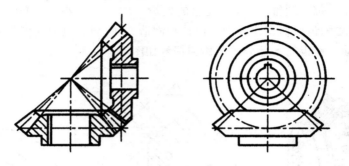

图8-40 圆锥齿轮啮合的画法

8.4 滚动轴承

轴承是用来支承轴旋转的部件。轴承分为滑动轴承和滚动轴承。滚动轴承具有结构紧凑、摩擦阻力小等优点，成为工业中被广泛应用的标准件。

8.4.1 滚动轴承的结构和种类

1. 滚动轴承的结构

滚动轴承的种类很多，但其结构一般大致类同，是由外圈、内圈、滚动体和保持架四部分组成，如图8-41所示。轴承外圈与机座（或轴承座）的孔相配合，一般固定不动。轴承内圈装在轴上，与轴径相配合在一起，随轴转动。滚动体排列在内、外圈之间的轨道中，滚动体的形状有圆球、圆锥和滚子等。保持架用来将滚动体隔开，以防止它们在工作时相互摩擦和碰撞。

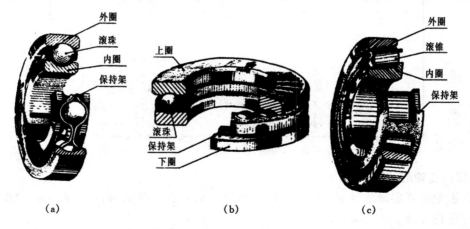

(a)　　　　　　　　　(b)　　　　　　　　　(c)

图8-41 滚动轴承

滚动轴承按承受载荷的性质可分为三类：

（1）向心轴承——主要承受径向载荷(图8-41(a))。

（2）推力轴承——用于承受轴向载荷(图8-41(b))。

（3）向心推力轴承——能同时承受轴向载荷和径向载荷(图8-41(c))。

8.4.2　滚动轴承的代号及标记

为了方便使用,国家标准规定了各种不同滚动轴承的代号。完整的滚动轴承代号是由三部分组成:前置代号、基本代号和后置代号。基本代号表示轴承的基本类型、结构和尺寸,是轴承代号的核心。前置代号和后置代号是轴承在结构、尺寸、公差和技术要求等有改变时,在其基本代号前、后添加的补充代号,在此不做赘述,需要了解时,可查阅附表25。

基本代号由轴承的类型代号、尺寸系列代号和内径代号三部分自左向右排列组成。类型代号是用数字或字母表示不同类型的轴承;尺寸系列代号表示内径相同的轴承可具有不同的外径,而同样的外径又具有不同的宽度(或高度),由两位数字组成,前一位数字代表宽度系列(向心轴承)或高度系列(推力轴承),后一位数字代表直径系列;内径代号表示轴承内径的大小,用两位数字表示。当内径代号数字为00,01,02,03时,分别表示轴承内径 $d=10,12,15,17$ mm;当轴承内径在 $20\sim480$ mm 范围内,轴承内径代号乘以5即为轴承的公称内径尺寸。

举例说明如下:

①轴承6210　6——深沟轴承的类型代号;

　　　　　　　2——尺寸系列代号,表示02系列,宽度系列代号0省略,直径系列代号为2;

　　　　　　　10——内径代号,表示该轴承的内径为50 mm。

②轴承30204　3——圆锥滚子轴承的类型代号;

　　　　　　　02——尺寸系列代号,表示02系列,宽度系列代号0不省略,直径系列代号为2;

　　　　　　　04——内径代号,表示该轴承的内径为20 mm。

③轴承51203　5——推力球轴承的类型代号;

　　　　　　　12——尺寸系列代号,表示12系列;宽度系列代号1,直径系列代号为2;

　　　　　　　03——内径代号,表示该轴承的内径为17 mm。

滚动轴承的标记形式由三部分组成:名称、代号、和标准编号。

例如:滚动轴承　6210　GB/T276-1994

8.4.3　滚动轴承的画法

滚动轴承是标准件,不需要画零件图,根据国家标准规定,在装配图中采用规定画法或特征画法。需要较详细地表示滚动轴承的主要结构时,可采用规定画法;只需简单地表达滚动轴承的主要结构时,可采用特征画法。

画滚动轴承时,先根据滚动轴承代号查阅国家标准手册,查出滚动轴承的外径、内径及宽度 B 等尺寸,然后按表8-9中的图形、比例关系绘制。

8.5　弹簧

弹簧在机器和仪器中起减震、复位、测力、储能和夹紧等作用,用途很广。它的特点是外力除去后,能立即恢复原状。

　　弹簧的种类和形式很多,常用的有螺旋弹簧、蜗旋弹簧和板弹簧,如图8-42所示。根据受力情况,螺旋弹簧又可分为压缩弹簧、拉伸弹簧和扭转弹簧。在各种弹簧中,圆柱螺旋压缩弹簧最为常见。

(a)压缩弹簧　　　(b)拉伸弹簧　　　(c)扭转弹簧　　　(d)蜗旋弹簧　　　(e)板弹簧

图8-42　弹簧的种类

　　下面主要介绍圆柱螺旋压力弹簧的规定画法和标记。

8.5.1　圆柱螺旋压力弹簧各部分的名称和尺寸关系

　　为使弹簧各圈受力均匀,多数压力弹簧的两端都并紧、磨平,这几圈在工作时起支承作用,称为支承圈。支承圈有1.5圈、2圈、2.5圈三种,其中1.5圈和2.5圈比较常见。除支承圈外,其余保持节距相等,起弹性作用的圈称为有效圈。有效圈数与支承圈数之和为总圈数。

　　圆柱螺旋压力弹簧各部分的名称和尺寸关系,如图8-43(a)所示。此类弹簧的参数介绍如下:1. D—弹簧中径;2. D_1—弹簧外径,$D_1 = D + d$;3. D_2—弹簧内径,$D_2 = D - d$;4. d—弹簧丝直径;5. t—弹簧节距;6. H_0—自由高度,即弹簧不受外力时的高度:$H_0 = nt + (n_0 - 0.5)d$;

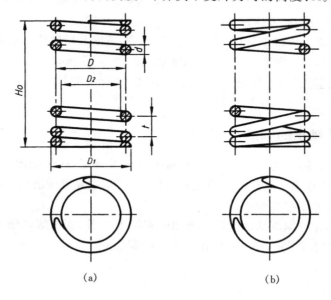

(a)　　　　　　　　　　　　(b)

图8-43　圆柱螺旋压力弹簧的参数及其画法

154

7. n—有效圈数;8. n_0—支承圈数;9. n_1—总圈数,$n_1=n+n_0$。

表 8-9 常用滚动轴承的画法

轴承名称和代号	立体图	主要数据	规定画法	特征画法
深沟球轴承 GB/T 276—1994		D d B	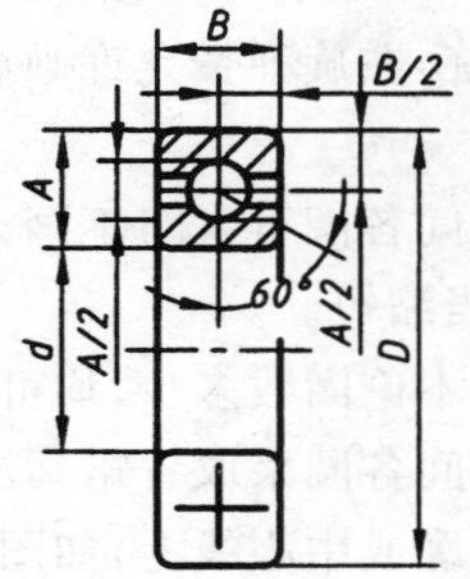	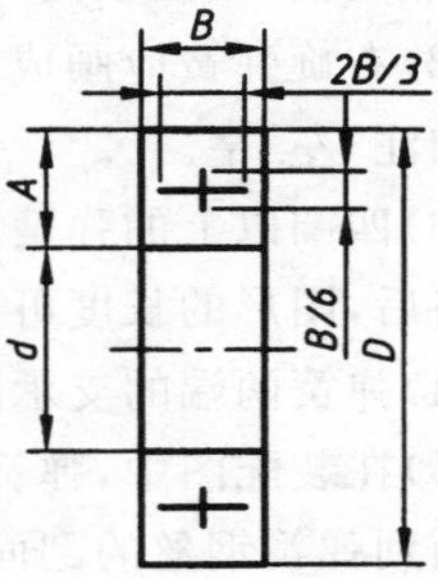
向心短圆柱 滚子轴承 GB 283—87	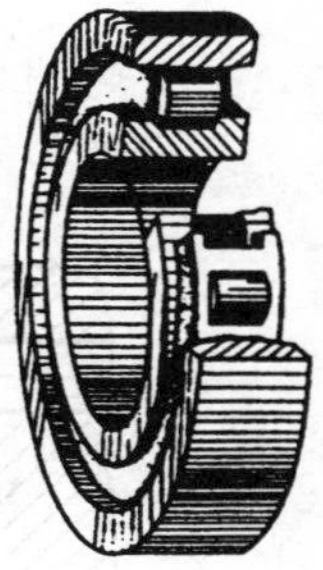	D d B	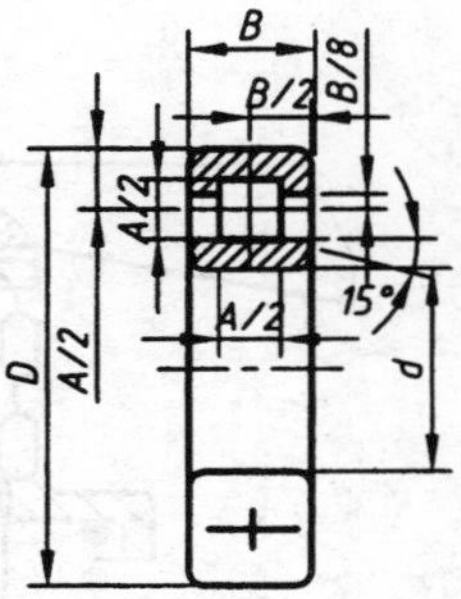	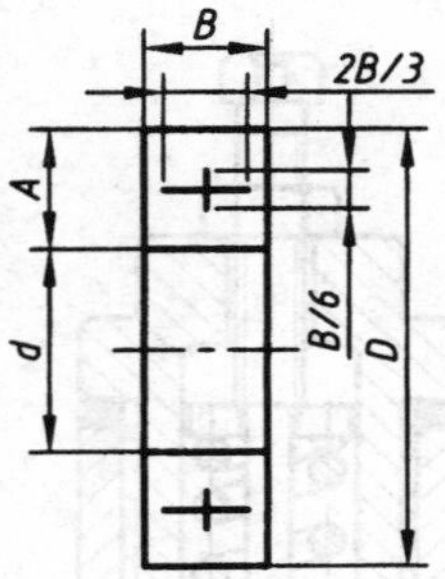
圆锥滚子 轴承 GB/T 297—1994		D d B T c	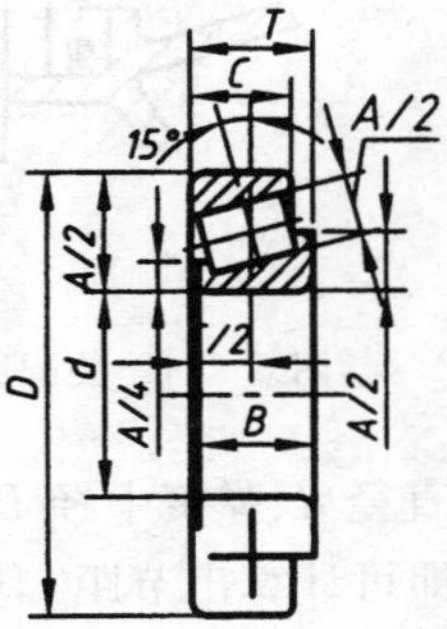	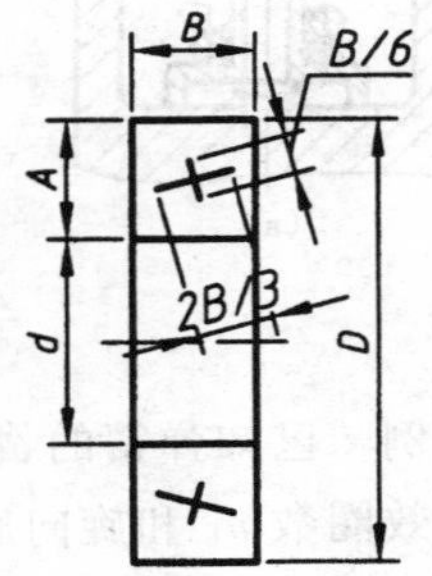
平底推力 球轴承 GB/T 301—1995		D d H	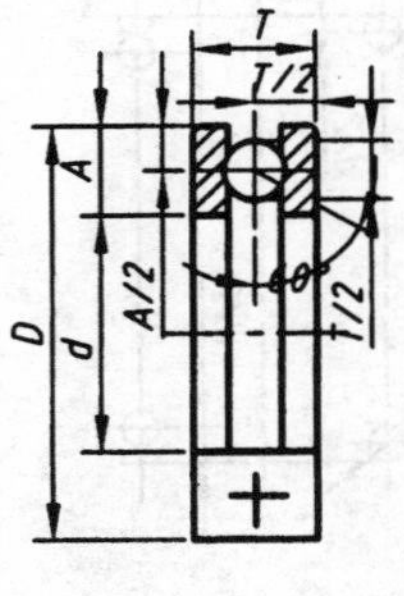	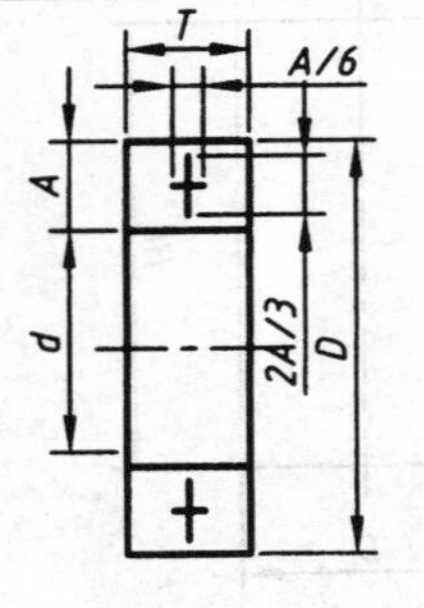

155

8.5.2 圆柱螺旋压缩弹簧的画法

(1)弹簧在平行于轴线的投影面上的图形,各圈的轮廓线应画成直线,以代替螺旋线的投影,若取剖视,画法如图8-43(a),若不剖按图8-43(b)画出。

(2)右旋弹簧应画成右旋,左旋弹簧允许画成右旋,但左旋弹簧不论画成右旋还是左旋,一律要加注"左"字。

(3)四圈以上的弹簧,中间各圈可省略不画,而用通过中径的点划线连接起来。当中间各圈省略后,图形的长度可适当缩短。

(4)弹簧两端的支承圈,不论圈数多少,均可按图8-43的形式绘制。

(5)在装配图中,弹簧中间各圈采取省略画法后,弹簧后面的结构按不可见处理,可见轮廓线只画到弹簧钢丝的剖面轮廓或中心线上,如图8-44(a)所示;簧丝直径等于或小于2 mm的剖面,可用涂黑表示,如图8-44(b)所示;小于1 mm时,可采用示意画法,如图8-44(c)所示。

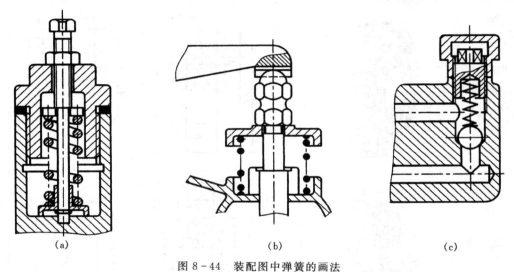

|(a)|(b)|(c)|

图8-44 装配图中弹簧的画法

举例 已知弹簧的簧丝直径d、弹簧中径D、自由高度H_0(画装配图时,采用初压后的高度)、有效圈数n_1和旋向后,即可计算出节距t,其作图步骤如图8-45所示。

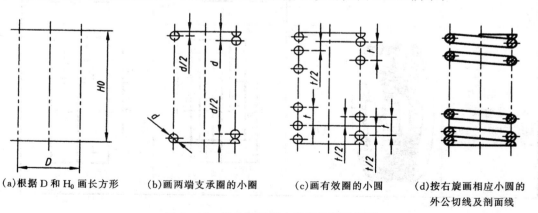

(a)根据D和H_0画长方形　(b)画两端支承圈的小圈　(c)画有效圈的小圆　(d)按右旋画相应小圆的
外公切线及剖面线

图8-45 圆柱螺旋压力弹簧的画图步骤

圆柱螺旋压力弹簧的零件图,如图8-46所示。

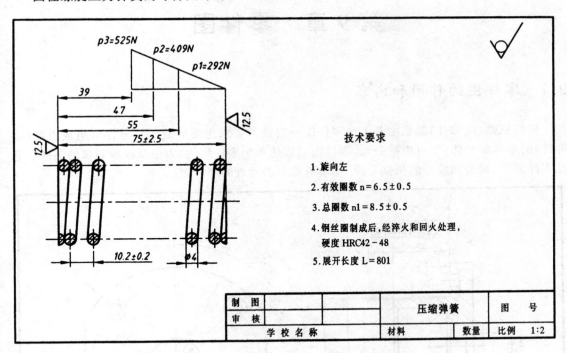

技术要求

1. 旋向左

2. 有效圈数 $n=6.5\pm0.5$

3. 总圈数 $n1=8.5\pm0.5$

4. 钢丝圈制成后,经淬火和回火处理,
   硬度 HRC42-48

5. 展开长度 $L=801$

制　图			压缩弹簧	图　号	
审　核					
学　校　名　称		材料	数量	比例	1:2

图8-46　圆柱螺旋压力弹簧的零件图

第9章 零件图

9.1 零件图的作用和内容

  任何机器(或部件)都是由若干个零件按一定技术要求组装而成的。零件是组成机器(或部件)的基本单元体(不可再拆分)。零件图是表达单个零件结构、大小及技术要求的图样。它是零件加工、制造和检验的依据。图9-1所示为法兰盘的零件图。

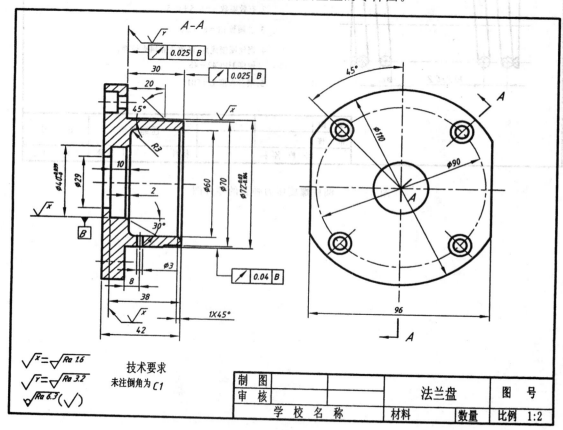

图9-1　法兰盘零件图

  一张完整的零件图应包括下列四部分内容:
  (1)一组视图——选用一组视图,完整、准确地表达出零件的各部分结构形状。
  (2)一组尺寸——用一组尺寸完整、正确、清晰、合理地标注出零件的结构大小。
  (3)技术要求——用规定的代号和文字,标注出零件在加工制造过程中,应达到的质量要求,如:表面结构要求、尺寸公差、形位公差、材料的热处理和表面处理等。
  (4)标题栏——用以说明零件的名称、材料、数量、图样比例、图号及签名等内容。

158

9.2 零件的视图选择及尺寸标注

9.2.1 零件的视图选择

选择零件视图表达方案的基本原则是:在完整、清晰地表达出零件内、外结构的前提下,力求画图简单,读图方便。为此,在表达零件时,首先要结合零件的功用和加工方法对零件的结构特征进行分析,以选择合适的主视图;然后再确定其它视图数量和表达方法。

1. 主视图的选择

在选择主视图时,应考虑以下两方面问题:

1) 零件的安放位置应符合加工位置和工作位置。

加工位置是指加工零件时,零件在加工设备上的装夹位置。主视图与加工位置一致,可以图、物对照,便于加工和测量。工作位置是指零件在机器或部件中工作时所处的位置。主视图与工作位置一致,便于将零件与机器或部件联系起来,了解零件的结构特征和功用,以利于画图和读图。当零件的加工位置和工作位置不一致时,应根据零件的结构来确定,一般尽量让零件上的主要表面平行或垂直于基本投影面。

2) 恰当选择主视图的投影方向

主视图投影方向应选择反映零件的结构特征最明显,且各结构之间相对位置关系最多的方向作为主视图的投影方向。使人一看主视图,就能大体了解该零件的主体结构及其特征。主视图投影方向选择的是否恰当,直接影响到画图和读图。

2. 其它视图的选择

一般情况下,仅用一个主视图是不能把零件的结构表达清楚的,还需要其它视图,才能把结构完整表达出来。因此,主视图确定后,要分析该零件上还有哪些结构没有表达清楚,再考虑选择适当的其它表达方法,将零件结构完全表达清楚。

9.2.2 零件图的尺寸标注

零件图上标注的尺寸,是加工、检验零件的重要依据,尺寸标注除满足完整、清晰的要求外,还应做到合理。所谓合理标注尺寸,就是所标注的尺寸既要满足设计要求,又要符合工艺要求,这需要具备设计知识和工艺知识,有待在设计实践中进一步掌握。这里仅介绍一些合理标注尺寸的一般原则。

1. 尺寸基准的选择

尺寸基准是标注尺寸的起点。零件在长、宽、高三个方向上应各有一个尺寸基准,称为主要基准。用作尺寸基准的几何要素有:平面(如零件的底面、端面、对称面和结合面)、直线(如零件的轴线、中心线等)和点(如圆心、坐标原点等)。

根据基准在生产过程中的作用不同,一般将基准分为设计基准和工艺基准。设计基准是根据零件的结构特点及设计要求所选定的基准,工艺基准是根据零件的加工和测量要求而选定的基准。在标注尺寸时,设计基准与工艺基准应尽量重合,以减少加工误差,提高加工质量。

2. 尺寸标注

在标注零件尺寸时,应先对零件各组成部分的结构形状、作用等进行分析,了解哪些是影响零件精度和性能的重要尺寸,哪些是对零件性能影响不大的一般尺寸,然后从尺寸基准出发,分别标注出定形尺寸和定位尺寸。

在零件图上标注尺寸时,应注意以下几个问题:

1)零件上的重要尺寸(如零件的配合尺寸、安装尺寸、特性尺寸等)必须直接标注,以保证设计要求。如图 9-2 中的 110、18、12、30 等尺寸为重要尺寸,须直接标注。

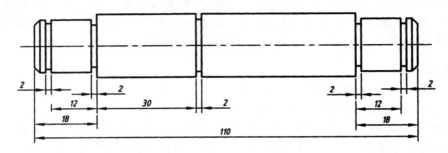

图 9-2　主要尺寸一定要直接标注出来

2)标注尺寸要符合加工顺序和便于测量。如图 9-3 所示。

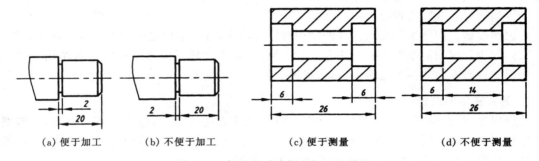

(a) 便于加工　　　(b) 不便于加工　　　(c) 便于测量　　　(d) 不便于测量

图 9-3　标注尺寸应便于加工和测量

3)不能注成封闭尺寸链。封闭尺寸链指的是首尾相接、依次排列绕成一整圈的一组尺寸,如图 9-4(a)所示,这种标注形式是不正确的。在图 9-4(b)中,把不重要的一段空起来不注尺寸,以便积累加工误差。这种留有开口环的标注形式是正确的。

4)毛坯面之间的尺寸一般应单独标注。这类尺寸是靠制造毛坯时保证的,如图 9-5 所示。

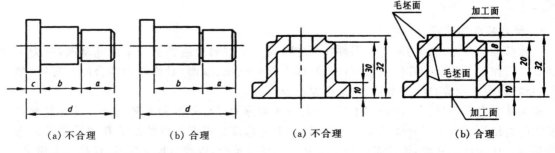

(a) 不合理　　　(b) 合理　　　　　　(a) 不合理　　　(b) 合理

图 9-4　不能注成封闭尺寸链　　　　图 9-5　毛坯面间的尺寸标注

9.2.3 典型零件图例分析

按零件的结构形状特征一般将机械零件分为四类:轴套类、盘盖类、叉架类和箱体类。

1. 轴套类零件

(1)轴套类零件的作用和结构分析

轴在机器中通常起支承传动件和传递动力的作用。套一般装在轴上,起支承轴和轴向定位的作用。轴套类零件的主体结构为同轴回转体。如图9-6和图9-7所示。为满足设计和工艺要求,轴上常带有键槽、螺纹退刀槽、砂轮越程槽和倒角等结构(常见的加工结构见表9-1)。这类零件主要在车床上加工。

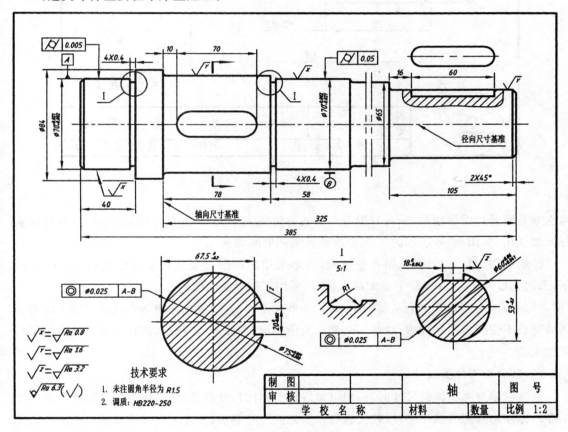

图9-6 轴的零件图

(2)轴套类零件的表达方法及视图选择

轴套类零件一般只需一个基本视图,即主视图。主视图的轴线一般按加工位置取水平放置,当需要表达轴上某些局部结构的内形时,可采用局部剖的方法,如图9-6所示。套的主视图通常取全剖视图或半剖视图,如图9-7所示。根据轴套类零件的结构特点,还经常采用下列辅助表达方法:

①断裂画法。对于较长的轴、杆件和型材,其长度方向的形状一致或按一定规律变化时,

161

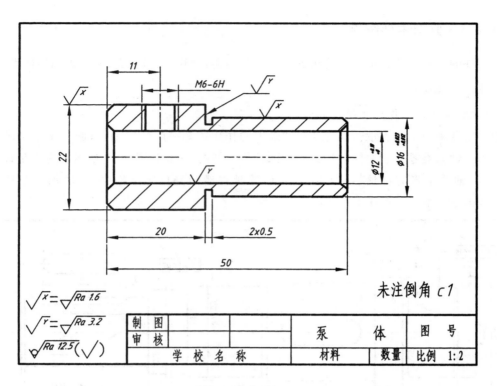

图 9-7 套零件图

可在某处断开后缩短绘制,断开处用双点划或波浪线表示,但标注尺寸时,必须按照零件的实际长度注出,如图 9-6 所示的 $\varnothing 65$ 轴段就是采用的断裂画法。

②断面图。轴上的键槽、销孔等结构,通常采用断面图来表达其断面形状,如图 9-6 所示,为表达 $\varnothing 75$ 和 $\varnothing 60$ 轴段上键槽的深和宽,采用了两个断面图。

③局部放大图。零件上某些细小结构,如砂轮越程槽、螺纹退刀槽等在基本视图上没有表达清楚或不便于标注尺寸时,常采用局部放大图表示,如图 9-6 所示,该轴上有两处采用了局部放大图。

(3)轴套类零件的尺寸标注

在标注轴套类零件的尺寸时,一般以轴线作为径向尺寸基准(即高度方向和宽度方向尺寸基准),标注出轴的直径尺寸;以较大轴肩作为轴向尺寸基准(长度方向尺寸基准),标出各轴段长度,如图 9-6 所示。在标注轴向尺寸时,应注意以下几点:

①轴的总长必须标注出来。

②重要轴段的尺寸必须直接注出。如图 9-6 中的 78、58、40、105。

③不要注成封闭尺寸链。

④轴套类零件上常见结构的尺寸注法,见表 9-1。

162

表 9 − 1 轴套类零件上常见结构及尺寸注法

结构名称	说明	图例
平键槽 GB1095−1979 （1990 年确认有效）	当轴和轮子用键连接时，必须在轴和轮子上分别加工出键槽，键槽的尺寸注法如图所示	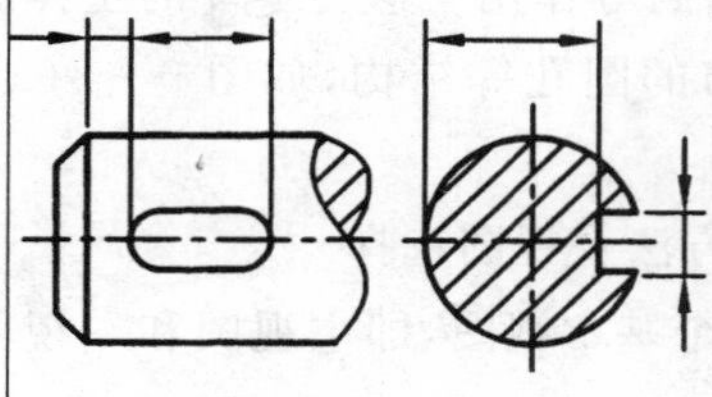 轴 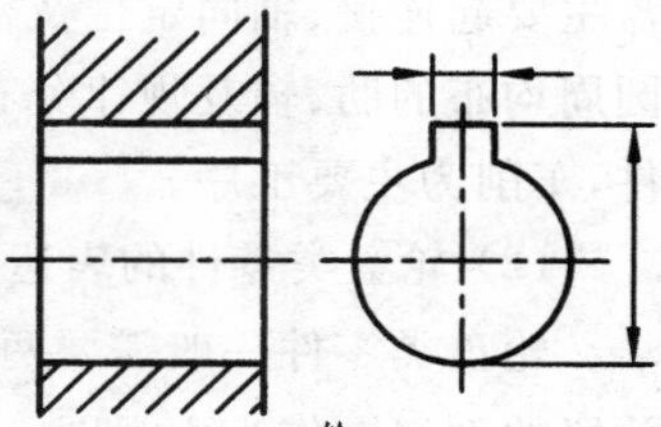　　　　　　　　　轮
倒角和倒圆 GB/T16675.2 −1996	为了便于装配和操作安全，常在轴和孔的端面加工成倒角；为避免轴肩处的应力集中，一般常加工成圆角，如图所示。倒角一般为 45°，也允许 30° 或 60°	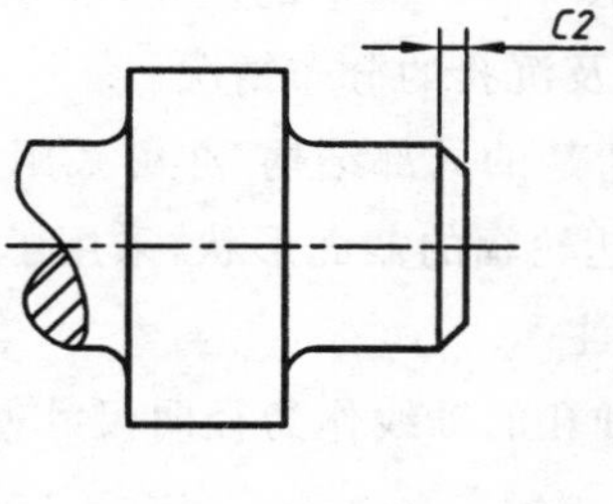 45°倒角的标注 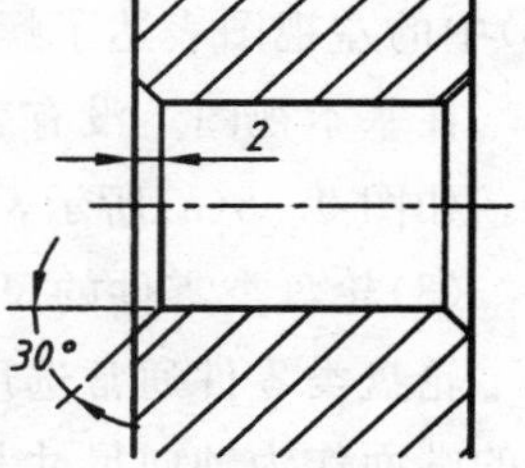　　　　　非45°倒角的标注
螺纹退刀槽 GB6403.5 −1986	为了使相关零件在装配时易于靠紧和便于加工时退出刀具，常要预先加工出退刀槽，如图所示，图中 b 为槽宽，∅ 为槽处的直径	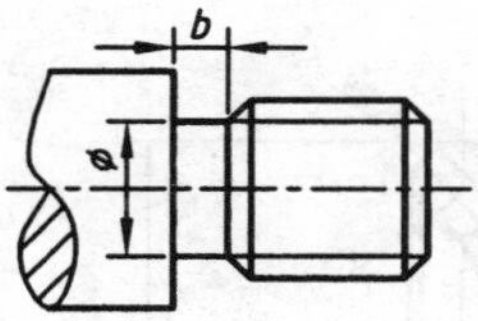 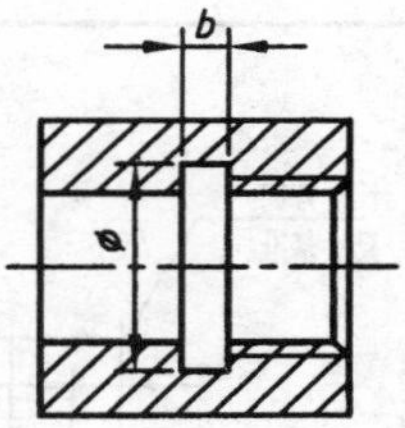
砂轮越程槽 GB6403.5 −1986	为了使相关零件在装配时易于靠紧，常要预先加工出越程槽，以便于加工时退出砂轮，如图所示，图中 b 为槽宽，h 为槽深	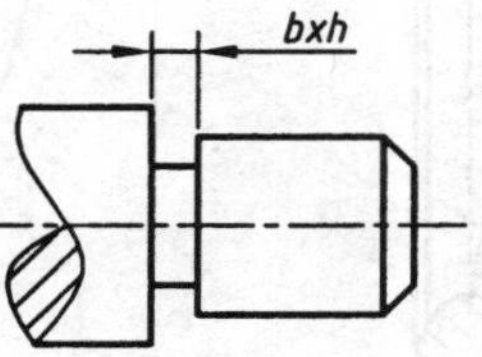 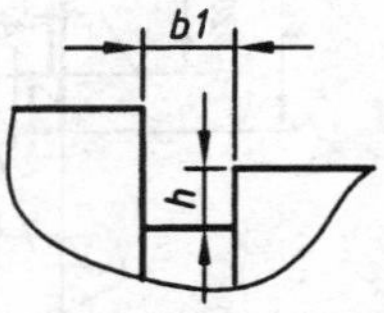 磨外圆 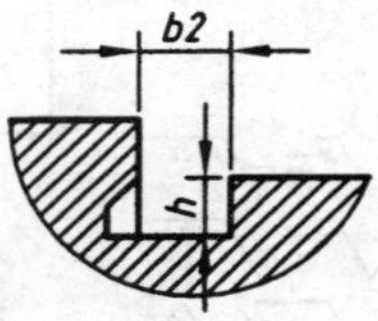　　　　　　　磨内圆

163

2. 轮盘类零件

（1）轮盘类零件的作用和结构分析

轮盘类零件有齿轮、蜗轮、皮带轮、手轮、端盖及法兰盘等。轮一般用来传递动力和速度，盘主要起连接、轴向定位及密封等作用。这类零件的主体结构多由回转体组成，常有轴孔、沿圆周均布的肋、辐及规律分布的圆孔等结构，如图 9-8(a)、(b)所示。其毛坯多为铸件和锻件，车削为主要工序。

（2）轮盘类零件的表达方法及视图选择

轮盘类零件一般需要两个基本视图，即主视图和左视图（或右视图）。通常选取轴线水平放置的剖视图作为主视图。为了同时表达轮盘上各种孔的内部结构，主视图也常采用旋转剖视图，如图 9-8 所示。左视图或右视图用来表示零件各部分结构的形状特征，以及肋、轮辐、孔及凸台等结构的分布情况，如图 9-8(a)中的左视图，表达了轮辐的结构及分布情况，图 9-8(b)中的左视图表达了螺纹孔及沉孔的分布情况。

在基本视图上没有表达清楚的局部结构，亦可采用剖面、局部放大及局部剖视图等表达方法。如图 9-8(a)所示，为表达轮辐的截面形状，采用了重合剖面。

（3）轮盘类零件的尺寸标注

轮盘类零件通常选用主轴孔的轴线作为径向尺寸基准，以与其它零件的轴向结合面或重要的端面作为轴向尺寸基准。

轮盘类零件各部分结构的定位尺寸、定形尺寸可按形体分析依次标注。要特别注意盘类零件上沿圆周均布孔的定位尺寸，应以直径"∅"注出，如图 9-8(b)中 ∅70 为六个均匀分布沉

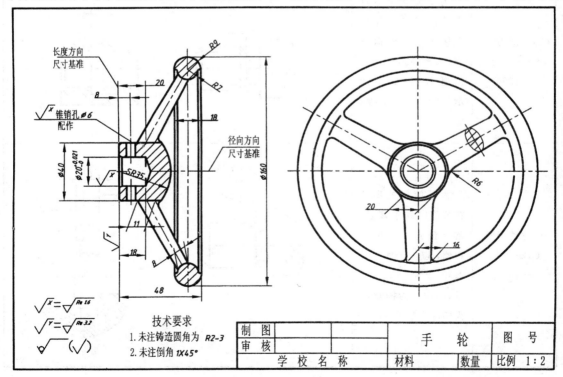

图 9-8 （a）手轮的零件图

164

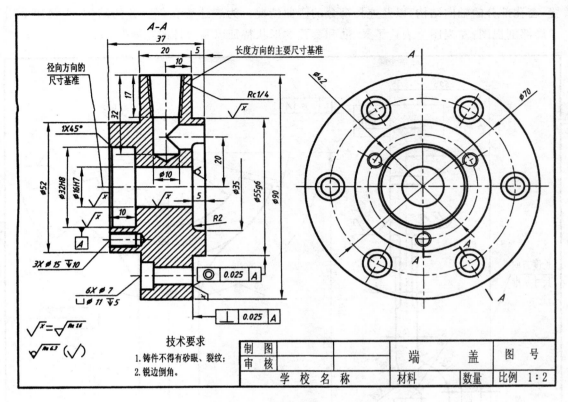

图 9-8 (b)端盖的零件图

孔的定位尺寸。非均布的孔则必须要标注角度尺寸。

3. 叉架类零件

（1）叉架类零件的作用和结构分析

叉架类零件一般包括：拨叉、支架、连杆等。拨叉通常用于机器变速机构中，支架主要起支承作用，连杆是用来连接传动件。这类零件大多数形状不规则且结构较复杂，一般可分析为由支持部分、工作部分和连接等部分组成。如图 9-9 所示的零件，是铣床上的一个拨叉。叉架类零件的连接部分多是肋板结构，且形状弯曲、扭斜的较多，支持部分和工作部分的细小结构较多，如油槽、螺孔、油孔等。这类零件的毛坯多为锻件或铸件，需经多道加工工序来完成，且加工位置不固定。

（2）叉架类零件的表达方法及视图选择

叉架类零件通常需要两个或两个以上的基本视图。一般根据零件的形状特征和工作位置来选择主视图。图 9-10 为拨叉的零件图，它的主视图表达出各部分之间的相对位

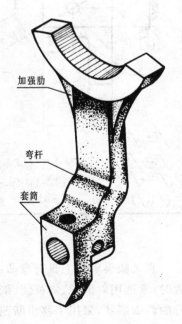

图 9-9 拨叉

165

置,套孔部分的轴向结构,以及连接部分的弯曲情况。为表达套孔部分孔的结构,主视图采用了局部剖视图;左视图上表达了叉、肋和套孔的形状特征以及弯杆的宽度等。

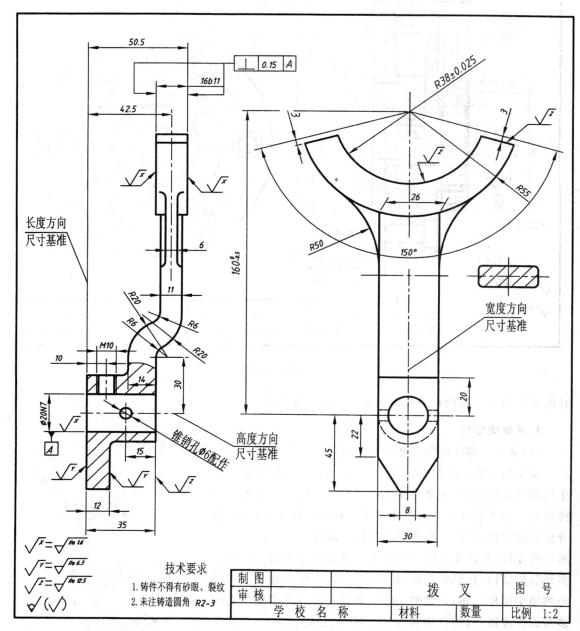

图 9-10　拨叉零件图

当叉架类零件上具有弯曲或扭斜的结构,在基本视图上不能反映出它们的真实形状和位置时,常选用斜剖视、斜视图、剖面、局部视图等表达方法。如图 9-10(b),为表达拨叉连接部分的截面形状,采用了移出断面。

(3)叉架类零件的尺寸标注

叉架类零件在长、宽、高三个方向都必须有尺寸基准。通常选用零件的对称面、结合面、主要孔的轴线作为尺寸基准。如图9-10中指出了拨叉三个方向的尺寸基准。

叉架类零件各部分结构的定位尺寸和定形尺寸可按形体分析依次标注。在标注尺寸时，支持部分和工作部分之间的相对位置尺寸是最重要的定位尺寸，一定要从尺寸基准直接注出，如图9-10中的"$160^{0}_{-0.5}$"和"42.5"是两个重要定位尺寸。

4. 箱体类零件

(1)箱体类零件的作用和结构分析

箱体类零件是装配体的基础件，主要用来支承、容纳其它零件的，同时对其它零件也起定位、密封等作用。这类零件的结构形状比较复杂，通常都可分析为由主体结构、安装结构和连接结构三部分组成。如图9-11所示的齿轮油泵泵体，它是由主体、底板（安装板）和连接部分组成。

主体部分设有可容纳一对齿轮的内腔、进油孔、出油孔和用于支承齿轮轴的轴孔、密封用螺孔及凸台，在主体的左端面上有四个螺孔用来连接泵盖。底板上设有两个安装孔，用来将齿轮油泵安装到其它机件上。该泵体的连接部分由连接板和肋板组成。箱体类零件大多为铸造类零件，因此，其上都有

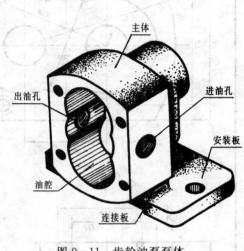

图9-11 齿轮油泵泵体

一些铸造工艺结构，如铸造圆角、拔模斜度和凸台、凹坑、凹槽等。零件上常见的铸造工艺结构见表9-2。

(2)箱体类零件的表达方法及视图选择

箱体类零件一般需三个或三个以上的基本视图。通常按工作位置安放，并选取最能反映零件形状特征的视图作为主视图。主视图一般采用通过主要轴孔轴线剖切的剖视图。如图9-12所示，主视图选用了过两孔（2×∅16）轴线和一个M8螺孔轴线的A-A旋转剖视图，表达了∅38.5、2×∅16、M27、及4×M8等孔的深度。

为表达泵体的主体形状特征和四个螺孔的分布情况及底板凹槽的形状，采取了左视图。在左视图上为把∅10孔和G1/4螺纹孔的结构表达清楚，又采用了两个局部剖视图。为表达底板的形状特征和连接部分的断面形状，俯视图取C-C剖视，并采用了对称图形的简化画法。为表达泵体右端R19凸台的形状特征、肋板的位置和厚度以及肋板与凸台的连接关系，采取了B向局部视图。

由于箱体类零件结构复杂，在视图选择和表达上具有一定的灵活性，即使是同一零件，也可能有不同的表达方案。如图9-13所示为泵体的另外两种表达方案。在确定零件表达方案时，要多考虑几种表达方案来加以分析比较，综合考虑选取一个比较清晰、简明的表达方案。

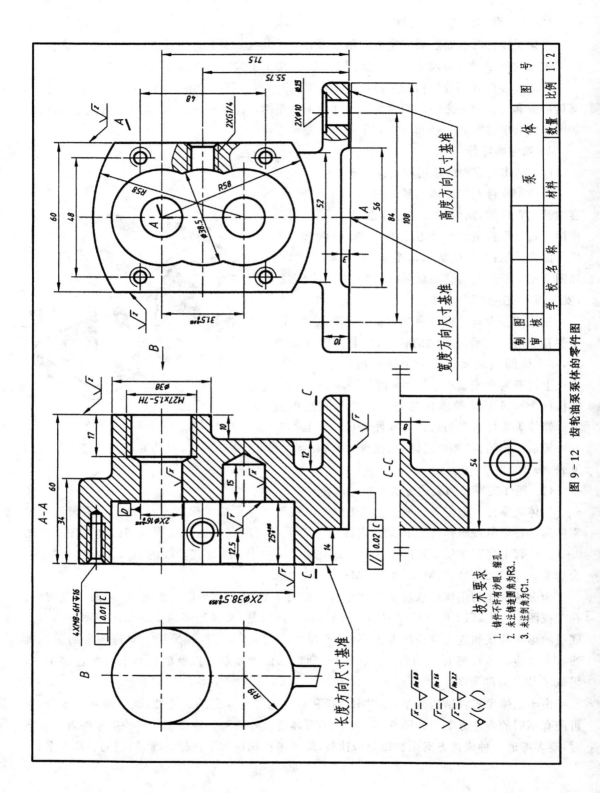

图 9 - 12 齿轮油泵泵体的零件图

168

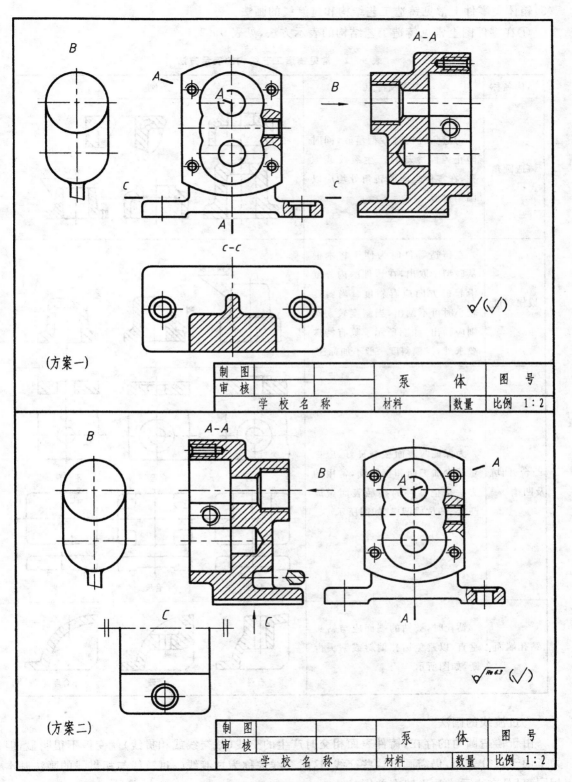

(方案一)

制 图			泵　　体	图 号	
审 核					
	学 校 名 称		材料	数量	比例 1：2

(方案二)

制 图			泵　　体	图 号	
审 核					
	学 校 名 称		材料	数量	比例 1：2

图 9-13　泵体的其它表达方案

169

(3)箱体类零件上常见铸造工艺结构和过渡线的画法

①在零件图上常见铸造工艺结构的表示方法,见表 9－2。

表 9－2　常见铸造工艺结构的表示方法

结构名称	作用及特点	图例
铸造圆角	为避免脱模时砂型落砂,同时防止铸件冷却时产生裂纹或缩孔,在零件表面的转角处均应以圆角过渡	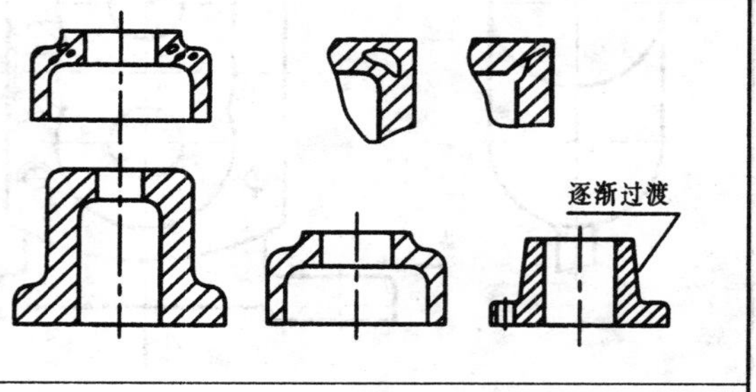
拔模斜度	在铸造零件时为便于将木模从砂型中取出,在铸件的内外壁沿起模方向应有斜度。当斜度较小时可不画出,当斜度较大时则应画出,如图所示。除有特殊要求外,拔模斜度一般不加标注	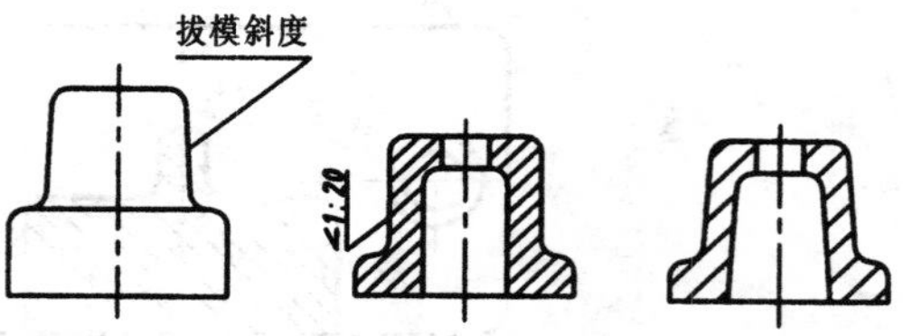
凸台、凹坑及凹槽	为保证两表面接触良好,应尽量减少加工面和接触面,常用的方法是把零件的接触表面做成凸台、凹坑或凹槽,如图所示	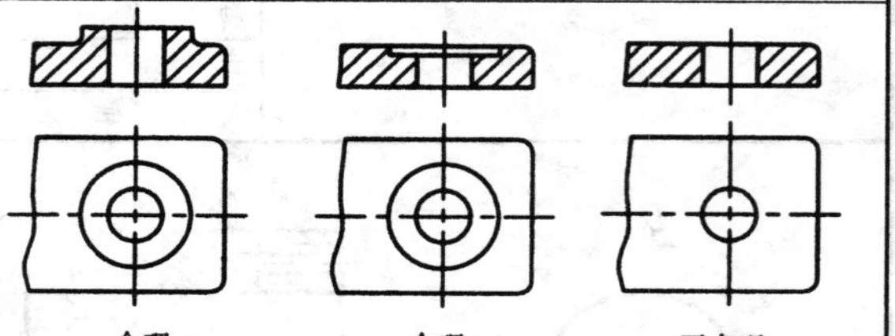 合理　合理　不合理 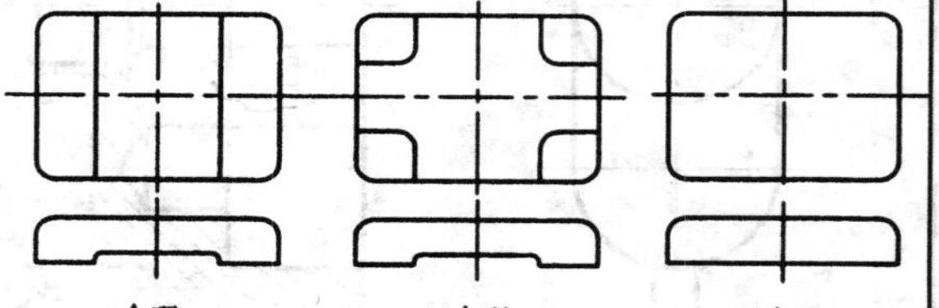 合理　合理　不合理
钻孔端面	钻孔时,被钻的端面应与钻头垂直,以避免钻孔偏斜或钻头折断,如图所示	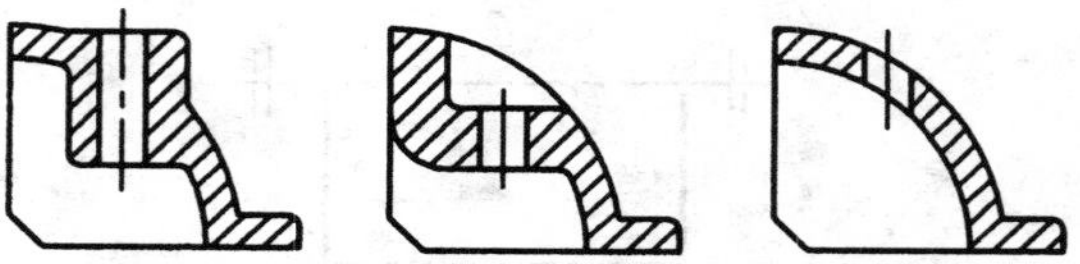 合理　合理　不合理

②过渡线的画法

由于铸造圆角的存在,铸件表面相交时产生的交线(截交线或相贯线)就变得不很明显,但为了便于区分表面,仍需画出这些交线,这时交线被称为过渡线。过渡线与相贯线的画法基本相同,只是在表示方法上略有差别。

a. 两曲面相交,画图时过渡线与圆角处不接触,应留有少量的间隙,如图 9 - 14(a) 所示。当两曲面的轮廓线相切时,过渡线在切点附近应断开,如图 9 - 14(b) 所示。

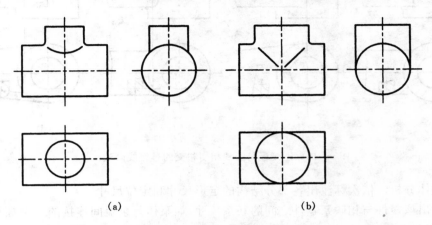

图 9 - 14 过渡线画法举例

b. 当肋板与平面相交时,其过渡线的形状和画法取决于肋板的断面形状,当板块的截面为矩形时,过渡线画法如图 9 - 15(a) 所示。当肋板的截面两端为半圆,应在转角处断开,并加上过渡圆弧,如图 9 - 15(b) 所示。

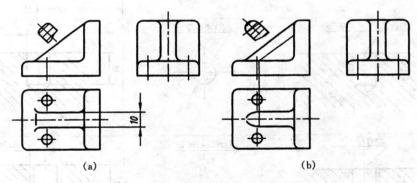

图 9 - 15 肋板与平面相交的过渡线画法

c. 当圆柱面与板块组合时,若板块的截面为矩形且与圆柱相交或相切时,其画法如图 9 -(a) 和(b) 所示;当板块的截面两端为半圆且与圆柱相交或相切时,其画法如图 9 - 16(c)、(d) 所示。

(4)箱体类零件的尺寸标注

① 箱体类零件需要长、宽、高三个方向的主要尺寸基准。一般选用零件的对称面,主要孔的轴线及重要端面或与其它零件的结合面作为尺寸基准。如图 9 - 12 所示,底面、对称面、左端面分别是高度、宽度和长度方向的尺寸基准。

② 重要的定位尺寸由尺寸基准直接标注出来。如图 9 - 12 中的 71.5、12.5、14 等由尺寸基准直接注出。

③ 箱体上有关联的轴孔之间的中心距尺寸,如图 9 - 12 中的,是由相互啮合的一对齿轮的参数经计算确定的尺寸,必须直接标出。

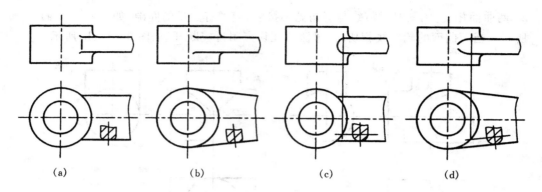

(a)　　　　　　　(b)　　　　　　　(c)　　　　　　　(d)

图9-16　连接板与圆柱相切相交的过渡线画法

④ 用形体分析法依次标注出各部分结构的定形尺寸和定位尺寸。

⑤ 标注出该零件与相联系零件之间的联系尺寸,如泵体与泵盖间连接的4个螺孔的尺寸及其定位尺寸48。底板上两个安装孔及其定位尺寸84、∅10等要直接标注出来。

⑥ 零件上常见孔结构的尺寸标注,如表9-3所示。

表9-3　常见孔结构的尺寸标注

结构类型	标注方法		
	旁注法		普通注法
光孔	8X∅10 ▽18	8X∅10 ▽18	8x∅10　18
螺孔	8xM12-7H ▽18	8xM12-7H ▽18	8xM12-7H　18
柱形沉孔	8X∅10 ⊔∅14 ▽4.5	8X∅10 ⊔∅14 ▽4.5	∅14　4.5　8x∅10

172

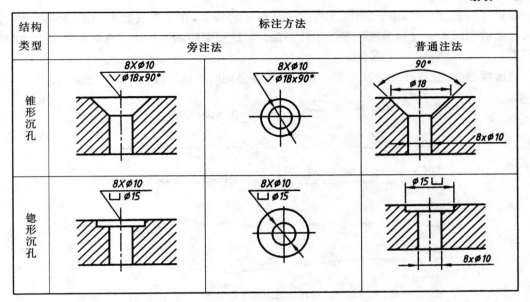

结构类型	标注方法		
	旁注法		普通注法
锥形沉孔			
锪形沉孔			

9.3 零件图上的技术要求

零件图中除了图形和尺寸外,还有制造该零件时应满足的一些加工要求,通常称为"技术要求",主要有下列内容:①表面结构;②极限与配合;③形状公差与位置公差;④材料的热处理及表面处理。

9.3.1 表面结构的图样表示法

表面结构是表面粗糙度、表面波纹度、表面缺陷、表面纹理和表面几何形状的总称。表面结构的各项要求在图样上的表示法在 GB/T 131—2006 中均有具体规定。本节主要介绍常用的表面粗糙度表示法。

1. 基本概念及术语

(1)表面粗糙度

零件经过机械加工后的表面会留有许多高低不平的凸峰和凹谷,零件加工表面上具有较小间距和峰谷所组成的微观几何形状特性称为表面粗糙度。表面粗糙度与加工方法、刀刃形状和切削用量等各种因素都有密切关系。

表面粗糙度是评定零件表面质量的一项重要技术指标,对于零件的配合、耐磨性、抗腐蚀性以及密封性等都有显著影响,是零件图中必不可少的一项技术要求。

零件表面粗糙度的选用,应该既满足零件表面的功能要求,又要考虑经济合理。一般情况下,凡是零件上有配合要求或有相对运动的表面,粗糙度参数值要小,参数值越小,表面质量越高,但加工成本也越高。因此,在满足使用要求的前提下,应尽量选用较大的粗糙度参数值,以降低成本。

(2)表面波纹度

在机械加工过程中,由于机床、工件和刀具系统的振动,在工件表面所形成的间距比粗糙度大得多的表面不平度称为波纹度。零件表面的波纹度是影响零件使用寿命和引起振动的重要因素。

表面粗糙度、表面波纹度以及表面几何形状总是同时生成并存在于同一表面(图9-17)。

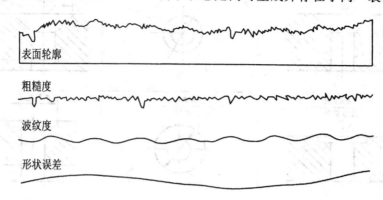

图9-17　表面轮廓的形成

(3)评定表面结构常用的轮廓参数

对于零件表面结构的状况,可由三个参数组加以评定:轮廓参数(由 GB/T 3505—2000 定义)、图形参数(由 GB/T 18618—2002 定义)、支承率曲线参数(由 GB/T 18778.2—2003 和 GB/T 18778.3—2006 定义)。其中轮廓参数是我国机械图样中目前最常用的评定参数。本节仅介绍轮廓参数中评定粗糙度轮廓(R 轮廓)的两个高度参数 Ra 和 Rz。

在图样中 Ra 和 Rz 是常用的表面结构参数,国家标准推荐优先使用 Ra 参数。

Ra:用来评定粗糙度轮廓的算术平均偏差。其定义为:在取样长度内纵坐标 $Z(x)$ 绝对值的算术平均值,如图9-18所示。

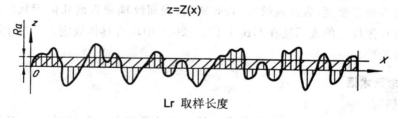

图9-18　Ra 参数示意图

其数学表达式为

$$z = Z(x)$$

$$Ra = \frac{1}{l_r}\int_0^{l_r} |z(x)| \, \mathrm{d}x \quad \text{或近似为} \quad Ra = \frac{1}{n}\sum_{i=1}^{n} |z_i|$$

Rz:表面粗糙度轮廓的最大高度。其定义为:在一个取样长度内,最大轮廓峰高和最大轮廓谷深之间的高度(图9-19)。国家标准也给出了 Rz 系列值和测量 Rz 的取样长度值。

(4)有关检验规范的基本术语

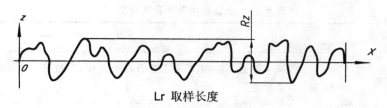

Lr 取样长度

图 9-19　*Rz* 参数示意图

检验评定表面结构的参数值必须在特定条件下进行。国家标准规定，图样中注写参数代号及其数值要求的同时，还应明确其检验规范。

有关检验规范方面的基本术语有取样长度和评定长度、轮廓滤波器和传输带以及极限值判断规则。

①取样长度和评定长度。以粗糙度高度参数的测量为例，由于表面轮廓的不规则性，测量结果与测量段的长度密切相关。当测量段过短时，各处的测量结果会产生很大差异；当测量段过长时，测量的高度值中将不可避免地包含波纹度的幅值。因此，应在 x 轴（即基准线）上选取一段适当长度进行测量，这段长度称为取样长度。

在每一取样长度内的测得值通常是不等的，为取得表面粗糙度最可靠的值，一般取几个连续的取样长度进行测量，并以各取样长度内测量值的平均值作为测得的参数值。这段在 X 轴方向上用于评定轮廓的、包含着一个或几个取样长度的测量段称为评定长度。

当参数代号后未注明取样长度个数时，评定长度即默认为 5 个取样长度，否则应注明个数。例如，*Rz* 0.4、*Ra*3 0.8、*Rz*l 3.2 分别表示评定长度为 5 个（默认）、3 个、1 个取样长度。

②轮廓滤波器和传输带。粗糙度等三类轮廓各有不同的波长范围，它们又同时叠加在同一表面轮廓上（参阅图 9-17），因此，在测量评定三类轮廓上的参数时，必须先将表面轮廓在特定仪器上进行滤波，以及分离获得所需波长范围的轮廓。这种可将轮廓分成长波和短波成分的仪器称为轮廓滤波器。由两个不同截止波长的滤波器分离获得的轮廓波长范围则称为传输带。

按滤波器的不同截止波长值，由小到大顺次分为 λs、λc 和 λf 三种，粗糙度等三类轮廓就是分别应用这些滤波器修正表面轮廓后获得的：应用 λs 滤波器修正后形成的轮廓称为原始轮廓（*P* 轮廓）；在 *P* 轮廓上再应用 λc 滤波器修正后形成的轮廓即为粗糙度轮廓（*R* 轮廓）；对 *P* 轮廓连续应用 λc 和 λf 滤波器修正后形成的轮廓称为波纹度轮廓（*w* 轮廓）。

③极限值判断原则。完工零件的表面按检验规范测得轮廓参数值后，需与图样上给定的极限值比较，以判断其是否合格。极限值判断规则有两种：

a. 16％规则。运用本规则时，当被检表面测得的全部参数值超过极限值（当给定上限值时，超过是指大于给定值；当给定下限值时，超过是指小于给定值）的个数不多于总个数的16％时，该表面是合格的。

b. 最大规则。运用本规则时，被检的整个表面上测得的参数值一个也不应超过给定的极限值。16％规则是所有表面结构要求标注的默认规则，即当参数代号后未注写"max"字样时，均默认为应用 16％规则（例如 Ra0.8）。反之，则应用最大规则（如 Ra max0.8）。

2. 标注表面结构的图形符号和代号

表面结构图形符号及其含义见表 9-4。

表 9 - 4　表面结构符号及其含义

符号	含义
√	基本图形符号:未指定工艺方法的表面,当通过一个注释解释时可单独使用
√	扩展图形符号:用去除材料方法获得的表面;仅当其含义是"被加工表面"时可单独使用
√	扩展图形符号:用不去除材料获得的表面,也可用于保持上道工序形成的表面,不管这种状况是通过去除材料或不去除材料形成的
√ √ √	完整图形符号:当要求标注表面结构特征的补充信息时,应在基本图形符号或扩展图形符号的长边上加一横线
√ √ √	工件轮廓各表面的图形符号:当在某个视图上组成封闭轮廓的各表面有相同的表面结构要求时,应在完整图形符号上加一圆圈,标注在图样中工件的封闭轮廓线上,如果标注会引起歧义时,各表面应分别标注

图 9 - 20 展示了标准规定的图形符号形状,表 9 - 5 所列为图形符号的尺寸。

表 9 - 5　图 9 - 20 所示图形符号的尺寸　　　　　　　　mm

数字与字母的高度 h	2.5	3.5	5	7	10	14	20
符号的线宽 d' 数字与字母的笔画宽度 d	0.25	0.35	0.5	0.7	1	1.4	2
高度 H_1	3.5	5	7	10	14	20	28
高度 H_2（最小值）[①]	7.5	10.5	15	21	30	42	60

①H_2 取决于注写内容

（2）表面结构完整图形符号的组成

① 概述。为了明确表面结构要求,除了标注表面结构参数和数值外,必要时应标注补充要求,补充要求包括传输带、取样长度、加工工艺、表面纹理及方向、加工余量等。为了保证表面的功能特征,应对表面结构参数规定不同要求。

② 表面结构补充要求的注写位置。在完整图形符号中,对表面结构的单一要求和补充要求应注写在图 9 - 21 所示的位置。

• 位置 a 注写表面结构单一要求,包括

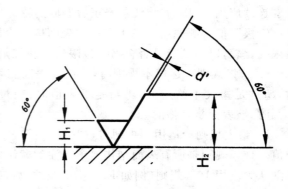

图 9 - 20　标准规定的图形符号形状

参数代号和极限值，必要时，注写传输带或取样长度等。例如：

0.0025—0.8/Rz 6.3（传输带标注）—0.8/Rz 6.3（取样长度标注）

为了避免误解，对注写有如下规定：传输带或取样长度后应有一斜线"/"，之后是参数代号，空一格之后注写极限值。

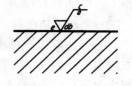

图 9—21　表面结构

- 位置 a 和 b 注写两个或多个表面结构要求，每个要求写成一行。
- 位置 c 注写加工方法

注写加工方法、表面处理、涂层或其它加工工艺要求等，如车、磨、镀等加工表面。

- 位置 d 注写表面纹理和方向
- 位置 e 注写加工余量

（3）表面结构代号

表面结构符号中注写了具体参数代号及数值等要求后即称为表面结构代号。表面结构代号的示例及其含义参见表 9-6。

表 9-6　表面结构代号示例

序号	代号	含义/解释
1	$\sqrt{}$ Ra 3.2	表示去除材料，单向上限值（默认），默认传输带，R 轮廓，粗糙度算术平均偏差极限值 3.2m，评定长度为 5 个取样长度（默认），"16% 规则"（默认）；表面纹理没有（以下同）
2	$\sqrt{}$ $Rzmax$ 6.3	表示不允许去除材料，单向上限值（默认），粗糙度最大高度，极限值 6.3μm，"最大规则"，其余元素均采用默认定义
3	$\sqrt{}$ $Ra3$ 3.2	表示去除材料，评定长度为 3 个取样长度，其余的因素含义与序号 1 代号相同
4	$\sqrt{}$ 0.008-0.8Ra 3.2	表示去除材料，单向上限值（默认），传输带 0.008－0.8mm，粗糙度算术平均偏差，极限值 3.2μm，其余元素均采用默认定义
5	$\sqrt{}$ -0.8$Ra3$ 3.2	表示去除材料，单向上限值，取样长度（等于传输带的长波波长值）为 0.8mm，传输带的短波波长为默认值（0.0025mm）其余元素与序号 3 相同
6	$\sqrt{}$ U Rz 0.8　L Ra 0.2	表示去除材料，双向极限值，上极限 Rz0.8，下极限 Ra0.2。极限值都采用"16% 规则"
7	磨 $\sqrt{}$ Ra 1.6　-2.5/$Rzmax$ 6.3	表示用磨削加工获得的表面，两个单向上限值：（1）Ra1.6 （2）-2.5/Rz max 6.3

3. 表面结构要求在图样和其它技术产品文件中的注法

（1）概述

表面结构要求对每一表面一般只标注一次，并尽可能注在相应的尺寸及其公差的同一视

177

图上。除非另有说 明,所标注的表面结构要求是对完工零件表面的要求。

（2）表面结构符号、代号的标注位置与方向

①标注原则。总的原则是根据 GB/T4458.4 尺寸注法的规定,使表面结构的注写和读取方向与尺寸的注写和读取方向一致(图 9-22)。这就是说:注写在水平线上时,代、符号的尖端应向下;注写在竖直线上时,代、符号的尖端应向右;注写在倾斜线上时,代、符号的尖端应向下倾斜。

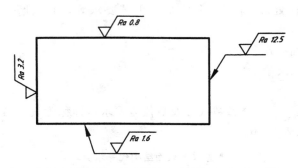

图 9-22　表面结构要求的注写方向

②标注在轮廓线上或指引线上。表面结构要求可标注在轮廓线或指引线上,其符号应从材料外指向并接触表面。必要时表面结构符号用带箭头或黑点的指引线引出标注(图 9-23、图 9-24)。

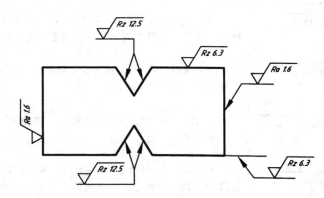

图 9-23　表面结构要求在轮廓线上的标注

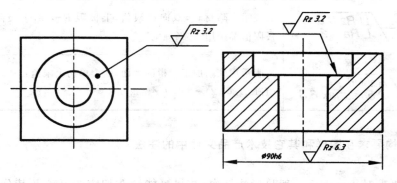

图 9-24　用指引线引出标注

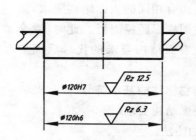

图 9 - 25　表面结构要求标注在尺寸线上

③ 标注在特征尺寸的尺寸线上在不致引起误解时,表面结构要求可以标注在给定的尺寸线上,见图 9 - 25。

④ 标注在形位公差框格的上方,见图 9 - 26。

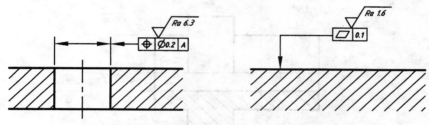

图 9 - 26　表面结构要求标注在形位公差框格的上方

⑤ 直接标注在延长线上或从延长线上用带箭头的指引线引出标注,如图 9 - 23 和图 9 - 27所示。

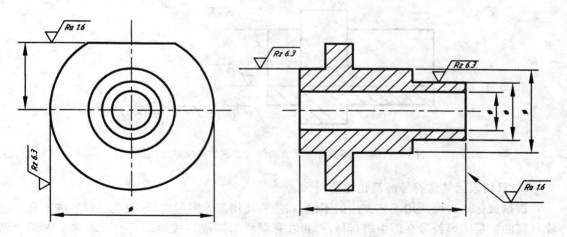

图 9 - 27　圆柱表面结构要求的标注

⑥标注在圆柱和棱柱表面上。圆柱和棱柱表面结构要求只标注一次(图 9 - 27),如果每个棱柱表面有不同的表面结构要求,则应分别单独标注(图 9 - 28)。

(3) 表面结构要求的简化画法

① 有相同表面结构要求的简化画法。

如果工件的全部或多数表面有相同的表面结构要求,则其表面结构要求可统一标注在图样标题栏附近。此时(除全部表面有相同要求的情况外)表面结构要求的代号后面应有:

在圆括号内给出无任何其它标注的基本符号(图9-29)

在圆括号内给出不同的表面结构要求(图9-30)。

② 多个表面有共同要求的注法。

当多个表面具有相同的表面结构要求或图纸空间有限时,可以采用简化画法。

a. 用带字母的完整符号的简化画法。

用带字母的完整符号,以等式的形式,在图形或标题栏附近,对有相同表面结构要求的表面进行简化标注(图9-31)。

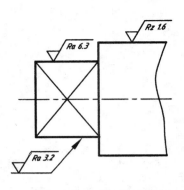

图 9-28 棱柱表面结构要求的标注

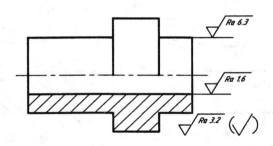

图 9-29 大多数有相同表面结构要求的简化画法(一)

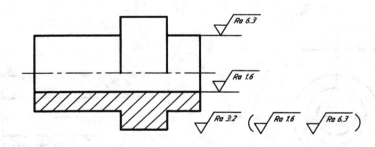

图 9-30 大多数有相同表面结构要求的简化画法(二)

b. 只用表面结构符号的简化注法。

根据被标注表面所用工艺方法的不同,相应地使用基本图形符号、应去除材料或不允许去除材料的扩展图形符号在图中进行标注,再在标题栏附近以等式的形式给出对多个表面共同的表面结构要求,如图9-32所示。

(4)两种或多种工艺获得的同一表面的注法

由几种不同的工艺方法获得的同一表面,当需要明确每种工艺方法的表面结构要求时,可在国家标准规定的图线上标注相应的表面结构代号。图9-33表示同时给出镀、覆前后的表面结构要求的注法。

180

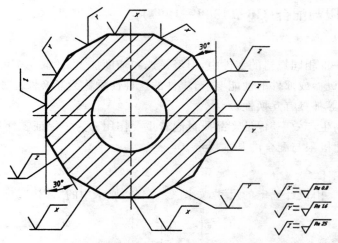

图 9 - 31 用带字母的完整符号对有相同表面结构要求的表面采用简化画法

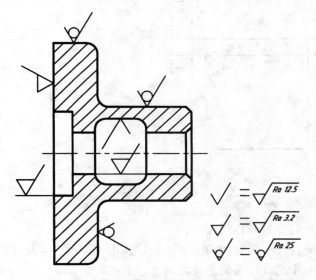

图 9 - 32 只用基本图形符号和扩展图形符号的简化画法

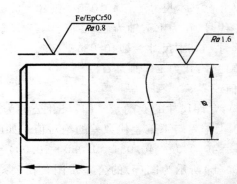

图 9 - 33 同时给出镀、覆前后的表面结构要求的注法

181

9.3.2 极限与配合(GB/T1800—1997)

1. 互换性

在加工好的一批相同规格的零件中,不经挑选和辅助加工,任取一个就能顺利地装配到机器上,并能够满足机器或部件的性能要求,零件的这种性质称为互换性。如:日常使用的螺钉、螺母、灯泡和灯头等都具有互换性。

互换性对提高生产效率、保证产品质量起着重要作用。为了保证零件具有互换性,国家标准制定了有关尺寸极限与配合的基本规定。

2. 公差的基本概念

(1)基本尺寸   由设计确定的尺寸,如图 9 - 34(a)所示中的"$\varnothing 40$"。

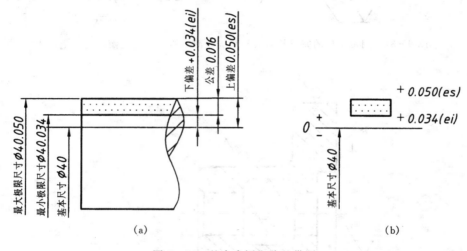

(a)   (b)

图 9 - 34   基本术语和公差带图

(2)实际尺寸   通过测量获得的尺寸。

(3)极限尺寸   允许尺寸变化的两个极限值。其中较大的一个尺寸称为最大极限尺寸,如"$\varnothing 40.050$",最小的一个尺寸称为最小极限尺寸。如"$\varnothing 40.034$"。实际尺寸位于两个极限尺寸之间,就为合格尺寸。

(4)极限偏差:极限偏差又分上偏差和下偏差。

a. 上偏差=最大极限尺寸-基本尺寸=$\varnothing 40.050 - \varnothing 40 = 0.050$。

国家标准规定上偏差代号:孔为 ES,轴为 es。

b. 下偏差=最小极限尺寸-基本尺寸=$\varnothing 40.034 - \varnothing 40 = 0.034$

国家标准规定下偏差代号:孔为 EI,轴为 ei。

c. 偏差值可为正值、负值或零。

(5)尺寸公差(简称公差):允许尺寸的变动量。即:尺寸公差为最大极限尺寸与最小极限尺寸代数差的绝对值,也等于上偏差与下偏差代数差的绝对值。如图 9 - 34(a)所示:

$$尺寸公差 = 40.050 - 40.034 = 0.050 - 0.034 = 0.016$$

(6)公差带图:如图 9 - 35(b)所示为图(a)的公差带图。在公差带示意图中,零线是表示基本尺寸的一条直线。零线画成水平位置,正偏差位于其上,负偏差位于其下。偏差的数值以

182

毫米或微米（μm）为单位（1μm＝0.001mm）。公差带图是由尺寸公差和其相对零线位置的基本偏差来确定。

（7）标准公差：国家标准所规定的任一公差（见附录:附表26）。标准公差数值由基本尺寸和公差等级确定,常用标准公差分为 20 个等级,即 IT01,IT0,IT1,IT2,…,IT18。IT 为标准公差代号,数字表示公差等级。公差等级也表示尺寸的精确程度,等级越高表示尺寸精度越高,其中 IT01 最高,依次递降,IT18 最低。标准公差用以确定公差带大小。

（8）基本偏差与基本偏差系列:

基本偏差是指公差带中靠近零线的那个偏差。为了满足各种配合的要求,国家标准规定了轴和孔各有 28 个基本偏差,按照一定的顺序和位置排列,形成基本偏差系列,如图 9－35 所示。

国家标准规定,孔的基本偏差代号用大写字母 A,B,…,ZC 表示;轴用小写字母 a,b,…zc 表示。由图 9－34 可以看出,孔的基本偏差,从 A 到 H 为下偏差,从 J 到 ZC 为上偏差。轴的基本偏差,从 a 到 h 为上偏差,从 j 到 zc 为下偏差。其中 JS 和 js 是标准公差带对称分布于零线的两侧,没有基本偏差,其上下偏差分别为 $+\dfrac{IT}{2}$ 和 $-\dfrac{IT}{2}$。

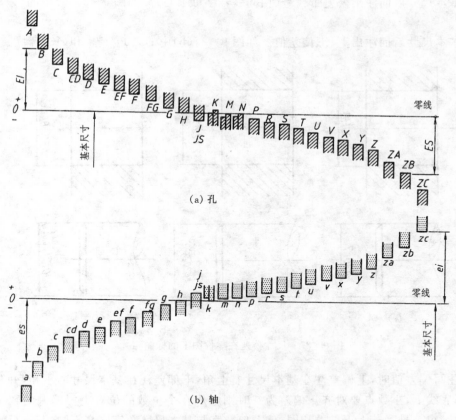

图 9－35　基本偏差系列示意图

（9）尺寸公差代号及其在零件图中的标注

孔和轴的公差代号均由基本偏差与公差等级代号组成,如图 9－36 所示。

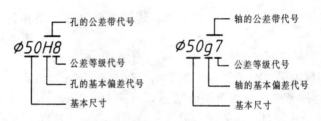

图 9 - 36　公差带代号的组成

由轴和孔的基本尺寸和公差带代号,可从国标 GB1800.4—1999 中直接查得极限偏差。

例如:已知一孔标注为 $\varnothing$50H8,查附录中附表 28《常用及优先孔公差带极限偏差》,可知其上偏差为+39 μm,下偏差为 0。因为 1 μm=0.001 mm,故其上偏差为+0.039 mm,因此,写成极限偏差的形式为"$\varnothing$50 "。

再如:一轴标注为 $\varnothing$50g6,查附录中附表 27《常用及优先轴公差带极限偏差》,可知其上偏差为—9 μm,下偏差为—25 μm。因此,写成极限偏差的形式为"$\varnothing$50 "。

尺寸公差在零件图上的标注方法有三种形式:

① 在基本尺寸后面注出公差带代号(用同一号字母书写)。如图 9 - 37(a)中的"$\varnothing$30H8"和"$\varnothing$30f7"。

② 在基本尺寸后面注出上、下偏差值。如图 9 - 37(b)中的 $\varnothing30^{+0.033}_{0}$ 和 $\varnothing30^{-0.020}_{-0.041}$。

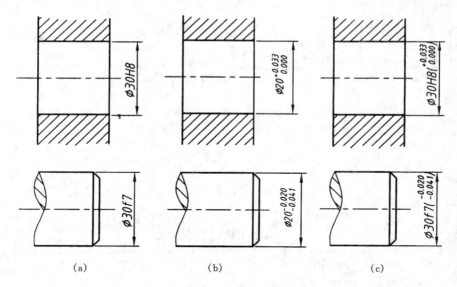

（a）　　　　　　　　　　（b）　　　　　　　　　　（c）

图 9 - 37　尺寸公差在零件图上的标注

其中,注写偏差值时,上偏差注在基本尺寸右上角,下偏差注在基本尺寸右下角,并与基本尺寸在同一底线上,小数点要对齐。偏差为 0 时则应放在个位数的位置上。偏差的数字应比基本尺寸数字小一号。若上下偏差相同,偏差值数字与基本尺寸数字同高,并在基本尺寸与偏差之间标出"±"号,如:$\varnothing$50±0.31。

③ 在基本尺寸后面同时注出公差带及上下偏差值,偏差值要加上括弧。如图 9 - 37(c)中的"$\varnothing30H8\left(^{+0.033}_{0}\right)$"与"$\varnothing30f7\left(^{-0.020}_{-0.041}\right)$"。

3. 配合与配合制

（1）配合

基本尺寸相同的相互结合的孔和轴（或类似于孔与轴的结构）公差带之间的关系称为配合。配合的种类分为三类：间隙配合、过盈配合和过渡配合，如图9-38(a)所示。

（2）配合制

为了设计和加工的方便，国家标准规定了两种不同的配合制度，即：基孔制配合和基轴制配合。

基孔制配合 基本偏差为一定的孔的公差带，与不同基本偏差的轴的公差带形成各种配合的一种制度。基孔制的孔称为基准孔，用代号H表示。下偏差为零，上偏差为正值。孔的最小极限尺寸与基本尺寸相等，其公差带在零线之上，如图9-38(a)所示。

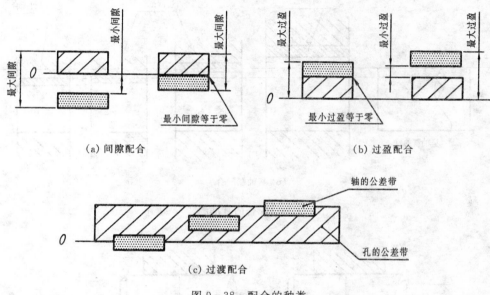

(a) 间隙配合　　　　　　　　　　　　　　(b) 过盈配合

(c) 过渡配合

图9-38　配合的种类

基轴制配合 基本偏差为一定的轴的公差带，与不同基本偏差的孔的公差带形成各种配合的一种制度。基轴制的轴称为基准轴，用代号h表示。上偏差为零，下偏差为负值。轴的最大极限尺寸与基本尺寸相等，其公差带在零线之下，如图9-38(b)所示。

一般情况下优先采用基孔制。由于采用基孔制时，孔的基本偏差不变，不同的配合是通过改变轴的基本偏差而得到的。这样，可以减少刀具和量具的规格，并且可以降低机械加工量，使成本降低。但对于某些不能采用基孔制的结构则应采用基轴制，如轴承外圈与轴承座配合时，轴承是标准件不需加工，此时就应选用基轴制。

（3）配合代号在图样上的标注

配合代号是由基本尺寸和一分式（分子写孔的公差带代号，分母写轴的公差带代号）组成。如：基本尺寸为$\varnothing 30$的孔和轴配合时，若孔的公差带代号为H8，轴的公差带代号为f7，配合代号的注写形式为：$\varnothing 30 \dfrac{H8}{f7}$。

在装配图上标注配合代号的方法，如图9-40所示。

185

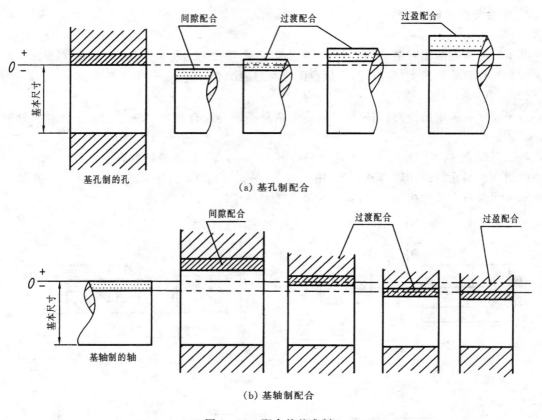

间隙配合　过渡配合　过盈配合

基本尺寸

基孔制的孔

（a）基孔制配合

间隙配合　过渡配合　过盈配合

基本尺寸

基轴制的轴

（b）基轴制配合

图 9 - 39　配合的基准制

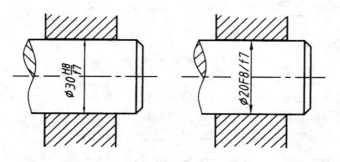

图 9 - 40　配合代号在装配图上的注法

9.3.3　形状和位置公差

1. 形状和位置公差的概念

　　零件在加工时,不仅会产生尺寸误差,还会出现形状和位置误差。例如,在加工一根轴的圆柱面时,会出现一头粗一头细或中间粗两头细的现象(图 9 - 41(a)所示),这种误差属于形状误差。再如图 9 - 41(b),会出现两圆柱的轴线不重合的现象,这种误差称为位置误差。形状和位置公差是指:零件要素（点、线、面)的实际形状或实际位置对理想形状或理想位置的允许变动量。形状和位置公差(简称形位公差)也是保证产品质量的一项基本要求。

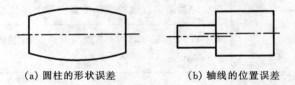

(a) 圆柱的形状误差　　　　(b) 轴线的位置误差

图 9－41　形状和位置公差的形成

形位公差特征项目及符号,见表 9－7。

表 9－7　形位公差特征项目及符号

分类	特征项目	符号	基准要求	分类		特征项目	符号	基准要求
形状公差	直线度	—	无	位置公差	定向	平行度	//	有
	平面度	▱	无			垂直度	⊥	有
	圆度	○	无			倾斜度	∠	有
	圆柱度	⌀	无		定位	位置度	⊕	有或无
	线轮廓度	⌒	有或无			同轴度	◎	有
	面轮廓度	⌓	有或无			对称度	≡	有
					跳动	圆跳动	↗	有
						全跳动	↗↗	有

2. 形位公差代号

(1)形位公差的代号

国家标准规定,形位公差代号是由形位公差框格、指引线及基准代号组成。形位公差框格由若干个小格组成,并在相应的小格中标出公差特征符号、公差值及基准符号等。框格中应填写的内容如图 9－42(a)所示,根据项目的特征和要求,框格中的格数可以增减。

基准代号的组成,如图 9－42(b)所示。

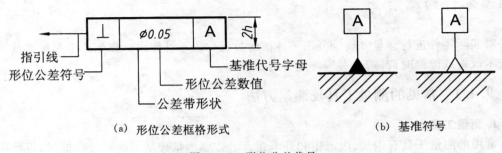

（a）形位公差框格形式　　　　　　　　（b）基准符号

图 9－42　形位公差代号

(2)形位公差标注的读图示例

如图 9－43 所示,零件图上标注的形位公差其含义为:

◎ ∅0.025 A—B	表示以 A、B 的公共轴线为基准，∅25k6 轴线对 ∅20k6 和 ∅17k6 的公共轴线的同轴度误差不大于 ∅0.025
⊥ 0.04 C	表示以 C 为基准，∅33 右端面对 ∅25k6 轴线的垂直度误差不大于 0.04
═ 0.01 C	表示以 C 为基准，键槽对 ∅25k6 轴线的对称度误差不大于 0.01
⌀ 0.01	表示 ∅25k6 圆柱度误差不大于 0.01

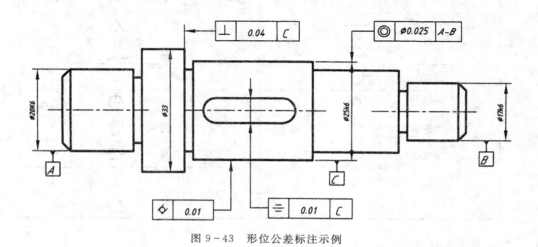

图 9-43　形位公差标注示例

9.3.4　零件材料的热处理及表面处理

根据零件的不同要求，可选用不同的材料和热处理方法，以获得不同的机械性能。机械零件的常用材料及热处理和表面处理方法，见附录中附表 29 和附表 30。

9.4　零件的测绘

对实际零件进行测量并徒手画出零件图的过程称为零件测绘。在生产中对机器或部件进行技术改造或维修时，都需要对零件进行测绘。

9.4.1　常见的测量工具及测量方法

1. 测量工具

常用的测量工具有钢尺、内卡钳和外卡钳。若需要测量较精确的尺寸数据时，可使用游标卡尺、千分尺或其它精密量具。图 9-44 为几种常用的测量工具。

2. 测量方法

（1）测量线性尺寸　一般用直尺或游标卡尺直接量得尺寸，如图 9-44(a)所示。

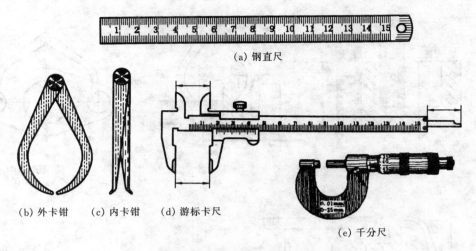

(a) 钢直尺

(b) 外卡钳　　(c) 内卡钳　　(d) 游标卡尺

(e) 千分尺

图 9 - 44　几种常用的测量工具

(2) 测量回转面的直径　一般可用卡钳、游标卡尺或干分尺,如图 9 - 44(b)、(c)所示。

(3) 测量壁厚　一般可用直尺测量,有时需用卡钳和直尺配合测量,如图 9 - 45 所示。

(4) 测量孔的中心距、中心高　用游标卡尺、卡钳或直尺量取,如图 9 - 46、图 9 - 47 所示。

(5) 测量圆角　一般用圆角规测量。每套圆角规有很多片,一半测量外圆角,一半测量内圆角,每片上均刻有圆角半径的大小。测量时,只要在圆角规中找出与被测部分完全吻合的一片,从片上的数值可知圆角半径的大小,如图 9 - 49 所示。

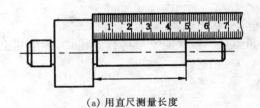

(a) 用直尺测量长度

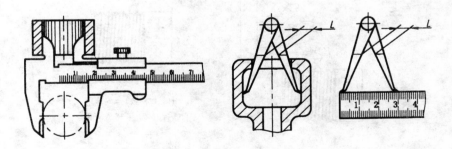

(b) 用游标卡尺测量内、外径　　　　(c) 用卡钳测量内孔直径

图 9 - 45　测量长度和直径的方法

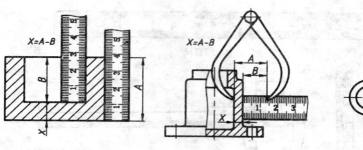

图 9-46　测量壁厚的方法

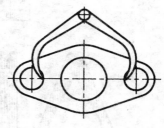

图 9-47　测量孔的中心距

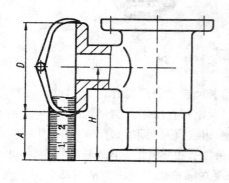

图 9-48　测量孔的中心高

图 9-49　圆角规

（6）测量螺纹　可用螺纹规或拓印法测量。

①螺纹规测螺距。选择与被测螺纹能完全吻合的规片，读出片上的数值即可知螺纹牙型和螺距的大小，如图 9-50（a）所示。

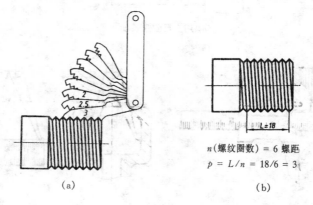

$$n（螺纹圈数）= 6$$
$$p = L/n = 18/6 = 3$$

（a）　　　　　　　　　　（b）

图 9-50　测螺距

②拓印法测螺距。将螺纹放在纸上压出痕迹并测量，一般量出 n 个螺纹的长度，再除以 n，即得螺距值，如图 9-50（b）所示。将测量所得的牙型、大径、螺距与螺纹标准进行核对，选取与之相近的标准螺距值。

（7）测量齿轮　可用游标卡尺测量。测量齿轮，主要是确定齿数 Z 和模数 m，然后根据公式计算出各有关尺寸。齿数 Z 可直接数出,模数 m 需按以下方法确定:当齿轮的齿数为偶数时,可直接量出齿顶圆直径 da;当齿数为奇数时,可由 $2e+D$ 计算出 da,如图 9-51 所示。根据公式 $m=Da/(z+2)$ 计算出模数 m,再由表 8-6 选取与其相近的标准模数.

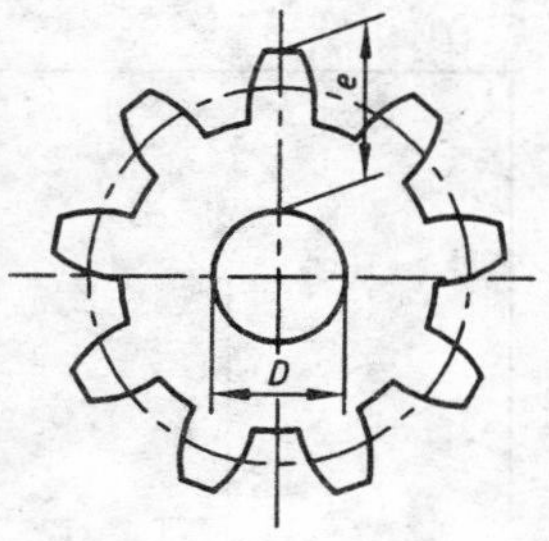

图 9-51　测量齿轮

9.4.2　零件测绘的方法及步骤

绘制草图一般在测绘现场进行,由于受现场条件或时间的限制,需目测零件各部分比例,徒手画在方格纸(或白纸)上。但草图必须具有零件图所包含的全部内容。

对草图的要求是:目测尺寸要准,视图表达要正确、完整,尺寸齐全,图线清晰,字体工整,图面整洁,技术要求合理,要有图框和标题栏等。

现以图 9-52 所示泵盖为例,介绍绘制零件草图的步骤:

(1)画出各视图的中心线、定位线,如图 9-53(a)所示,注意视图间留出标注尺寸空间,并留出标题栏的位置。

(2)根据被测零件的结构特征,确定主视图,再按零件的内外结构特点,选用必要其它视图,把零件的内、外结构形状表达清楚,如图 9-53(b)。

(3)选择尺寸基准,画尺寸界线、尺寸线及箭头,经过仔细校核后,将全部轮廓线描深,如图 9-53(c)所示。

(4)逐一测量尺寸,填写尺寸数字。对于标准结构,如螺纹、倒角、倒圆、退刀槽、中心孔等,测量后应查表取标准值。确定并填写各项技术要求,填写标题栏,如图 9-53(d)所示。

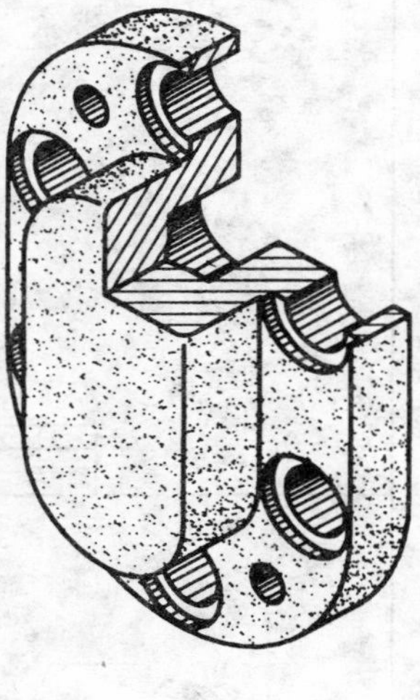

图 9-52　泵盖

(5)由零件草图绘制零件工作图。画零件工作图之前,应对零件草图进行复核,检查零件的表达是否完整,尺寸有无遗漏、重复,相关尺寸是否恰当、合理等,从而对草图进行修改、调整和补充,然后选择适当的比例和图幅,按草图所注尺寸完成零件工作图的绘制。

绘制零件工作图的步骤与绘制草图的步骤基本相同,这里不再重复。

9.5　看零件图

看零件图就是要根据视图,准确想象出零件的结构形状及大小,看懂零件图上的各项技术要求,为拟订零件的制造工艺方案作准备。因此,工程技术人员应具备看零件图的基本能力。

9.5.1　看零件图的方法步骤

1. 概括了解
首先从标题栏中了解零件的名称、材料及绘图比例等。

2. 分析视图、想像形状
找出主视图,确定各视图之间的相互关系。这包括剖切方法、剖切位置、剖切目的以及各

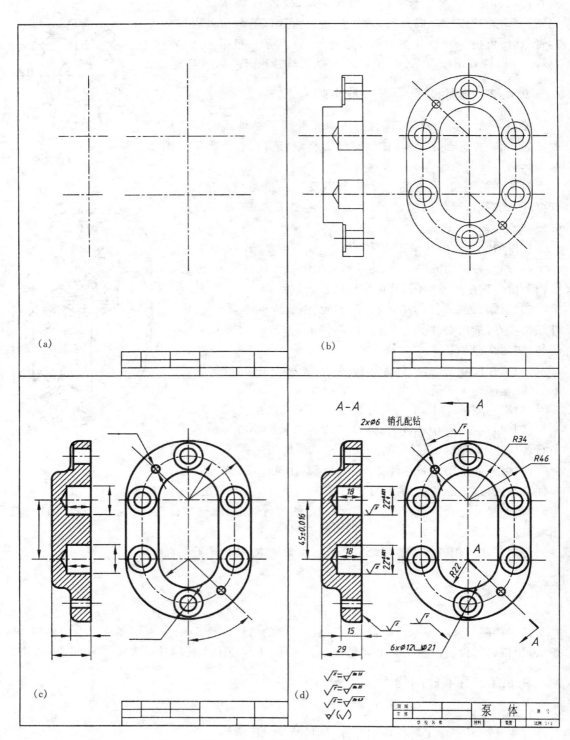

图 9-53 零件草图的作图步骤

视图之间的投影关系,然后运用形体分析法和线面分析法,逐一看懂零件各部分的形状以及它们之间的相对位置。

看图的一般顺序是:先主体后局部,先外形后内形,最后综合起来想像出零件的整体结构形状,并注意分析零件结构设计的合理性。

3. 分析尺寸

找出三个方向的主要尺寸基准,分析重要的设计尺寸。根据公差带代号及尺寸公差,了解其配合性质。弄清定形尺寸、定位尺寸及总体尺寸。并注意分析尺寸标注得是否完整、合理。

4. 分析技术要求

主要是分析表面粗糙度、尺寸公差、形位公差及材料热的处理等等,注意这些技术要求确定得是否恰当。

9.5.2 看图举例

现以图9-54齿轮泵的泵体零件图为例,说明看零件图的一般方法。

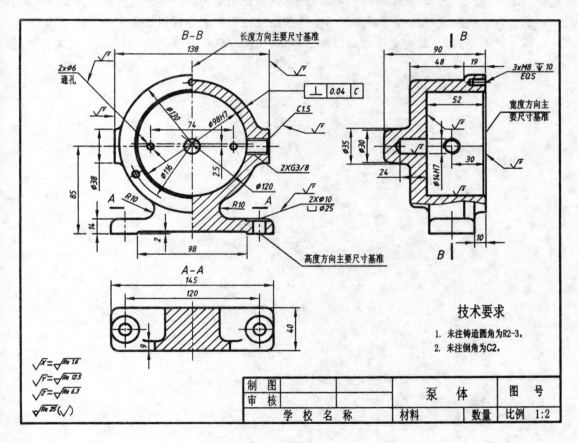

图9-54 泵体零件图

(1)由标题栏可知,该零件是齿轮泵的泵体,材料为灰铸铁(HT200),该材料的特性可查附录30(或《机械设计手册》),绘图比例为1:2。

193

(2)分析视图,想象形状。由三个视图的配置关系可以看出,主视图采用 B—B 半剖视,左视图采用局部剖,俯视图采用 A—A 全剖。由主视图和左视图可以知道,该零件的主体结构是一个直径为⌀120(柱高为 48)和⌀130(柱高为 19)的同轴圆柱体,其轴线为正垂线,且带有一个直径为⌀98 深 52 的同心圆孔。在泵体的前端带有三个 M6 的螺纹孔。在泵体的后部带有一个锥台,其轴线与外圆柱的轴线向下偏移 2.5mm,且带有一个⌀14 深 24 的盲孔(不通的孔)。在该圆柱体外部的左、右各带有一个⌀32 的圆台(轴线为侧垂线),圆台上均带有管螺纹通孔。由主视图和俯视图可知,泵体下方带有一个底板。底板的结构特征及底板与主体连接部分的结构特征在视图中均已表达清楚。这样,泵体的结构形状已完全分析清楚了。

　　(3)由图上所注尺寸并结合形体特征可以分析出,该零件长度方向尺寸基准是通过⌀98孔轴线的对称面,宽度方向尺寸基准是前端面,高度方向尺寸基准是下底面。

　　该零件的重要尺寸有:偏心距 2.5mm 是重要的定位尺寸;⌀98H7 是配合尺寸。对于这些重要尺寸,在加工时应予以保证。

　　(4)由图上所注表面粗糙度代号可知,泵体的前端面以及⌀98 孔的粗糙度参数值较小,是重要的表面,而其它表面要求较低。该零件为铸件,除加工表面外其余表面为不加工面。

　　综合以上各项分析对齿轮泵泵体的结构形状及技术要求就有了总体了解。

　　读零件图的过程,是一个综合应用所学知识的过程,只有多读多练,才能掌握读图方法。

第 10 章　装配图

10.1　装配图的作用和内容

　　装配图是用来表达机器(或部件)的工作原理、各零件之间的装配关系以及主要零件的基本结构的图样。在进行产品设计时,一般先画出装配图,再根据装配图画零件图,由零件图加工生产出零件,最后又按装配图将零件组装成部件(或机器)。因此,装配图是指导产品设计、检测、安装、使用和维修中必不可少的技术文件。图 10-1 所示是一齿轮油泵的装配图。

　　一张完整的装配图应具有下列内容:

　　(1)一组视图　用以表达机器或部件的工作原理、各零件之间的相对位置和装配关系,以及主要零件的基本结构。

　　(2)必要的尺寸　标注机器或部件性能规格的尺寸、零件间的配合尺寸、安装尺寸、外形尺寸及其它重要尺寸。

　　(3)技术要求　用文字简要说明机器或部件在装配、检验和调试等方面应达到的质量要求等。

　　(4)零件编号、明细表和标题栏　在装配图上要按一定顺序将各零件进行编号,并指明它们所在的位置,在明细表中相应地列出每个零件的序号、名称、数量、材料等。在标题栏中指明机器或部件的名称、图号、比例以及有关人员的签名等。

10.2　装配图的表达方法及装配结构

　　画装配图时,除了可采用零件图中已介绍过的各种视图、剖视图和断面图等表达方法外,还可采用下列规定画法和特殊表达方法。

10.2.1　规定画法

　　(1)接触面和配合面的画法　两相邻零件的接触面和配合面只画一条线。对于不接触面,即使间隙很小也必须画出两条线,如图 10-2 所示。

　　(2)剖面线的画法　相邻两零件的剖面线倾斜方向应相反。当三个零件相邻时,其中有两个零件的剖面线倾斜方向一致,但间隔应不等,如图 10-2 所示。在同一装配图中,同一零件的剖面线倾斜方向和间隔必须一致。

　　(3)剖视图中紧固件和实心零件的画法　对于紧固件和实心零件,如螺钉、螺栓、螺母、垫圈、键、销、球及轴等,若剖切平面通过它们的轴线时,则这些零件都按不剖绘制,如图 10-2 所示的轴和螺钉。

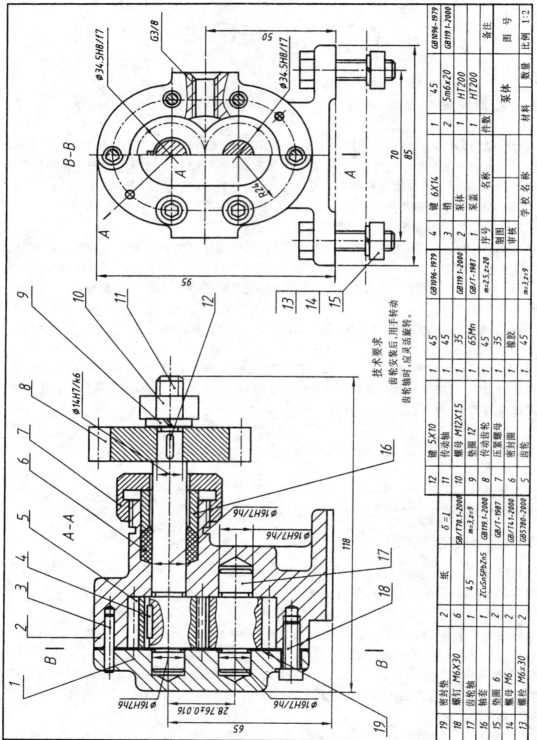

技术要求
齿轮安装后,用手转动
齿轮轴时,应灵活旋转。

图 10-1 齿轮油泵装配图

序号	名称	件数	材料	备注
4	键 6X14		45	GB1096-1979
3	销		5m6x20	GB119.1-2000
2	泵体	1	HT200	
1	泵盖	1	HT200	
序号	名称	件数	材料	备注

				图号	
	制图			比例	1:2
	审核				
	校	名称	学校名称		

12	键 5X10	2	45	δ=1
11	传动轴	1	45	GB/T70.1-2000
10	螺母 M12X1.5	1	35	m=3,z=9
9	垫圈 12	1	65Mn	GB119.1-2000
8	传动齿轮	1	45	GB/T1-1987
7	压紧螺母	1	35	GB/T41-2000
6	密封圈	1	橡胶	GB5780-2000
5	齿轮	1	45	m=2.5,z=20

19	密封垫	2	纸	
18	螺钉 M6X30	6		GB/T70.1-2000
17	齿轮轴	1	45	m=3,z=9
16	轴套	1	ZCuSn5PbZn5	
15	垫圈 6	2		GB119.1-2000
14	螺母 M6	2		GB/T41-2000
13	螺栓 M6x30	2		GB5780-2000

10.2.2 特殊表达方法

1. 沿结合面剖切或拆卸画法

在装配图中,可假想沿某些零件的自然分界面剖切,此时,在零件分界面上不画剖面线,如图10-1的B-B剖视图,就是沿泵体和垫片的分界面剖切后,画出的半剖视图,这时被切断的连接件的剖面仍要画剖面线。

该装配图的左视图,也可采用拆卸画法,即假想拆去左端盖后画出。由于左端盖、垫片和螺钉均已拆去,所以左视图上不用画出被假想拆去的零件,但要在视图上方注明"拆去等"。

2. 简化画法

(1)在装配图中零件的工艺结构,如圆角、倒角、退刀槽等允许省略不画。

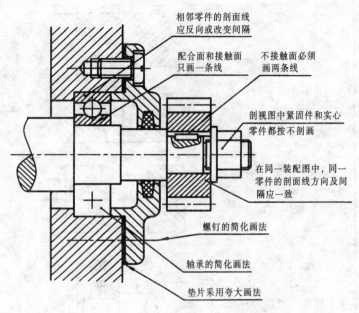

图10-2 装配图的规定画法和特殊表达方法

(2)对于若干相同的零件或零件组,可详细画出一组,其余只需用点划线表示其装配位置即可,如图10-2中的螺钉就是采用了这种画法。

(3)在装配图中,滚动轴承可按规定画法画出图形的一半,而另一半只需画出轮廓范围,并在轮廓范围内用细实线画一"十"字线,如图10-2所示的轴承画法。

3. 夸大画法

在装配图中,当画直径很小的孔或薄片零件时,若按它们的实际尺寸难以画出,此时可将该部分结构适当夸大画出,如图10-2中的垫片。

4. 假想画法

在装配图中,当需要表示某些零件的运动范围和极限位置时,可用双点划线画出该零件另一极限位置的轮廓。如图10-3所示。当需要表达本部件与相邻部件的装配关系时,也可用双点划线画出相邻部分的轮廓。

10.2.3 装配结构的合理性

为了保证机器和部件的装配质量,便于安

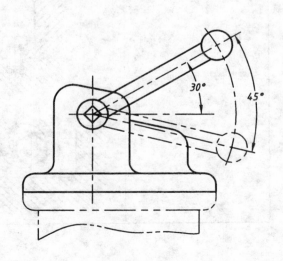

图10-3 假想画法

装和拆卸,在画装配图时,还应考虑装配结构的合理性,常见的装配结构如表 10-1 所示。

表 10-1　装配结构的合理性

说明	合理	不合理
两个零件在同一方向上只能有一对接触面		
两零件接触面的转角处应做成倒角、倒圆或凹槽,不应都做成直角或相同的圆角	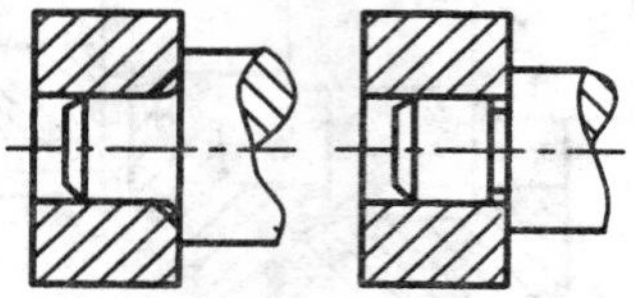	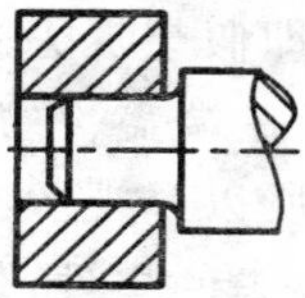
滚动轴承以轴孔或轴肩定位时,其高度应小于轴承内圈或外圈的厚度,以便于拆卸	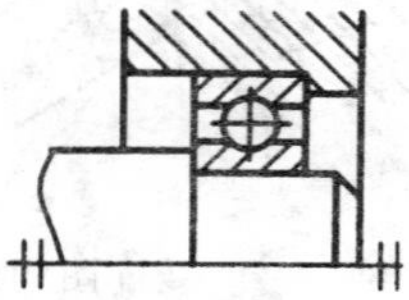	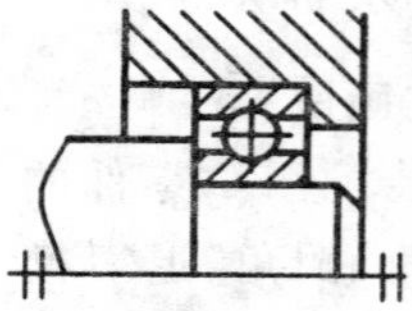
当用螺纹连接零件时,应考虑拆装的可能性及拆装时的操作空间	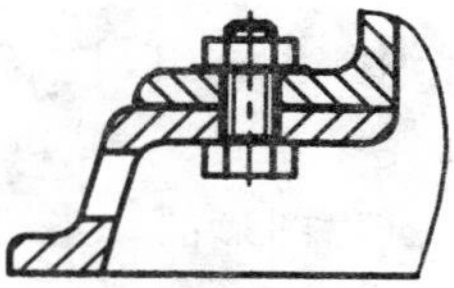	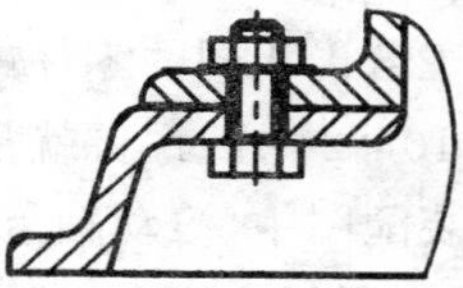

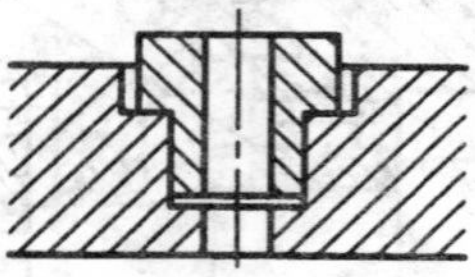

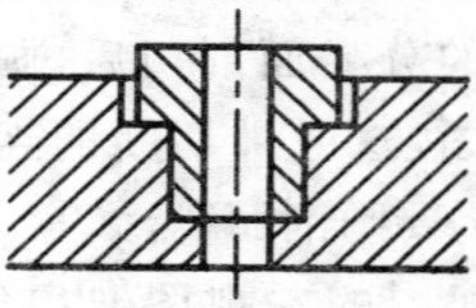

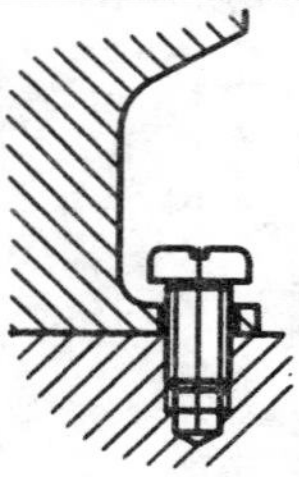

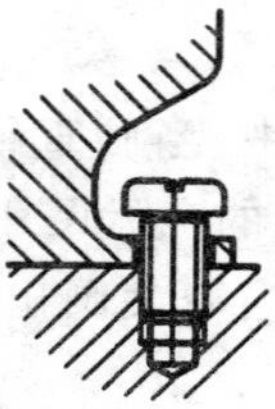

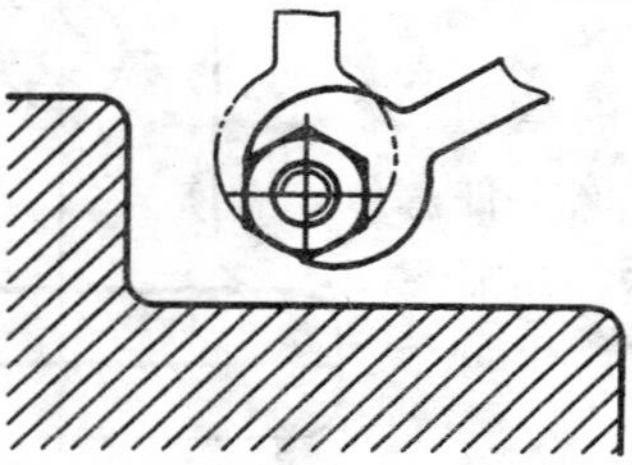

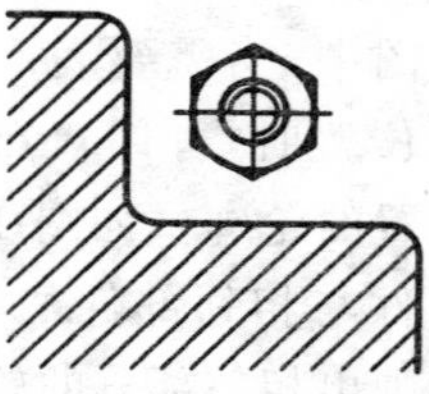

198

10.3 装配图的尺寸标注和零、部件序号及明细表

10.3.1 装配图的尺寸标注

在装配图上只需标注五类尺寸。现以图 10-1 为例说明装配图的尺寸标注。

(1)规格尺寸 它是表示机器或部件规格大小的尺寸,这些尺寸在设计时就已确定。如油泵的进油孔尺寸 G3/8。

(2)装配尺寸 表明零件之间装配关系的尺寸。它包括:配合尺寸、相对位置尺寸、在装配时需进行加工的尺寸等。如轴孔配合尺寸 $\varnothing16H7/h6$,齿轮与泵体配合尺寸 $\varnothing34.5H8/f7$,六个螺钉和两个销钉的分布尺寸 R24 等。

(3)安装尺寸 安装机器或部件时所需的尺寸。如泵体底座两螺栓间的距离尺寸 70。

(4)总体尺寸 表示机器或部件的总长、总宽和总高的尺寸。它为包装、运输和安装过程所占的空间大小提供了依据。如齿轮油泵的总长、总宽和总高尺寸分别为 118、85 和 95。

(5)其它重要尺寸 在设计中确定而又未包括在上述几类尺寸中的一些重要尺寸,如两齿轮轴间的中心距 28.76 ± 0.016,进出油孔的中心高 50,还有运动零件的极限尺寸等。

必须指出:不是每一张装配图都具有上述各种尺寸。在学习装配图尺寸标注时,要根据装配图的作用,结合所画装配体的具体情况,做到合理地标注各类尺寸。

10.3.2 零、部件的序号

为便于看图和图样管理,装配图中所有零、部件都必须统一编写序号。同一装配图中,每一个零、部件只编写一个序号,编写序号的方法如下:

(1)在所指的零、部件的可见轮廓范围内画一圆点,然后从圆点开始画指引线(用细实线),在指引线的另一端画一水平细实线(或圆),在水平线上(或圆内)注写序号。序号的字高应比图上的尺寸数字大一号或两号。对很薄的零件或涂黑的剖面,可在指引线末端画出箭头,指向该部分的轮廓,如图 10-4 所示的零件 6。

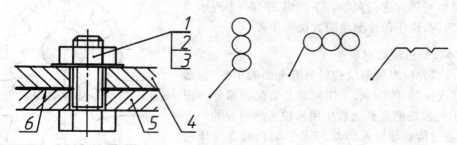

图 10-4 序号的编注形式

(2)引线之间不能相交,当它通过有剖面的区域时,不应与剖面线平行。必要时可将指引线画成折线,但只允许折一次。

(3)对于一组紧固件以及装配关系清楚的零件组,允许采用公共指引线的形式标注,如图 10-4 所示。

(4)零、部件序号应沿水平或垂直方向按顺时针(或逆时针方向)顺次排列整齐,并尽可能均匀分布。

10.3.3 明细表

明细表是机器或部件中全部零件的详细目录,明细表的内容和格式见图 10-5 所示。明细表画在标题栏上方,如位置不够,可在标题栏左边接着绘制。零、部件序号应自下而上填写,与图中的序号对应一致。对于标准件,应在零件名称一栏填写规定标记。

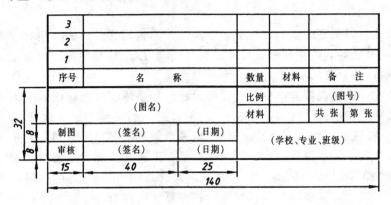

图 10-5 明细表的内容和格式

10.4 部件的测绘及装配图画法

10.4.1 部件测绘的方法与步骤

对已有部件进行整体测绘,由测绘的数据画出该部件的装配图和零件图,这个过程称为部件测绘。在对现有部件(或机器)进行维修和技术改造时,常常需要对部件进行测绘。下面以图 10-1 所示的齿轮油泵为例,说明部件测绘的方法与步骤。

1. 了解、分析测绘对象

测绘前首先应对所测绘的对象有全面的了解,包括了解部件(或机器)的用途、工作原理及装配关系等。图 10-1 所示的齿轮油泵是机器中用来输送润滑油的一个部件。它通过传动轴输入动力,依靠一对齿轮在泵体内作高速啮合传动,这时在啮合区的一侧产生局部真空,从而使压力降低,油池内的油在大气压的作用下,通过吸油口进入油泵的低压区内,随着齿轮的转动,齿槽中的油不断地沿着图 10-6 中所示的箭头方向被带到另一侧,将油通过出油口压出,并输送到机器中需要润滑的各个部位。

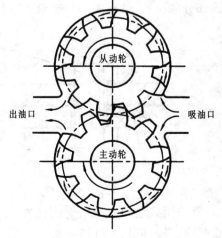

图 10-6 齿轮油泵的工作原理

传动轴是通过齿轮传递动力。齿轮(5)、齿轮(8)与传动轴(11)之间都采用键连接,因而在轴上加工有键槽。为了防止润滑油漏出,在泵盖与泵体之间加上垫片,在泵体与传动轴配合的部位采用了密封装置,通过压紧螺母调整轴套,将密封圈压紧,从而达到防漏的目的。泵体与泵盖用螺钉连接,吸油口和出油口均为管螺纹并与输油管连接。为了保持油泵中的油在一定的压力范围下正常工作,泵体的内腔形状是根据齿轮的外形加工的,并与齿轮有间隙配合(H8/f7)。为了保证传动平稳,轴与泵体和泵盖间都有配合要求,配合性质为间隙配合(H7/h6)。

2. 拆卸部件并画装配示意图

在了解部件工作原理及连接关系的基础上,将部件分组并依次拆卸,同时按专用件、常用件和标准件进行分类。将齿轮油泵分为三组:泵盖部分(包括螺钉、销钉、泵盖和垫片)为一组;泵体部分(包括泵体、齿轮、长、短轴和键)为一组;密封装置部分(包括压紧螺母、轴套和密封圈)为一组。拆卸顺序为:泵盖部分→密封装置部分→泵体部分。齿轮油泵中,螺钉、销钉、平键为标准件,齿轮为常用件,其它为专用零件。

在完成部件的拆卸工作后,画出部件的装配示意图。装配示意图是用简单的线条和机构运动简图符号(GB/T4460-1984)画出。以表达机器或部件的结构、装配关系、工作原理和传动路线等,可供画装配图时参考。图10-7为齿轮油泵的装配示意图。

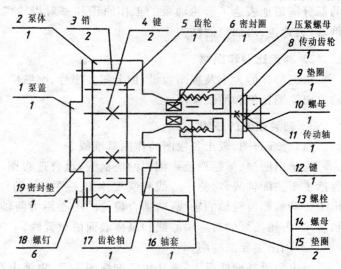

图 10-7 为齿轮油泵的装配示意图

3. 绘制零件草图

零件草图是画机器或部件装配图的主要依据,与零件图一样,其内容一定要齐全。除了标准件外,其余零件都要画出零件草图。绘制零件草图的方法与步骤,在零件图部分已经做了详细的论述,这里不再重复。

4. 根据零件草图绘制装配图和零件图

根据绘制的零件草图和装配示意图,就可画出该部件的装配图,然后由装配图绘制零件图。在画装配图过程中,如果发现零件草图上有什么问题,必须要做出修改,以保证正确地画出相应的零件图。

下面将详细讨论绘制装配图的方法。

10.4.2 画装配图的方法

现以图10-1所示的齿轮油泵为例,说明装配图的画图方法。

1. 确定表达方案

画装配图时,首先要确定部件的表达方案。主要应考虑如何更好地表达机器或部件的工作原理、装配关系及主要零件的基本结构。表达方案包括主视图的选择、视图数量的确定和表达方法的选择。

选择主视图时,部件的安放位置一般应与工作位置一致。当工作位置倾斜时,则将它放正,使主要装配轴线或主要安装面处于水平或垂直位置。为清楚地表达其装配关系,一般选择通过主要装配轴线的剖视图作为主视图。如图 10 - 1 所示,齿轮油泵是按工作位置放置,主视图采用全剖视图,剖切平面通过传动轴的轴线,用以表达各零件之间的装配关系。左视图采用沿结合面 B - B 半剖视图,未剖切部分清楚地表达了主要零件(泵体、泵盖)的外形轮廓,剖开的部分清楚地表达了齿轮油泵的工作原理和一对齿轮啮合的情况。在半剖视图中又取局部剖,以表达进、出油口的结构。

2. 确定比例和图幅

根据部件的大小及视图数量,加上零件序号、明细栏、尺寸标注及技术要求等所需的区域,确定出绘图比例和图纸幅面。

3. 画装配图的步骤

(1)合理布图,画出各视图的作图基准线

先画出图框、标题栏及明细栏的底稿线,再合理布图,画出各视图的作图基准线。基准线包括主要装配轴线、对称中心线和装配体上主要零件的作图基准线。如图 10 - 8(a)所示,画出了传动轴和齿轮轴的轴线(两啮合齿轮的中心距为两轴线的距离)、传动轴上起定位作用的轴肩线、齿轮油泵的对称中心线和泵体底面的位置线。

(2)画出主要剖视图

画出主要基准线后,一般从主要剖视图入手,先画出在主要装配轴线上起定位作用的零件的视图,沿着主要装配轴线从内到外(或由外向内)依次画出其它零件。在画主要剖视图时,应根据零件的结构特点,几个视图配合进行。如齿轮油泵应从主视图入手,先画出传动轴,然后以传动轴的轴肩为基准画出安装在该轴上的齿轮,再画出与其啮合的另一齿轮轴,如图 10 - 8(b)所示;最后画出泵体、泵盖和传动轴上的其它零件,如图 10 - 8(c)所示。由于泵体、泵盖外形轮廓特征在左视图中反映较多,因此画泵体、泵盖的外形时,应先从左视图画起,再完成主视图。

(3)画其它零件,并保证装配结构的合理性

当绘制完主要装配轴线上的零件后,再将其它装配结构——画出。如图 10 - 8(d)所示,画出键、销钉和螺钉等其它零件。

(4)完成装配图

底稿打完后,要进行检查、描深、画剖面线并标注尺寸。最后编写零、部件序号以及填写明细栏、标题栏和技术要求等。

最终完成的齿轮油泵装配图如图 10 - 1 所示。

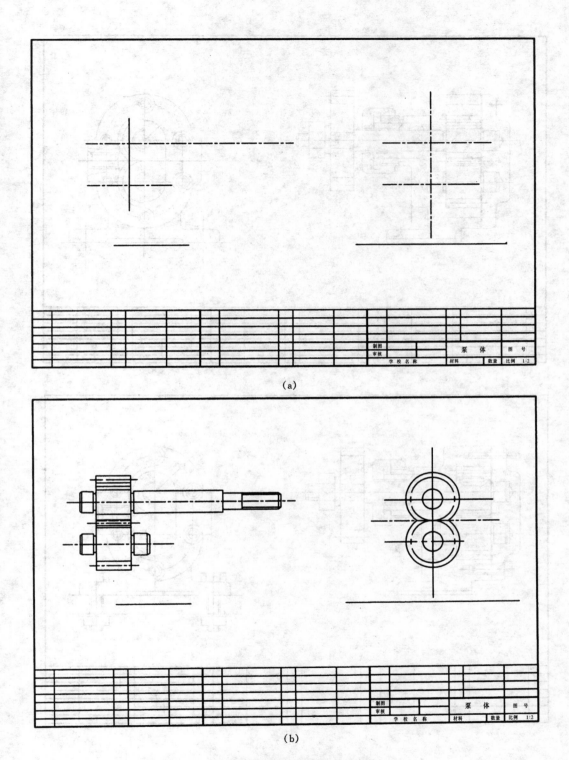

(b)

图 10-8 齿轮油泵装配图的画图步骤(1)

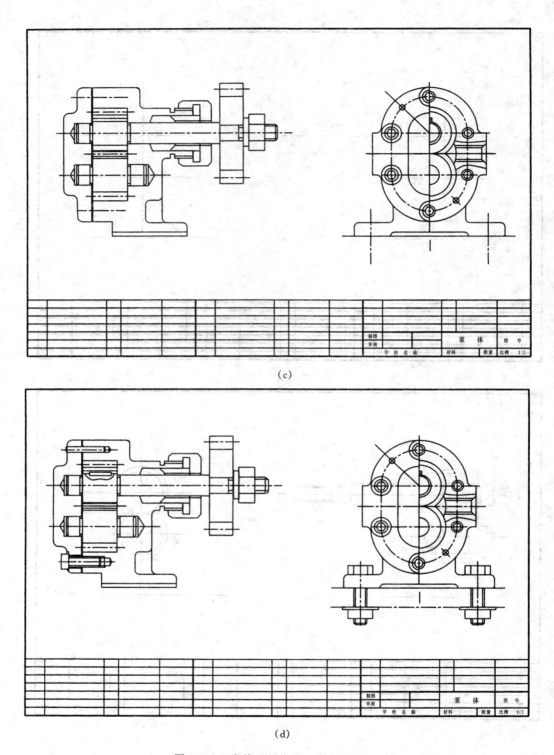

(c)

(d)

图 10-8　齿轮油泵装配图的画图步骤(2)

10.5 看装配图和拆画零件图

10.5.1 看装配图的方法

看装配图的目的是了解部件的用途、性能和工作原理,弄清该部件中各零件之间的装配关系,以及它们的拆卸顺序,分析各个零件的结构形状和作用,为设计绘制零件图作好准备。

下面以图 10 - 9 所示球芯阀装配图为例,说明看装配图的基本方法。

1. 了解部件的名称、用途、性能和工作原理

通过看标题栏和明细表,了解部件的名称、用途、零件的数量及类型。该部件的名称是球芯阀,它是安装在管道系统中的一个部件,用于开启和关闭管路,并能调节管路中流体的流量。其工作原理是,当球阀处于图 10 - 9 所示的位置时,阀门为全开状态,管路内流体的流量最大。当扳手 7 按顺时针方向旋转时,阀门逐渐关闭,流量逐渐减少,当转过 90°时(图 10 - 9 中双点划线所示的位置),球芯便将通孔全部挡住,阀门全部关闭。球芯阀的轴测图如图 10 - 10 所示。

2. 分析视图,了解各零件之间的装配关系

通过对装配图中各视图表达方法的分析,了解各视图之间的投影关系。在图 10 - 9 球芯阀的装配图中,共有三个视图。

主视图采用全剖视图,表达了主要装配干线的装配关系,即:阀体、球芯和阀体接头等水平装配轴线和扳手、阀杆、球芯等铅垂装配轴线上各零件之间的装配关系,同时也表达了部件的外形。

左视图为 A - A 半剖视图,表达了阀体接头与阀体连接时四个双头螺柱的分布情况,并补充表达了阀杆与球芯的装配关系。因扳手在主、俯视图中已表达清楚,图中采用了拆卸画法,从而显示出阀杆顶端的一条凹槽,这条凹槽与球芯上 ∅20 通孔的方向一致,因而可根据它看出扳手在任意位置时球芯通孔的方向。

俯视图主要表达球芯阀的外形,并采用局部剖视图来说明扳手与阀杆的连接关系及扳手与阀体上定位凸块的关系。扳手的运动有一定的范围,图中画出了它的一个极限位置,另一个极限位置用双点划线画出。

要了解各零件的装配关系,通常可以从反映装配轴线的那个视图入手。例如,在主视图上,通过阀杆这条装配轴线可以看出,扳手与阀杆是通过四方头相装配的,压紧螺套与阀体是通过 M24×1.5 的螺纹来联接的。压紧螺套与阀杆是通过 ∅14H11/d11 相配合的。密封环与阀杆是通过圆柱面相接触的,旋紧压紧螺套,以压紧密封环,起密封作用。阀杆下部的圆柱上铣出了两个平面,头部呈圆弧形,以便嵌入阀芯顶端的槽内。阀体接头与阀体是通过四个 M12×25 螺柱连接,以压紧密封圈,起密封作用。

通过以上分析即可总结出球阀的装配顺序是,先在水平装配轴线上从阀体的左端,装入右边的密封圈、阀芯、左边的密封圈、调整垫片,然后装上阀盖,再旋入上双头螺柱和螺母。在垂直装配轴线上装入阀杆、密封圈,用压紧螺套压紧密封环,最后装入扳手。

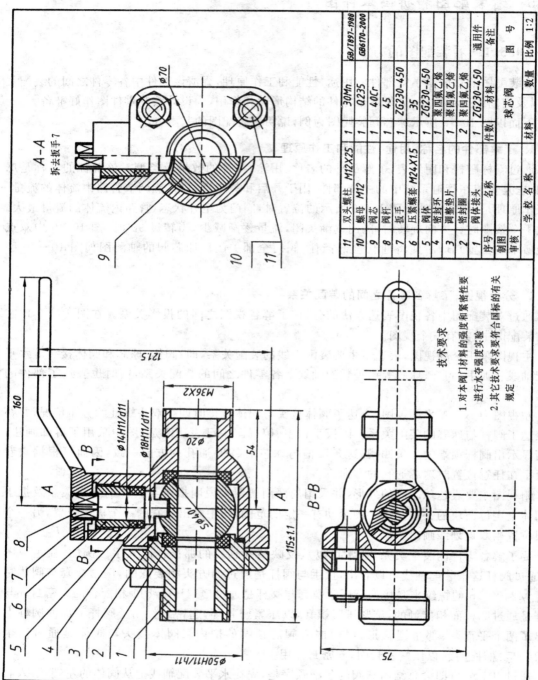

11	双头螺柱 M12×25	1	30Mn	GB/T897-1988
10	螺母 M12	1	Q235	GB6170-2000
9	阀芯	1	40Cr	
8	阀杆	1	45	
7	扳手	1	ZG230-450	
6	压紧螺套 M24×1.5	1	35	
5	阀体	1	ZG230-450	
4	密封环	1	聚四氟乙烯	
3	调整垫片	1	聚四氟乙烯	
2	密封圈	2	聚四氟乙烯	
1	阀体接头	1	ZG230-450	通用件
序号	名称	件数	材料	备注
制图			球芯阀	图号
审核		学校名称	数量	比例 1:2

A-A
拆去扳手7

B-B

技术要求

1. 对本阀门材料的强度和紧密性要
   进行水冷强度实验
2. 其它技术要求要符合国标的有关
   规定

图 10 - 9　球芯阀装配图

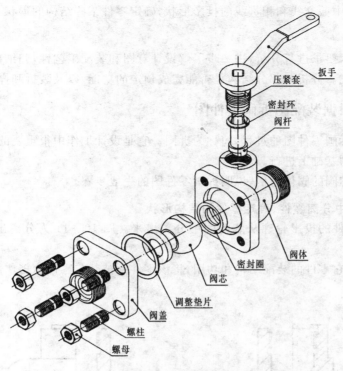

图 10-10　球芯阀的轴测分解图

3. 分析尺寸

认真分析装配图上所注的尺寸,这对弄清部件的规格、零件间的配合性质以及外形大小等均有着重要的作用。例如,图中 $\varnothing 20$ 是球阀的通孔直径,属于规格尺寸;$\varnothing 50$ H11/h11、$\varnothing 14$H11/d11、$\varnothing 18$H11/d11 是配合尺寸,说明该三处均为基孔制间隙配合;54、$\varnothing 70$、M36×2 是安装尺寸;115±1.1、75、121.5、160 是外形尺寸;$S\varnothing 40$ 则是零件的其它重要尺寸。

4. 分析各零件的结构形状

看图时可先看标准件和结构形状简单的零件(如回转轴、传动件等),后看结构复杂的零件。这样先易后难地进行看图,既可加快分析速度,还为看懂形状复杂的零件提供方便。

分析零件结构形状的关键问题,是将零件的投影轮廓从装配图中分离出来,为此应注意以下几方面问题:

(1)按明细栏中零件的序号,从装配图中找到该零件的所在位置。如由明细栏知道序号1是阀体接头,再从装配图中找到序号1所指的零件位置,利用各视图间的投影关系,根据"同一零件的剖面线方向和间隔在各视图中都相同"的规定画法,确定零件在各视图中的轮廓范围,即可大致了解到该零件的结构形状。

(2)根据视图中配合零件的形状、尺寸符号(SR、$S\varnothing$、$\varnothing$),确定零件的相关结构形状。如:从阀体配合尺寸 $\varnothing 14$H11/d11,可确定压紧螺套中间有一圆柱孔、阀杆中间部分为圆柱体等。也可利用配对连接结构相同或类似的特点,确定配对连接零件的相关部分形状。如:阀体左端为带圆角的四方板(75×75),其上面有四个螺纹孔,螺纹孔定形尺寸为 M12,定位尺寸为$\varnothing 70$。

(3)根据视图中截交线和相贯线的投影形状,确定零件某些结构的形状。

5. 总结归纳

最后要对技术要求进行分析,进一步了解设计意图和装配工艺性,归纳出部件的装拆顺序及运动的传递方式。分析各部分结构是否能完成预定的功能,以及装拆和操作是否方便等。

10.5.2 根据装配图拆画零件图

根据装配图拆画零件图的过程,简称为拆图。它是设计工作中很重要的一个环节,拆图应该在看懂装配图的基础上进行。

现以拆画球芯阀的阀体为例,说明拆画零件图的一般步骤。

1. 从装配体中分离零件,确定零件的结构形状

(1)将所拆零件的投影轮廓从装配图中分离出来。图 10–11 为分离出的阀体各视图轮廓。

(2)根据与其它零件的装配结构和功用,将该零件上被其它零件遮挡住部分的结构形状的投影补画出来。

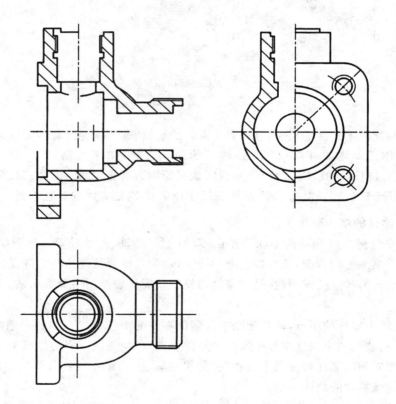

图 10–11　分离出的球芯阀阀体的各元件图轮廓

2. 确定零件的视图表达方案

由于装配图的重点是表达部件的工作原理和装配关系,不一定完全符合表达零件的要求。因此拆图时,要确定零件的视图表达方案,必须结合该零件的形状特征、工作位置或加工位置

208

等来统一考虑,不能简单地照搬装配图中的表达方案。

但在多数情况下,装配体中的主要零件(如箱座类零件)的主视图可以与装配图一致。这样在装配机器时,便于对照。如球芯阀的阀体零件,主视图就是与装配图主视图一致。对于轴套类零件,一般按加工位置选取主视图,如球阀的阀杆等。

装配图中并不一定能把每个零件的结构形状全部表达清楚。因此在拆图时,还需根据零件的装配关系和加工工艺上的要求,如铸件壁厚要均匀等进行再设计。

此外,装配图上未画出的工艺结构,如:圆角、倒角、退刀槽等,在零件图上都必须详细画出。这些工艺结构的参数必须符合国家标准的有关规定。

总之,拆画出的零件图要符合零件的表达原则。

3. 零件图上的尺寸

拆画零件图时,其标注尺寸的基本要求仍然是完整、清晰、合理。

具体应注意以下四个方面的问题:

(1)装配图上标注的尺寸,必须直接移注到零件图上。因为这些尺寸是设计和加工中必须保证的重要尺寸(包括装配图上明细栏中填写的尺寸)。如图 10－12(a)阀体零件图中,尺寸$\varnothing 50H11$、$M36 \times 2$、$\varnothing 20$、75×75、54、$\varnothing 70$ 等都是从装配图上直接移注下来的。

(2)对于零件上的标准结构,例如:螺纹、倒角、退刀槽、键槽等尺寸,都应查阅有关的机械设计手册来确定。

(3)需经计算确定的尺寸,例如,齿轮的分度圆、齿顶圆直径等,要根据装配图所给的齿数、模数,经过计算后标注在零件图上。

(4)相邻零件的相关尺寸要一致。例如阀体与阀体接头的连接板外形尺寸75×75、阀体上螺纹孔与阀盖上安装螺柱的通孔的定位尺寸$\varnothing 70$ 都应保持一致。

(5)装配图上未标注的尺寸,则要根据部件的性能和使用要求确定。一般可以从装配图上按比例直接量取,并将量得的数值取整。

还应注意,根据零件的设计和加工要求选择恰当的尺寸基准。

4. 关于零件图上的技术要求

技术要求在零件图中占有重要地位,它直接影响零件的性能质量。但是正确制定技术要求,涉及到许多专业知识,本书不作进一步介绍。目前采取的办法是查阅有关的机械设计手册或参考同类型产品的图纸来类比确定。

最后,必须对所拆画的图样进行仔细校核。校核的主要内容有,每张零件图的视图、尺寸、表面粗糙度和其它技术要求是否完整、合理。有装配关系的尺寸是否与装配图上相同,零件的名称、材料、数量、图号等是否与明细表一致等。图 10－12(a)、(b)是拆画球芯阀部件中的部分零件图。

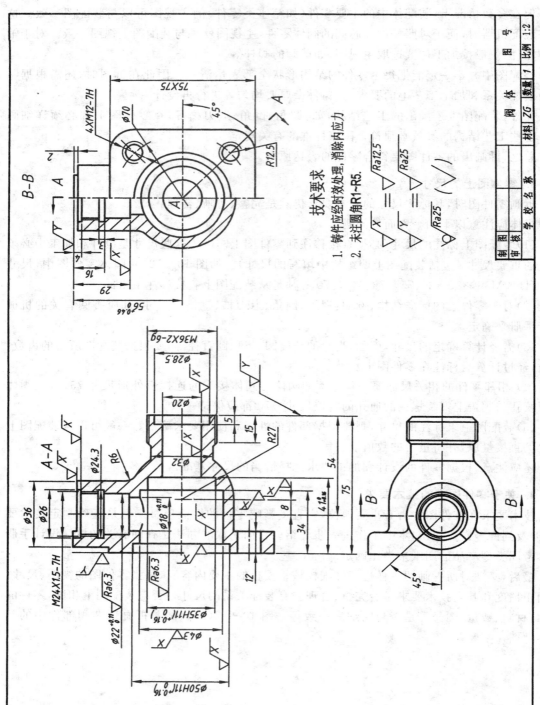

技术要求

1. 铸件应经时效处理，消除内应力。
2. 未注圆角R1~R5.

图 10 – 12　球芯阀阀体的零件图(a)

210

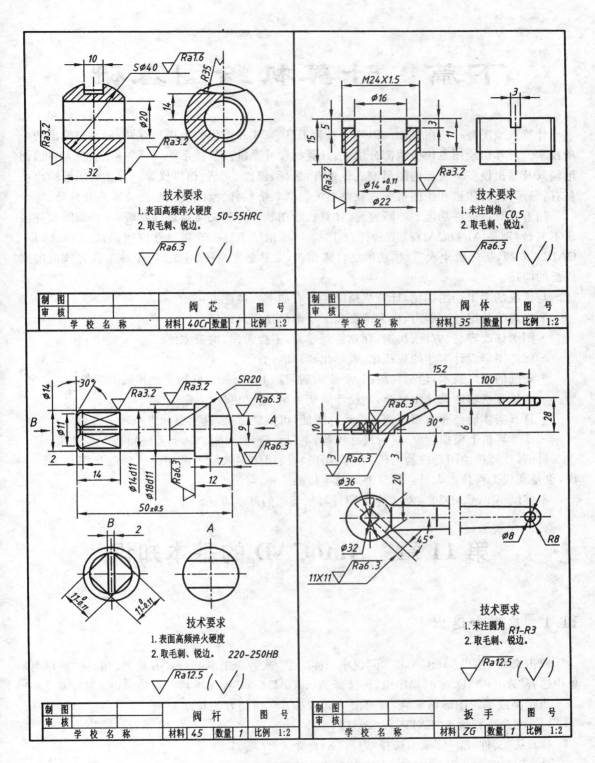

图 10-12 球芯阀阀体的零件图(b)

下篇　计算机绘图基础

计算机绘图是一门研究如何以计算机为工具,来实现图形的生成与存储、显示与输出的一项技术。计算机绘图系统由两部分组成:计算机硬件系统及软件系统。硬件系统包括主机、图形输入及输出设备。常见的图形输入设备有:鼠标、键盘、光笔、扫描仪等。常见的图形输出设备有:显示器、打印机和绘图机等。软件系统包括系统软件、绘图应用软件及客户软件等。

随着计算机硬件功能的不断完善,计算机绘图软件得到突飞猛进的发展,各种绘图软件层出不穷,特别是 AuToCAD 绘图软件自 1982 年推出了 R1.0 版到现在应用最广泛的 AuToCAD2006 版,历经数十次升级,功能已日臻完善,尤其是在机械、建筑、电子等工程领域内得到广泛的应用。

与传统的手工绘图相比,计算机绘图主要有如下一些优点:

- 高速的数据处理能力,极大地提高了绘图的精度及速度;
- 图形修改容易、方便、快速,存储管理容易,不会污损,携带方便;
- 促进图形设计工作的规范化、系列化和标准化;
- 先进的网络技术,包括局域网、企业内联网和 Intemet 互联网上的传输共享等;
- 与计算机辅助设计相结合,使设计周期更短,速度更快,方案更完美;
- 具有实体造型和曲面造型三维设计功能,可实现渲染、真实感和虚拟现实等效果;
- 在计算机上模拟装配,进行尺寸校验,不仅可避免经济损失,而且还可以预览效果。

目前,计算机绘图已成为科研、教育、国防和民用诸多领域不可缺少的辅助绘图和设计手段,也是现代工程技术人员必须掌握的基本技能之一。

本书以 AutoCAD2006 版本来介绍计算机绘图的基本方法。

第 11 章　AutoCAD 的基本知识

11.1　启动和退出

双击桌面上的"AutoCAD2006"程序图标"■",或者单击 window"开始"按钮,从"程序"菜单中选择"AutoCAD2006"程序组,再选择 AutoCAD2006"程序项均可启动 AutoCAD2006。

当绘制或编绘图形结束后,要退出 AutoCAD,常用的方法有:

(1) 在命令行输入"EXIT"或"QUIT"命令。

(2) 从"文件(E)"菜单中选择"退出(X)命令。

(3) 用鼠标单击 AutoCAD 窗口右上角的关闭图标"■"。

11.2 AutoCAD 的工作界面

启动 AutoCAD 后，系统即进入 AutoCAD2006 的工作界面。其工作界面主要由：标题栏、菜单栏、工具栏、绘图窗口、十字光标、坐标系图标、命令行、状态栏等部分组成，如图 11-1 所示。

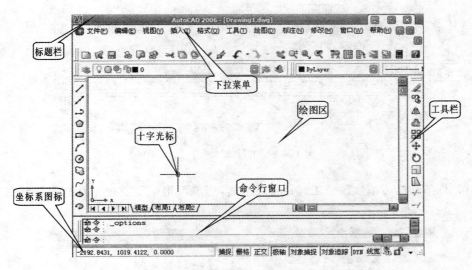

图 11-1　AutoCAD2006 的工作界面

1. 标题栏

标题栏位于程序窗口的最上方，显示 AutoCAD 程序图标及当前所操作的图形文件名称。左上角显示的是 AutoCAD2006 系统名称及打开的图形文件的名称，右上角是该文件的窗口管理按钮（其操作和 Windows 窗口的操作相同）。

2. 下拉菜单和光标菜单

下拉菜单提供了 AutoCAD 的大部分命令，并按不同的命令类型组织在不同的下拉菜单中。通过逐层选择相应的下拉菜单，可以激活 AutoCAD 命令或相应的对话框。在 AutoCAD 中有 11 个下拉菜单，分别为：[文件]、[编辑]、[视图]、[插入]、[格式]、[工具]、[绘图]、[标注]、[窗口]和[帮助]。凡是下拉菜单中有三角形符号的菜单项，表示还有子菜单，如图 11-2 所示，凡是选择下拉菜单中有"……"符号的菜单项，则出现一个对话框。

另一种形式的菜单是光标菜单，当单击鼠标右键时，在光标的当前位置上将出现光标菜单。光标菜单提供的命令与光标的位置，也与 AutoCAD 的当前状态有关。例如，把光标放在绘图区域单击右键，与把光标放在工具栏上再单击右键，打开的光标菜单是不一样的。如图 11-3 所示，为光标放在绘图区域单击右键打开的光标菜单。

3. 工具栏

工具栏是一些常用命令的集合。AutoCAD2006 中提供了多种标准化的工具栏。在默认界面中，只显示 6 种工具栏：[标准]、[样式]、[图层]、[对象特性]、[绘图]和[修改]。工具栏的调用，可通过光标移到任何一工具栏，点击右键，出现一个快捷菜单，如图 11-4 所示，通过勾

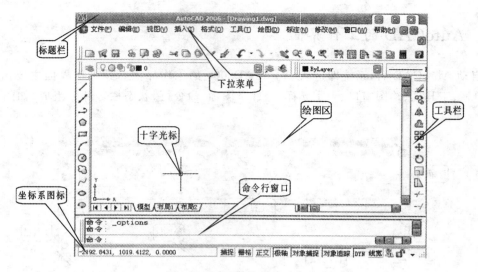

图 11-2　下拉菜单和子菜单

选"工具栏"标签前的方框实现。工具栏是浮动的,用户可根据需要把工具栏拖放到窗口的任意位置。

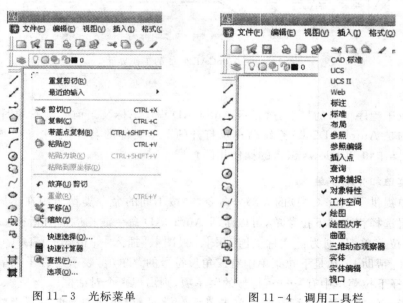

图 11-3　光标菜单　　　　　　　　图 11-4　调用工具栏

4. 绘图窗口

绘图窗口是用来绘制、显示和编辑图形的区域。在绘图窗口的左下角有一个坐标系图标,表示当前绘图所使用的坐标系的形式和坐标轴的方向。缺省情况下,AutoCAD 使用世界坐标系。如果有必要,用户也可以通过 UCS 命令建立自己的坐标系。

5. 命令提示窗口

命令提示窗口位于程序窗口的底部,是显示 AutoCAD 的各种命令和显示信息提示的地

214

方。该窗口是用户与 AutoCAD 进行命令交互的窗口。绘图时用户应密切关注该窗口提示的信息。缺省情况下，命令提示窗口仅显示三行，用户也可根据需要改变其大小，方法同改变 Windows 窗口大小的方法类似。

6. 滚动条

滚动条位于程序窗口的右边及底边，拖动滚动条上的滑块或单击两端的三角形箭头，可以使绘图窗口中的图形，沿水平或垂直方向滚动显示。

7. 状态栏

状态栏位于程序窗口的最底部，用于显示当前的绘图状态。其左边显示当前光标的坐标，中间有 8 种辅助绘图按钮，它们分别是："捕捉"、"栅格"、"正交"、"极轴"、"对象捕捉"、"对象追踪"、"线宽"和"模型"，右边是通讯中心和状态栏菜单中的状态托盘设置。绘图时正交、对象捕捉和对象追踪这三项功能最常用。要启用状态栏的某一项功能，只需将光标指向某一状态，单击鼠标左键，按钮凹下即为启用了该功能；单击鼠标左键，按钮弹起即为关闭了该功能。

11.3 图形文件管理

管理图形文件一般包括创建新文件，打开已有的图形文件，保存文件及浏览，搜索图形文件等，以下分别进行介绍。

1. 建立新图形文件

命令启动方法：

- 下拉菜单：[文件]/[新建]。
- 工具栏：[标准]工具栏中⬜的按钮。
- 命令：NEW。

启动新建图形命令后，弹出创建新图形对话框，如图 11-5 所示。

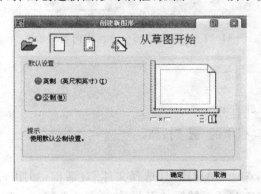

图 11-5 创建新图形对话框

其中各项按钮含义如下：

⬜按钮：指使用"缺省"设置新建图形文件，在选择好采用英制或公制后，点取"确定"按钮，即可进入 AutoCAD 绘制图形。

⬜按钮：指"使用样板"设置新建的图形文件环境，其所具有的环境和指定的样板文件相

215

同。使用样板可以减少大量的重复的图形设置工作,如图 11 - 6 所示。

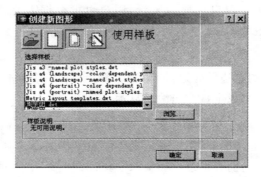

图 11 - 6　创建新图形——使用样板对话框

AutoCAD 提供的样板文件按不同的制图标准分为六大类:GB 为我国标准、ISO 为国际标准、ANSI 为美国标准、DIN 为德国标准、JIS 为日本标准及公制标准。在每一类制图标准的样板文件中一般都有五种幅面(A0~A4)提供选择。

按钮:指"使用向导"设置新建的图形文件环境。"向导设置"包含"快速设置"和"高级设置"两种方式,用户可以根据其内容进行设置。如图 11 - 7 所示。

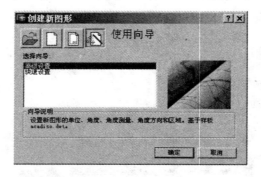

图 11 - 7　创建新图形——使用向导对话框

2. 打开图形文件

命令启动方法如下。

- 下拉菜单:[文件]→[打开]。
- 工具栏:[标准]工具栏中的" "按钮。
- 命令:OPEN。

启动打开图形命令后,AutoCAD 弹出[选择文件]对话框,如图 11 - 8 所示。该对话框与微软公司 Office 2000 中相应对话框的样式及操作方式是类似的。用户可直接在对话框中选择要打开的文件,或是在"文件名"栏里输入要打开文件的名称(可以包含路径)。此外,还可在文件列表框中通过双击文件名打开文件。该对话框顶部有"搜索"下拉列表,左边有文件位置列表,可利用它们确定要打开文件的位置并打开它。

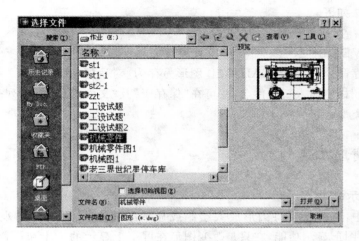

图 11-8　打开"图形文件"对话框

3. 保存图形文件

将图形文件存入磁盘一般采取两种方式：一种是以当前文件名保存图形，另一种是指定新文件名存储图形。

（1）快速保存

命令启动方法如下。

- 下拉菜单：[文件]→[保存]。
- 工具栏：[标准]工具栏中的"　　"按钮。
- 命令：QSAVE。

发出快速保存命令后，系统将当前图形文件以原文件名直接存入磁盘，而不会给用户任何提示。若当前图形文件名是缺省名且是第一次存储文件时，则 AutoCAD 弹出[图形另存为]对话框，如图 11-9 所示，在此对话框中用户可指定文件存储位置、文件类型及输入新文件名。

（2）赋名存盘

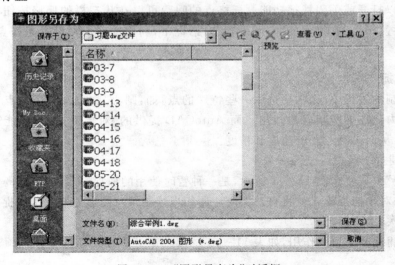

图 11-9　"图形另存为"对话框

命令启动方法如下。

- 下拉菜单:[文件]→[另存为]。
- 命令:SAVEAS。

启动换名保存命令后,AutoCAD 弹出[图形另存为]对话框,如图 11－7 所示。用户在该对话框的"文件名"栏中输入新文件名,并可在"保存于"及"文件类型"下拉列表中分别设定文件的存储目录和类型。

11.4 绘图辅助工具

1. 图形的显示命令

在绘图过程中,有时需要将图形放大绘制或显示细部构造,有时却要观看图形的全貌。AutoCAD 提供的图形显示功能,它只是改变图形在屏幕上显示的大小和位置,而并未改变图形的实际大小和实际空间位置,大大方便了用户观察和绘制图形的需要。常用的显示命令有:实时缩放、实时平移和窗口缩放,如图 11－10 所示。

（1）实时缩放（ZOOM）:实时缩放如同摄像机的变焦镜头,图形随着光标的移动而缩放。

（2）实时平移（PAN）:实时平移可以改变图形在窗口中的位置,而不改变图形的大小。实时平移移动的只是图形视口,并非真正改变图形的空间位置。

（3）窗口缩放（ZOOM）:窗口缩放时,系统会提示定义窗口的两个对角点,命令执行后将会把两对角点所确定的矩形范围内的图形放大到全屏。

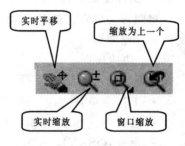

图 11－10　显示命令按钮

2. 栅格与捕捉

在 AutoCAD 中,栅格是由一系列排列规则的光栅点阵组成的一种可见位置参考图标,它类似于坐标纸,有助于定位。栅格捕捉功能是使光标在指定的栅格点上移动。单击状态栏上的捕捉按钮可以打开或关闭捕捉功能。栅格点的间距可以在状态栏的栅格按钮上,单击鼠标右键,选择"设置（S）"。在显示的"草图设置"对话框中,利用选项卡来设置光栅点的行距和列距。

3. 对象捕捉

在图形绘制的过程中,经常要选取一些特殊的点,如:圆心、交点、端点、中点和垂足等,这些点靠人的眼力往往不能精确地找出。而 AutoCAD 提供的"对象捕捉"功能能迅速、准确地捕捉到这些点,从而提高绘图的速度和精度。

（1）对象捕捉工具栏

"对象捕捉"工具栏如图 11－11 所示,是一种暂时使用的捕捉模式。当选择某一按钮捕捉某一点后,这一对象捕捉模式就将自动关闭。假如当绘制某一图形需要分别捕捉三个点时,就需分别点取三次。

常见对象捕捉的类型及作用,如表 11－1 所示。

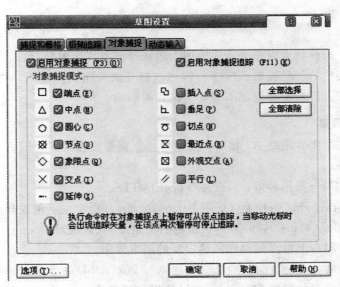

对象捕捉

图 11-11　"对象捕捉"工具栏

表 11-1　常见对象捕捉的类型及作用

图标按钮	对象捕捉名称	对象捕捉标记	作用说明
	端点捕捉	□	捕捉对象的端点
	中点捕捉	△	捕捉对象的中点
	交点捕捉	✕	捕捉两对象的交点
	圆心捕捉	○	捕捉圆、圆弧或椭圆的圆心
	象限点捕捉	◇	捕捉圆、圆弧或椭圆的象限点
	切点捕捉	○	捕捉圆、圆弧或椭圆的切点
	垂足捕捉	⊾	捕捉对象的垂足

(2)设置隐含对象捕捉

这种对象捕捉模式能自动捕捉到预先设定的特殊点,它是一种长效使用的捕捉模式。

在状态栏的"对象捕捉"按钮上,单击鼠标右键,选择"设置(S)",显示"草图设置"对话框,再选择"对象捕捉"选项卡,如图 11-12 所示。"对象捕捉模式"有 13 种类型供选择,捕捉标记如前所述。用户可任选一种、几种或选取"全部选择"按钮。用"全部清除"按钮可清除所选对象,单击"确定"按钮确定设置,关闭该对话框。当设置多种捕捉类型时,将出现多个捕捉点,例

图 11-12　"草图设置"对话框中的"对象捕捉"选项卡

如使用"端点"和"交点"两种模式,可用〈Tab〉键在端点和交点之间切换。

4. 极轴

极轴追踪可以在预先设定的极轴角度上根据提示精确移动光标,实现快速定位。单击状态栏上的"极轴"按钮,可以打开或关闭极轴追踪功能。

极轴追踪的角度设置,可以在状态栏的"极轴"按钮上单击鼠标右键,选择"设置(S)",将显示图 11－13 所示的"草图设置"对话框,可利用该选项卡进行设置。

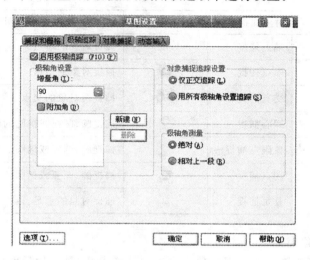

图 11－13 "草图设置"对话框中的"极轴追踪"选项卡

5. 对象追踪

对象追踪可以沿着基于对象捕捉点的辅助线方向移动光标,实现快速定位。单击状态栏上的对象追踪按钮可以打开或关闭对象追踪功能。在启用对象追踪功能之前,必须首先打开对象捕捉功能。

6. 正交

正交模式用于选择是否以正交方式绘图。当选择该方式绘图时,可以绘制与 X、Y 轴平行的线段。单击状态栏"正交"按钮或按〈F8〉键可以打开或关闭正交模式。当正交模式打开时,从键盘上输入点或进行对象捕捉都不受正交模式的影响。

7. 设置绘图界限

缺省状态下的绘图界限是 A3 幅面。用户可根据需要设置绘图界限。

命令输入方法:

* 格式菜单(O)→图形界限(A)或命令行:LIMITS。
* 指定左下角或[开(ON)/关(OFF)]〈0.00,0.00〉:(指定左下角或开/关〈默认值〉)
* 指定右上角点〈420.00,297.00〉:(指定右上角点〈默认值〉)

即输入左下角和右上角点的坐标值确定新的图形界限。

设置图形界限后,一般要在命令状态下,输入"Z"(ZOOM)命令,再选择"A"(ALL)选项,即在屏幕上显示刚设置的图幅全貌。AutoCAD 提供的栅格点,只限定在绘图界限内。设置绘图界限完全是为了限定一个绘图区域,便于控制绘图及图形的输出。

系统默认为"OFF"状态,即不进行图形界限校核,图形绘制允许超出界限的范围。当输入"ON"时,允许进行图形界限校核,即限制点位在图形界限以内。

11.5 绘图的基本操作方法

1. 命令的输入方法
AutoCAD 提供的命令输入的常用方法有以下三种:

(1)利用下拉菜单输入　用鼠标点击下拉菜单中的绘图菜单,再选取不同的绘图命令。

(2)利用工具栏输入　用鼠标点击工具栏上的不同图标,可输入不同的绘图命令。

(3)利用键盘输入　在命令行窗口中的"命令"提示下,输入相应命令的全称或简称后回车,即可执行该命令。键盘是输入文本对象、精确坐标值及各种命令参数值的唯一方法。

2. 命令的重复输入
如需重复执行前一步所执行过的命令时,可以在命令提示状态下直接回车即可,或在绘图区单击鼠标右键,选择快捷菜单中的"重复"命令。

3. 终止命令的方法
如需结束正在执行的命令,可按"Esc"键来终止命令的执行。

4. 对象的选择方法
在进行图样的绘制、编辑修改时,经常需要从所绘制的图形中,选择某些要进行操作的图元对象(如直线、圆、圆弧、文字等),此时十字光标变成一个小方框(又称拾取框)。AutoCAD提供了多种选择对象的方式,常用的选择方式有以下几种:

(1)直接点选　将拾取框移动到需要选取的对象上点击鼠标,此时该对象以虚线方式显示,表明其已被选中,如图 11-14(a)所示,直线 1 被选取。

(2)窗口方式　当系统出现"选择对象"提示时,用户在图形元素的左上角或左下角附近点击一点,然后从左向右拖动鼠标,此时完全落在此两点所确定的矩形范围内的对象均被选中。如图 11-14(b)所示,圆和直线 1 被选取。

(3)交叉窗口方式　当系统出现"选择对象"提示时,用户在图形元素的右上角或右下角附近点击一点,然后从右向左拖动鼠标,此时不仅完全落在此两点所确定的矩形范围内的对象均被选中外,而且与窗口边界相交的对象也将被选中。例如图 11-14(c)所示,圆和直线 1、2、3均被选取。

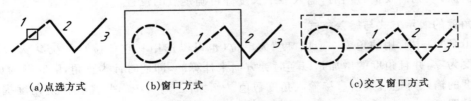

(a)点选方式　　　(b)窗口方式　　　　　　(c)交叉窗口方式

图 11-14　对象的选择方法

(4)全选。当系统出现"选择对象"提示时,从命令行键入"ALL",当前图形文件中所有内容均被全部选取。

11.6 数据的输入方法

在执行 AutoCAD 命令时,系统经常会提示要求输入某些数据如:坐标点、直径(或半径),距离和角度等,因此有必要了解 AutoCAD 中数据的表示方式和输入方法。

1. 点的表示方式

缺省情况下,绘图窗口的坐标系是世界坐标系,用户在屏幕左下角可以看到表示世界坐标系的图标。该坐标系 X 轴是水平的,Y 坐标是垂直的,Z 轴则垂直于屏幕(正方向指向屏幕外)。二维绘图时,只需在 XY 平面内指定点的位置(这时将 Z 坐标视为 0)。点的位置坐标的表示方式有两种:直角坐标(X,Y)和极坐标(极半径,极角)。在直角坐标中又分为:绝对直角坐标和相对直角坐标。同样在极坐标中也分为绝对极坐标和相对极坐标。绝对坐标值是指目标点相对于原点的坐标值。相对坐标值是指目标点相对于当前点的坐标值。

绝对直角坐标的输入格式是:"X,Y"。如果输入某点的坐标值是"20,30",表示该点相对于原点的 X 坐标值是 20,Y 坐标值是 30。

相对直角坐标的输入格式是:"@X,Y"。如果输入某点的坐标值是"@20,30",表示该点相对于当前点的 X 坐标值是 20,Y 坐标值是 30。

绝对极坐标的输入格式是:"R<α"。如果输入某点的坐标值是"20<30",表示该点相对于原点的距离是 20,该点同原点的连线与 X 轴正向的夹角是 30°。

相对极坐标的输入格式是:"@ R<α"。如果输入某点的坐标值是"@20<30",表示该点相对于当前点的距离是 20,该点同当前点的连线与 X 轴正向的夹角是 30°。

2. 点的输入方法

AutoCAD 提供了四种准确输入点的坐标的输入方法:

(1) 利用键盘输入点的坐标值(可按相对坐标输入也可按绝对坐标输入)。

(2) 利用光标在屏幕上拾取点:在系统提示输入点时,也可用鼠标拖动十字光标到需要的位置直接点击鼠标左键来输入点,点击鼠标时光标的位置即为输入点的坐标值。

(3) 利用对象捕捉确定点:在绘制图形时,经常会遇到有些点的位置有赖于其它一些特殊点的位置,若用坐标输入法就很难满足其要求,而用光标直接在屏幕上拾取点,又不能保证点的精确位置,这时可利用目标捕捉迅速而精确地确定所需要点的位置。

(4) 利用方向距离法确定点:打开状态栏中的[正交]或[极轴],利用正交或极轴锁定方向,将光标移动到需要的方向后,输入一个长度即可确定点的位置。

3. 角度的表示方式与输入格式

AutoCAD 中所用的角度一般以"度"为单位(也可以选用其它单位),系统默认 X 轴的正方向角度为零,并且角度的增加是以逆时针方向来计算的,即逆时针为正角,顺时针为负角。

角度的输入可通过键盘直接输入角度数值。例如:要输入 30°,只需在指定角度提示符下输入"30"即可。

4. 距离和其它数据的输入

当系统提示要求输入距离或半径、直径等数据时,可以直接从键盘输入相应的数值。

思考题

1. AUTOCAD 用户界面主要由哪几部分组成？

2. 请讲述状态栏中 8 个控制按钮的主要功能。

3. 调用 AUTOCAD 命令的常用方法有哪几种？

4. 如何重复执行上一个命令？

5. 如何取消正在执行的命令？

6. 如何打开、关闭和移动工具栏？

7. 利用[标准]工具栏上的哪些按钮可以来快速缩放和移动图形？

8. 什么是绝对坐标？什么是相对坐标？用计算机输入时应如何表达？

9. 在绘图或编辑图元时，选择对象的常用方法有几种？它们的区别是什么？

10. 如何创建一幅 A3 幅面、单位为公制，图名为"平面图形练习"的新图？

第 12 章　AutoCAD 2006 绘制二维图形

12.1　基本绘图命令

AutoCAD 的绘图工具栏中提供了常用的基本绘图命令,如图 12-1 所示。利用这些命令可以绘制各种基本平面图形。

图 12-1　绘图工具栏

1. 直线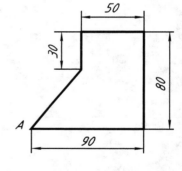

通过确定线段的两个端点,或确定一个端点后在给定直线的方向上的一个位移来得到直线段。端点的确定除了输入其坐标外,往往依据一定的约束条件,通过对象捕捉等方式得到。

利用直线命令既可以绘制单条直线,又可以绘制一系列的
连续直线。在连续绘制两条以上的直线时,可在"指定下一点"
提示符下输入 C 形成闭合折线。

例如:绘制图 12-2 所示图形,操作如下:

命令:－line 指定第一点:A
指定下一点或[放弃(U)]:@90,0
指定下一点或[放弃(U)]:@0,80
指定下一点或[放弃(U)]:@－50,0
指定下一点或[放弃(U)]:@0,－30
指定下一点或[放弃(U)]:C(或@－40,－50)

图 12-2　画直线段

2. 结构线

结构线是既无起点又无终点的无限长直线。在作图时,常被用作辅助线。利用结构线可以绘制水平线、垂直线或与水平方向成一定角度的直线,还可以用来等分角度。

3. 多段线

多段线是由多个线段(直线或圆弧)组合而成的单一图形实体,允许各段图线具有不同的宽度,封闭的多段线可通过查询命令计算其面积和周长。

利用多段线命令,按照提示选择适当的选项就可以画出不同宽度的直线、圆弧或封闭图形,如图 12-3 所示。

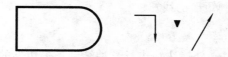

图 12-3 绘制多段线

4. 圆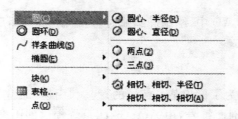

AutoCAD 提供了 6 种绘制圆的方法,如图 12-4 圆的下级子菜单所示。画圆时,可根据画圆命令,按照提示选择适当的选项或选择下拉菜单绘图/圆(C)项并单击下级子菜单实现。

图 12-4　绘图菜单中作圆的子菜单

5. 圆弧

AutoCAD 提供了 11 种绘制圆弧的方法,如图 12-5 圆弧的下级子菜单所示。画圆弧时,可根据画圆弧命令,按照提示选择适当的选项或选择下拉菜单绘图/圆弧(A)项并单击下级子菜单实现。

图 12-5　绘图菜单中作圆弧的子菜单

6. 矩形 □

AutoCAD 中,绘制矩形时仅需提供其两个对角点的坐标就可绘制出所需矩形,还可设置一些选项,得到具有一定性质的矩形,这些选项包括:

(1) 倒角(C):设置矩形四个角的倒角。

(2) 标高(E):设置绘制矩形时的 Z 平面,但在平面视图中显示不出。

(3) 圆角(F):设置矩形四个角的圆角半径。

(4) 厚度(T):设置矩形厚度,即 Z 轴方向的高度。

（5）宽度（W）：设置绘制矩形的线宽。

7．正多边形

AutoCAD 提供了内接法、外接法和边长三种绘制正多边形的方法，绘制正多边形时，按照提示输入相应的数据并选择需要的选项，即可得到所需要的正多边形。

8．椭圆和椭圆弧

（1）绘制椭圆 。AutoCAD 中，椭圆的形状主要由其中心、长轴和短轴三个参数来确定。绘制椭圆时，可通过椭圆命令，按照提示输入相应的数据并选择需要的选项，即可得到所需要的椭圆。

（2）椭圆弧 。AutoCAD 中，绘制椭圆弧时，先绘制椭圆，然后通过椭圆弧的起始角和终止角来确定椭圆弧。

9．图案填充

在大量的的工程图上，为了标识某一区域的意义和用途，通常将这一区域填充某种图案，例如剖视图中断面图上的剖面符号，用 AutoCAD 系统提供的图案填充可方便地实现这一功能。

当执行图案填充命令后，系统将弹出"边界图案填充"对话框，如图 12－6 所示，该对话框用以确定图案填充的图案、填充的区域以及填充方式等内容。

图 12－6　"边界图案填充"对话框

（1）点击"样例"将弹出"填充图案选项板"对话框，如图 12－6 所示，选取所需填充的图案，点击"确定"按钮，返回"填充图案选项板"对话框。

（2）点击"选取点"或"选择对象"，在欲填充图案的对象内点击或选取填充图案的对象后，点击"确定"即可完成图案填充。

此外，"选择图案填充"对话框中，"角度"下拉列表框用于指定填充图案中的线条与当前

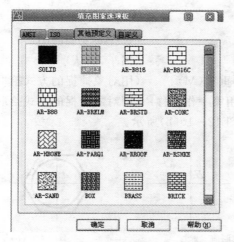

图 12-7 "填充图案选项板"对话框

"UCS"的 X 轴的夹角;"比例"下拉列表框用于指定填充图案的比例系数,用户可以根据图纸要求和审美要求调整比例系数,以使图案稀疏或紧密,如图 12-8 所示。

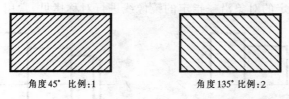

角度45° 比例:1　　　　　　　　角度135° 比例:2

图 12-8　不同角度和不同比例时的填充效果

12.2　基本编辑命令

AutoCAD 提供了丰富的图形编辑功能,利用这些功能可以快速、准确地绘制各种基本图形,熟练掌握 AutoCAD 的编辑命令是提高绘图效率的重要手段。AutoCAD 的修改工具栏提供了常用的编辑命令,如图 12-9 所示。

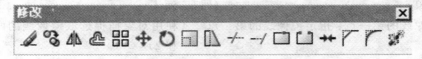

图 12-9　修改工具栏

1. 删除对象 ✏

删除命令用于将不需要的图形对象删除。删除时,先选择要删除的对象,按回车键即可。

2. 复制对象 🐾

复制命令用于在当前图形中复制单个或多个对象。在具体操作时,基点的选取非常重要,因为它是实现精确定位复制的保证。

　　例 12-1　将图 12-10(a)中的图形复制到 B 处。

227

命令：_copy

选择对象：　　　　　　　　　　　　　（选择要复制的图形）

选择对象：　　　　　　　　　　　　　（回车,确认）

指定基点或位移,或者［重复(M)］　　（用对象捕捉的方式拾取 A 点）

指定位移的第二点或〈用第一作位移〉（用对象捕捉的方式拾取 B 点）

即可完成定位复制,如图 12－10(b)所示。

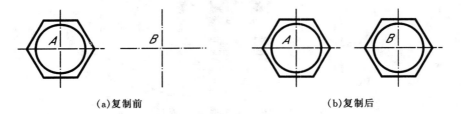

(a)复制前　　　　　　　　　　　　　　　　(b)复制后

图 12－10　复制对象示例

3. 镜像复制对象

镜像命令可以将选定的对象沿一指定的镜像线进行对称拷贝,常用于绘制对称图形。

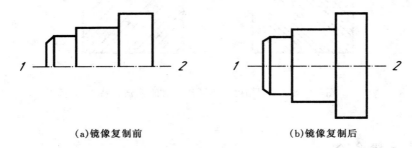

(a)镜像复制前　　　　　　　　　　　(b)镜像复制后

图 12－11　镜像复制对象示例

例 12－2　将图 12－11(a)中的图形沿 1、2 镜像线进行镜像复制。

命令：_mirror

选择对象：　　　　　　　　　　　　（利用窗选选取要镜像复制的图形对象）

选择对象：　　　　　　　　　　　　（回车,确认）

指定镜像线的第一点：指定镜像线的第二点　　（利用对象捕捉选取镜像线的两个端点 1
　　　　　　　　　　　　　　　　　　　　　　和 2)

是否删除源对象？［是(Y)/否(N)］〈N〉（回车选默认值,不删除原对象）

即可完成如图 12－11(b)所示的对称图形。

4. 偏移对象

偏移命令常用于生成相对于已有对象的平行直线、平行曲线、同心圆或多边形。

例 12－3　将图 12－12(a)所示的图形等距偏移 8 mm。

命令：_offset

指定偏移距离或［通过(T)］〈1.0000〉：8　　　（设置偏移距离为 8)

选择要偏移的对象或〈退出〉：　　　　　　　（选择直线）

228

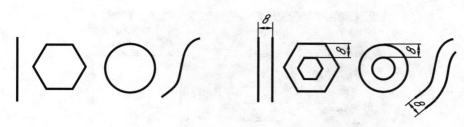

(a)偏移前   (b)偏移后

图 12-12   偏移对象示例

指定点以确定偏移所在一侧：   (在要偏移的一侧任选一点)
选择要偏移的对象或〈退出〉：   (选择正六边形)
指定点以确定偏移所在一侧：   (在要偏移的一侧任选一点)
选择要偏移的对象或〈退出〉：   (选择圆)
指定点以确定偏移所在一侧：   (在要偏移的一侧任选一点)
选择要偏移的对象或〈退出〉：   (选择曲线)
指定点以确定偏移所在一侧：   (在要偏移的一侧任选一点)
选择要偏移的对象或〈退出〉：   (回车,确认)

即可完成如图 12-12(b)所示的图形的等距偏移效果。

5. 阵列复制对象

阵列命令可以将选定的对象生成按一定规律排列的相同的图形。阵列分为矩形阵列和环形阵列两种。下面通过举例说明阵列的操作方法。

例 12-4   将图 12-13(a)所示图形以行间距 38,列间距 42 进行 2 行 4 列的矩形阵列的方式进行排列。

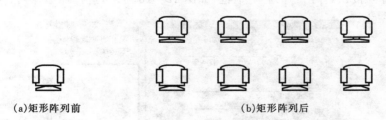

(a)矩形阵列前   (b)矩形阵列后

图 12-13   矩形阵列示例

具体操作步骤如下：

(1) 点击阵列按钮,弹出"阵列"对话框,如图 12-14 所示,选择矩形阵列。

(2) 在"阵列"对话框中点击选择对象按钮,选择阵列对象。

(3) 返回"阵列"对话框,设置行数为 2,列数为 4,行偏移为 38,列偏移为 42,阵列角度为 0,如图 12-14 所示。

(4) 点击"确定",即可生成如图 12-13(b)所示的阵列结果。

注意:行、列偏移为正,阵列方向向右和向上;行、列偏移为正,阵列方向向左和向下。

例 12-5   将图 12-15(a)所示图形以 A 点为中心进行数目为 6 的环形阵列的方式进行排列。

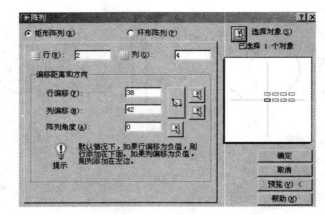

图 12-14 "阵列"对话框

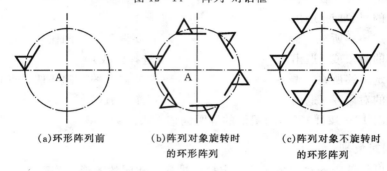

(a)环形阵列前　　　　(b)阵列对象旋转时　　　(c)阵列对象不旋转时
　　　　　　　　　　　　　的环形阵列　　　　　　的环形阵列

图 12-15 环形阵列示例

具体操作步骤如下：

(1)点击阵列按钮,弹出"阵列"对话框,如图 12-16 所示,选择环形阵列。

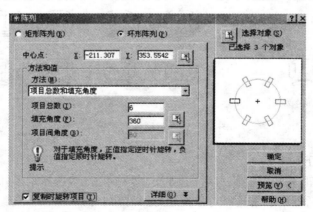

图 12-16 "阵列"对话框

(2)在"阵列"对话框中点击选择对象按钮,选择阵列对象。

(3)返回"阵列"对话框,点击中心点按钮,拾取中心点 A。

(4)返回"阵列"对话框,设置项目总数为 6,填充角度为 360,同时将"复制时旋转项目"复选框选中,点击"确定",即可生成如图 12-15(b)所示的阵列结果;如果不选择"复制时旋转项

230

目"复选框,点击"确定",则生成如图 12－15(c)所示的阵列结果。

6. 移动对象 ✥ 和旋转对象 ⟳

移动命令用于将选定的对象从当前位置移动到一个新的位置,而不改变图形的大小和方向 ,如图 12－17 所示。旋转命令用于将选定的对象绕一指定点旋转一定的角度,如图 12－18 所示。

(a)移动前　　　　　　　　　(b)移动后

图 12－17　移动对象示例

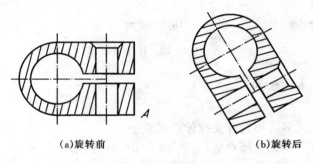

(a)旋转前　　　　　　　　　(b)旋转后

图 12－18　旋转对象示例

例 12－6　将图 12－17(a)所示的圆从 A 处移到 B 处。

命令:_move

选择对象:找到 1 个(选择圆)

选择对象:(回车,确认)

指定基点或位移:指定位移的基点 A,再指点目标点 B(利用对象捕捉选取移动基点 A 和目标点 B)。即可完成把圆从 A 处移到 B 处,如图 12－17(b)所示。

例 12－7　将图 12－18(a)所示的的图形绕 A 旋转－60°。

命令:_rotate

选择对象:指定对角点:找到 1 个

指定基点:指定基点 A

指定旋转角度或［参照(R)］:－60。

即可完成如图 12－18(b)所示的旋转结果。

7. 比例缩放

比例缩放命令用于将图形按指定的比例放大或缩小。也可以按参照其它对象进行缩放。

命令格式和操作如下:

命令:_scale

选择对象:(选择要缩放的对象)

选择对象:(回车,确认)

指定基点:(指定缩放基点)

指定比例因子或[参照(R)]:2(指定缩放的比例因子或参照)

即可得图 12-19(b)所示图形。

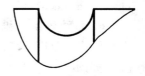

(a)比例缩放前 (b)比例缩放后

图 12-19 比例缩放对象

8. 拉伸

拉伸用于调整图形的大小和位置。如图 12-20(a)所示。

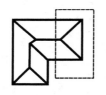 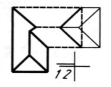 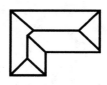

(a)选择拉伸对象   (b)拉伸过程   (c)拉伸结果

图 12-20 拉伸对象

命令格式和操作方法如下:

命令:_stretch

以交叉窗口或交叉多边形选择要拉伸的对象…

选择对象:(以窗交模式选择对象,如图 12-20(a)中所示)

选择对象:(回车,确认)

指定基点或位移:(指定基点 1)

指定位移的第二个点或〈用第一个点作位移〉:(指定基点 2)

即可生成如图 12-20(b)所示的拉伸结果。

9. 修剪

修剪命令用于将对象上超出边界的多余部分剪切掉。

命令格式和操作方法如下:

命令:_trim

选择剪切边...

选择对象:指定对角点:找到 5 个(用点选或窗选方式选择欲剪切边的边界)

选择对象:(回车,确认)

选择要修剪的对象,或[投影(P)/边(E)/放弃(U)](选择被剪切的边)

即可生成如图 12-21(b)所示图形。

10. 延伸

延伸命令用于将对象的一个(或两个端点)延伸到指定的边界。

命令格式和操作方法如下:

命令:_extend

选择对象:找到 1 个(选择延伸对象的边界)

(a)原图   (b)修剪结果

图 12-21　修剪对象

选择对象:(回车,确认)

选择要延伸的对象,或 [投影(P)/边(E)/放弃(U)]:(选择直线)

选择要延伸的对象,或 [投影(P)/边(E)/放弃(U)]:(选择圆弧)

即可生成如图 12-22(b)所示图形。

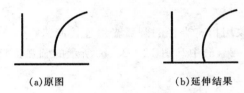

(a)原图   (b)延伸结果

图 12-22　延伸对象

11. 打断

打断命令用于将选定的对象一分为二或去掉其中的一部分,如图 12-23 所示。

(a)打断前   (b)打断后

图 12-23　打断对象

命令格式和操作如下:

命令:_break 选择对象: (选择对象时拾取 A 点)

指定第二个打断点或 [第一点(F)]:   (拾取 B 点)

即可生成如图 12-23(b)所示图形。

12. 倒角

倒角命令用于将相交(或隐含相交)的两直线倒角。

命令格式和操作如下:

命令:_chamfer

("修剪"模式) 当前倒角距离 1 = 0.0000,距离 2 = 0.0000

选择第一条直线或 [多段线(P)/距离(D)/角度(A)/修剪(T)/方式(M)/多个(U)]:d

指定第一个倒角距离〈0.0000〉:5

指定第二个倒角距离〈5.0000〉:3

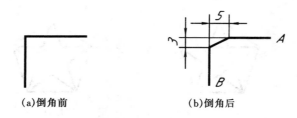

(a)倒角前   (b)倒角后

图 12 - 24 倒角

选择第一条直线或［多段线(P)/距离(D)/角度(A)/修剪(T)/方式(M)/多个(U)］：

           （选择直线 A）

选择第二条直线：   （选择直线 B）

即可完成如图 12 - 24 所示的两直线的倒角。

13. 倒圆

倒圆命令用于将两对象用指定半径的圆弧光滑连接起来。

例 12 - 8 完成图 12 - 25(a)中和图 12 - 25(b)所示的圆弧连接。

倒圆前   倒圆后   倒圆前   倒圆后

(a)   (b)

图 12 - 25 倒圆

命令：FILLET

当前设置：模式 = 修剪,半径 = 0.0000

选择第一个对象或［多段线(P)/半径(R)/修剪(T)/多个(U)］：r（设置半径）

指定圆角半径〈0.0000〉:5   （指定圆角半径为5）

选择第一个对象或［多段线(P)/半径(R)/修剪(T)/多个(U)］：（选择圆弧或直线）

选择第二个对象：   （选择圆弧或直线）

即可完成图 12 - 25(a)中和图 12 - 25(b)所示的圆弧连接。

14. 炸开

炸开命令用于将多段线、多线、尺寸标注、块、图案填充等对象分解为若干对象,以便修改。

命令格式：

命令：_explode

选择对象： （选择要分解的对象）

选择对象： （回车,确认）

即将选择对象分解。

234

12.3　图层、颜色、线型和线宽的设置

　　图层是 AutoCAD 的重要绘图工具之一,它像一张没有厚度的透明纸,可以在上面绘制图形。一幅图形中,既有各种线型要素,如粗实线、细实线、点划线、虚线等,又有尺寸、文字、图例符号等要素,为了便于组织和管理图形的各种要素,AutoCAD 绘制图形时设置多个图层,各层之间完全对齐,每种相同的图形要素放在同一图层上,这些图层叠放在一起就构成了一幅完整的图形。每个图层用户可以设置相应的图层名、颜色、线型、线宽及打印样式,同时,还可以通过图层控制开关来控制各自的显示/关闭、冻结/解冻、锁定/解锁、打印/不打印,从而方便绘图和编辑。应用时激活图层特性管理器,在弹出的"图层特性管理器"对话框中,可进行如新建图层、设置各图层特性和状态等操作,如图 12-26 所示。

图 12-26　"图层特性管理器"对话框

　　点击"🐾"按钮:用于创建新图层。
　　点击"✖"按钮:用于删除选定的图层。
　　点击"✔"按钮:用于显示和设置当前的图层。
　　在对话框的详细信息栏中,用户可以设置当前图层的名称、颜色、线型和线宽。点击颜色图标,打开"选择颜色"对话框设置颜色,如图 12-27 所示。点击线型图标,打开"线型管理器"对话框设置线型,如图 12-28 所示。当"线型管理器"对话框中没有所需线型时,可点击对话框中的"加载"按钮打开"加载或重载线型"对话框,从中选择所需线型,如图 12-29 所示。点

图 12-27　"选择颜色"对话框

235

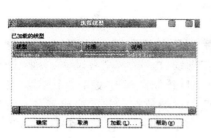
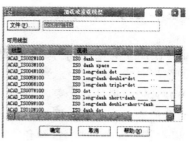

图 12-28 "线型管理器"对话框　　图 12-29 "加载或重载线型"对话框　　图 12-30 "线宽"对话框

击线宽图标,打开"线宽"对话框设置线宽,如图 12-30 所示。

12.4　特性编辑

AutoCAD 中每个图形对象都有自己的特性,如颜色、线型、线宽、样式、大小等等这些特性有的是共有的,有的是专用的,通过特性编辑,可以方便地编辑修改。

1. 特性编辑

选取该命令后,出现如图 12-31 所示的对话框,可以直观地修改所选对象的特性,如改变图素的图层、颜色、线型等特性,还可以更改尺寸的数值及公差等。

2. 特性匹配

利用特性匹配命令,可以将某对象图素的特性修改成另一对象图素的特性。

12.5　文本标注 A

文字普遍存在于工程图样中,如技术要求、标题栏、明细栏以及尺寸标注时注写的尺寸数值等内容,因此必须掌握 AutoCAD 在图中注写文字的方法。

图 12-31 "特性编辑"对话框

1. 文本类型的设置

文本类型的设置可通过直接输入命令 Style 或选择菜单格式/文字样式后,系统将弹出如图 12-32 所示"文字样式"对话框,在此对话框中可建立新的文字样式名,可对文字的字体、字高、宽度系数、倾斜角度等参数进行设置。

在工程图样中,国标对数字和汉字的书写有严格的规定,因此在进行文本标注时,首先应设置文本类型。对我国用户而言,应设置汉字和数字两种类型,汉字采用宋体,高宽比系数为 0.75,数字采用 isocp. shx 或 gbeitc. shx 格式,倾斜角度(与竖直方向)成 15°。

图 12-32 "文字样式"对话框

2. 文本的输入

(1)多行文字

该命令主要用于输入多行文本。激活该命令后,根据提示先选定要书写文字范围的两个对角点,出现如图 12-33 所示的"多行文字编辑器"对话框,通过该对话框可对字体、字高、对齐方式等特性进行设置,在文字输入窗口输入文字内容后,点击"确定"按钮,即可在屏幕的指定位置显示输入文字。

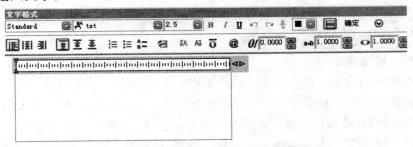

图 12-33 "多行文字编辑器"对话框

(2)输入单行文字

单行文字是一种书写位置灵活的文字输入方法,所点位置即为书写位置。

命令:_dtext

当前文字样式:sz 当前文字高度:5.6558

指定文字的起点或 [对正(J)/样式(S)]:s   (设置文字样式或文字的对正方式)

输入样式名或 [?]〈sz〉:hz

当前文字样式:hz 当前文字高度:2.5000

指定文字的起点或 [对正(J)/样式(S)]:

指定高度〈2.5000〉:5

指定文字的旋转角度〈0〉:

输入文字:制图　审核　西安工程科技学院

输入文字:按键盘上的"Enter"回车,结束命令。

另外,对键盘上不能直接输入的特殊字符,AutoCAD 提供了控制码来注写特殊字符。常见的特殊字符控制码有:

%%C:用于生成"∅"直径符号。

%%D:用于生成"°"角度符号。

%%P:用于生成"±"对称偏差符号。

%%%:用于生成"%"百分比符号。

%%O:用于打开或关闭文字的上划线。

%%U:用于打开或关闭文字的下划线。

12.6 尺寸标注

图形仅表达了物体的形状,其大小需通过所标注的尺寸来确定。AutoCAD系统提供了一系列完整的尺寸标注命令,标注尺寸时,系统将自动测量实体的大小标注在尺寸线上,若不想采用测量值,也可以通过命令提示选项输入新的尺寸文本。为了便于尺寸标注的统一和绘图的方便,在AutoCAD中标注尺寸时应该遵循以下基本准则:

(1)设置专用的尺寸标注图层。

(2)设置供尺寸标注用的文字样式。

(3)设置按国家标准规定的尺寸标注样式。

(4)标注尺寸时应该充分利用对象捕捉功能准确标注尺寸,可以获得正确的尺寸数值。为了便于修改尺寸标注,应该设定成关联的。

1. 设置尺寸标注样式

AutoCAD中没有直接提供符合国标的尺寸标注样式,因此需要自行设置符合国标的尺寸标注样式。通过工具条、下拉菜单或标注样式命令,打开"标注样式管理器"对话框,如图12-34所示,用户利用此对话框直观地设置尺寸标注样式。在"标注样式管理器"对话框中,可以根据缺省样式"ISO-25"作为基础样式进行修改设置,也可选择"新建"按钮,弹出"创建标注样式"对话框,如图12-35所示,新建样式名为"副本ISO-25"(可改其它名)。先选择"所有标注",再点击"继续",弹出"新建尺寸标注样式副本ISO-25"对话框的选项卡,如图12-36所示,利用此选项卡可以对新建的标注尺寸样式进行以下修改。

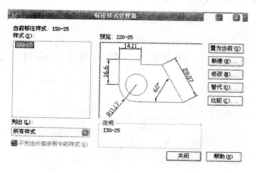

图12-34 "标注尺寸样式管理器"对话框   图12-35 "创建新标注样式"对话框

（1）直线和箭头

点击"直线和箭头"按钮,弹出"新建标注样式"直线和箭头设置对话框,如图12-36所示,利用该对话框的选项卡,可以进行基线间距(基线标注中两尺寸线之间的距离)、尺寸界线中起点偏

238

移量、尺寸界线中起点偏移量、尺寸界线中超出尺寸线距离和箭头的大小和形式等内容的设置。

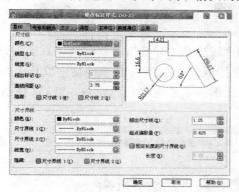

图 12-36 "新建标注样式"直线和箭头设置对话框

（2）文字

点击"文字"按钮，弹出"新建标注样式"直线和箭头设置对话框，如图 12-37 所示，利用该对话框的选项卡，可以进行文字样式、文字高度、文字位置以及文字距离尺寸线的基线间距偏移量等内容的设置。

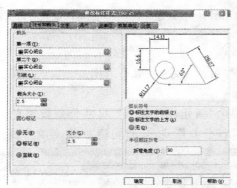

图 12-37 "新建标注样式"文字设置对话框

（3）调整

点击"调整"按钮，弹出"新建标注样式"调整设置对话框，如图 12-38 所示，利用该对话框

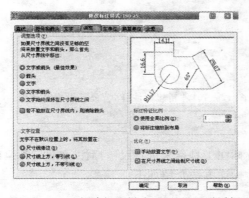

图 12-38 "新建标注样式"调整设置对话框

的选项卡,可以进行文字和箭头位置的设置。当设置为"标注时手动放置文字位置"时,文字可以按照用户要求随意拖放。

（4）主单位设置

点击"主单位"按钮,弹出"新建标注样式"主单位设置对话框,如图 12-39 所示,利用该对话框的选项卡,可以进行包括单位格式、尺寸数字的精度以及比例因子等内容的设置。当图样不是按 1∶1 绘制时,改变比例因子使之和绘图比例一致,这样 AutoCAD 标注的数值就是实际尺寸。

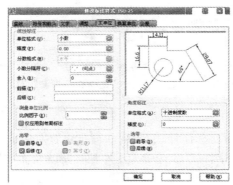

图 12-39　"新建标注样式"主单位设置对话框

（5）换算单位设置

将同时标注十进制尺寸与英制尺寸,一般不采用。

（6）尺寸公差设置

点击"尺寸公差"按钮,弹出"新建标注样式"尺寸公差设置对话框,如图 12-40 所示,利用该对话框的选项卡,可以进行公差格式、公差的精度、公差文字高度比例等内容的设置。

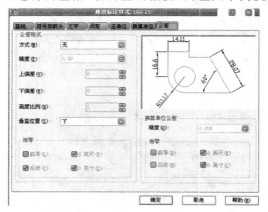

图 12-40　"新建标注样式"公差设置对话框

2. 尺寸标注的方法

尺寸标注通常使用尺寸标注工具条来进行尺寸标注,如图 12-41 所示。

下面就一些常见的尺寸标注方法介绍如下:

240

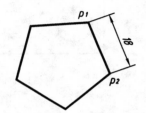

图 12-41　尺寸标注工具条

（1）线性尺寸□。

用于标注水平尺寸和垂直尺寸

命令：_dimlinear

指定第一条尺寸界线原点或〈选择对象〉：　　　（用对象捕捉的方法拾取 A 点）

指定第二条尺寸界线原点：　　　　　　　　　（用对象捕捉的方法拾取 B 点）

指定尺寸线位置或　　　　　　　　　　　　　（拖动鼠标指定尺寸线位置）

［多行文字（M）/文字（T）/角度（A）/水平（H）/垂直（V）/旋转（R）］：

标注文字 ＝20

即可标注 AB 直线的尺寸,利用同样的方法标注其它尺寸,如图 12-42 所示。

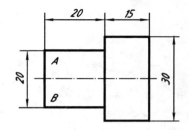

图 12-42　线性尺寸标注　　　　　　图 12-43　对齐尺寸标注

（2）对齐标注□。

用于标注与任意两点连线相平行的尺寸,如图 12-43 所示。

命令：_dimaligned

指定第一条尺寸界线原点或〈选择对象〉：　　　（用对象捕捉的方法拾取 A 点）

指定第二条尺寸界线原点：　　　　　　　　　（用对象捕捉的方法拾取 A 点）

指定尺寸线位置或　　　　　　　　　　　　　（拖动鼠标指定尺寸线位置）

［多行文字（M）/文字（T）/角度（A）］：

标注文字 ＝18

完成如图 12-43 所示尺寸标注。

（3）基线标注□。

　用于创建一系列从同一个基准位置引出的标注,如图
12-44 所示。

　标注时,先用线性标注的方式标注 P1P2 线段的尺寸,
然后点击基线标注图标,再依次为拾取 P3、P4 点,回车即
可得到如图 12-44 所示尺寸标注。

（4）连续标注□。

用于创建一系列首尾相连放置的标注,每个连续标注

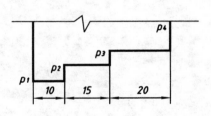

图 12-44　基线尺寸标注

241

都从前一个标注的第二尺寸界线处开始,如图 12-44 所示。

标注时,先用线性标注的方式标注 P1P2 线段的尺寸,然后点击连续标注图标,再依次为拾取 P3、P4 点,回车即可得到如图 12-45 所示尺寸标注。

(5)半径尺寸标注 。

用于标注圆弧的半径尺寸,如图 12-46 所示。

命令:_dimradius

选择圆弧或圆:

标注文字 20   (系统测量值)

指定尺寸线位置或 [多行文字(M)/文字(T)/角度(A)]:

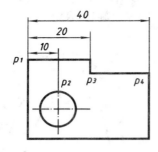

图 12-45 连续尺寸标注   图 12-46 半径尺寸标注

(6)直径尺寸标注 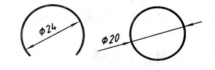。

用于标注圆弧或圆的直径尺寸,如图 12-47 所示。

命令:_dimdiameter

选择圆弧或圆:

标注文字 :24(20)   (系统测量值)

指定尺寸线位置或 [多行文字(M)/文字(T)/角度(A)]:

图 12-47 直径尺寸标注

(7)角度尺寸标注 。

用于标注圆弧的圆心角、圆周上某一段圆弧的圆心角或两条不平行直线之间的夹角,如图 12-48 所示。

例 12-8 标注图 12-47(a)中圆弧的圆心角。

(a)   (b)

图 12-48 角度尺寸标注

命令:_dimangular

选择圆弧、圆、直线或〈指定顶点〉:   (选择圆弧)

242

指定标注弧线位置或［多行文字（M）/文字（T）/角度（A）］:

标注文字＝90　　　　　　　　　　　（系统测量值）

例 12 - 9　标注图 12 - 47(b)中两直线之间的夹角。

命令：＿dimangular

选择圆弧、圆、直线或〈指定顶点〉:　　（选择直线 1）

选择第二条直线:　　　　　　　　　　（选择直线 2）

指定标注弧线位置或［多行文字（M）/文字（T）/角度（A）］:

标注文字＝60　　　　　　　　　　　（系统测量值）

(8)引线标注。

用于引出标注一些说明、形位公差、装配图的序号等,其对话框如图 12 - 49 所示,用户可根据需要进行选择设置。

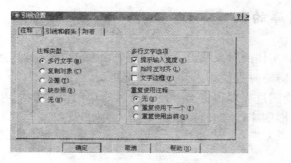

图 12 - 49　"引线设置"对话框

例 12 - 10　标注如图 12 - 50 所示的倒角尺寸和形位公差。

① 标注倒角尺寸:

命令：＿qleader

指定第一个引线点或［设置（S）］〈设置〉:

指定下一点:〈正交 关〉

指定下一点:

指定文字宽度〈0〉:

输入注释文字的第一行〈多行文字（M）〉:

1.5x45％％D

输入注释文字的下一行:

② 标注形位公差:

命令：＿qleader

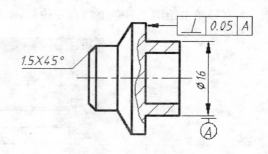

图 12 - 50　引线标注示例

指定第一个引线点或［设置（S）］〈设置〉:　（回车,确认,出现引线设置对话框,设置"公差"选项）

指定下一点:　　　　　　　　　　　　（指定形位公差引线的起点）

指定下一点:　　　　　　　　　　　　（指定形位公差引线的端点）

指定下一点:　　　　　　　　　　　　（回车,确认）

出现如图 12 - 50 所示对话框,点击"符号",在出现的符号选项对话框中,选取要标注的形位公差,符号选项对话框消失,在随后出现的"形位公差"数据设置对话框中,输入要标注的数

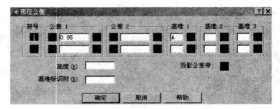

图 12-51　"形位公差"符号设置对话框　　　　图 12-52　"形位公差"数据设置对话框

值和基准,即可得到如图 12-49 所示的形位公差标注。

此外,还有修改尺寸标注、修改尺寸文本位置、更改尺寸样式等命令在此不再一一赘述。

12.7　图块、图库的创建

图块是一组图形实体的对象集合。在使用 AutoCAD 绘图时,可以将图形中相同或相似的内容创建成图块;需要时直接插入到当前图形中。

图块的引用使绘图过程变得更为方便。通过使用图块建立常用符号、机械零部件或标准件、建筑常用件的标准图库,绘图时可以直接插入引用,从而减少了不必要的重复劳动,提高了绘图效率。

1. 创建图块

创建图块时,首先应绘制需要定义图块的图形对象,然后通过图块创建命令制作图块,其方法和步骤如下。

(1)单击绘图工具条上的命令按钮,系统弹出"块定义对话框",如图 12-53 所示。在该对

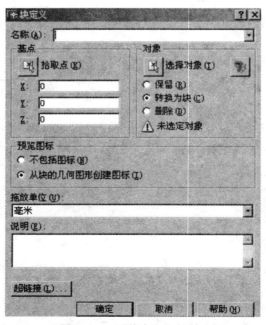

图 12-53　"块定义"对话框

244

话框名称栏中,定义图块的名称。

(2)单击选择对象前的图标按钮,对话框消失。在绘图区中选取图块对象,回车确认,对话框重新打开。

(3)单击拾取点前图标按钮,对话框消失。在绘图区中指定图块对象的插入基点,对话框重新打开。

(4)设置好对话框中其它相关参数后,单击"确定"按钮,退出对话框,即可完成图块的创建。

通过上述方法创建的图块只存在定义该块的 图形文件中,如果要在其它的图形文件中引用该块需要用 WBLOCK 命令建立图块,用户可以根据对话框的内容进行设置,在此不再赘述。

2. 插入图块

创建图块的目的就是为了在绘图过程插入引用。插入图块的方法和步骤如下:

(1)单击绘图工具条上的命令按钮,系统弹出"插入对话框",如图 12-54 所示。在右侧的下拉列表框中,选择插入当前图形中已有的图块名称;单击右侧的"浏览"按钮,在弹出的"选择图形文件"对话框中可以选择直接插入的图形文件。

(2)指定插入图块的插入点、缩放比例、旋转角度以及插入后是否需要分解。

(3)单击"确定"按钮,即可完成图块或图形文件的插入。

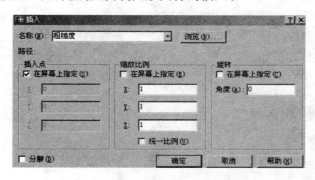

图 12-54 "插入"图块对话框

12.8 综合举例

例 12-11 绘制图 12-55 所示的图形。学会在画线时如何输入点的坐标,及掌握利用对象捕捉、极轴追踪和自动追踪等工具快速画图。

(1) 打开对象捕捉、极轴追踪和自动追踪等功能。

(2) 使用 LINE 画线命令,画 AB、BC、CD、DE、EF、FA 线段。

命令:_line 指定第一点:A

指定下一点或 [放弃(U)]:80   //向右追踪并输入 AB 的长度

指定下一点或 [放弃(U)]:60   //向上追踪并输入 BC 的长度

指定下一点或 [闭合(C)/放弃(U)]:30   //向左追踪并输入 CD 的长度

指定下一点或 [闭合(C)/放弃(U)]:15   //向下追踪并输入 DE 的长度

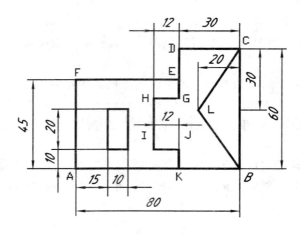

图 12-55 画线练习

指定下一点或［闭合(C)/放弃(U)］：　　　　　　//从 A 建立追踪参考点

指定下一点或［闭合(C)/放弃(U)］：　　　　　　//从 A 向上追踪确定 F 点

指定下一点或［闭合(C)/放弃(U)］：　　　　　　//捕捉 A 点

指定下一点或［闭合(C)/放弃(U)］：　　　　　　//按 ENTER 键结束

(3) 画矩形(10×20)。

命令：_line 指定第一点：from 基点：〈偏移〉：@15,10

指定下一点或［放弃(U)］：10　　　　　　//向右追踪并输入矩形的短边长度 10

指定下一点或［放弃(U)］：20　　　　　　//向上追踪并输入矩形的长边长度 20

指定下一点或［闭合(C)/放弃(U)］：　　　　　　//从矩形的基点向上追踪确定角点

指定下一点或［闭合(C)/放弃(U)］：　　　　　　//捕捉基点

指定下一点或［闭合(C)/放弃(U)］：＊取消＊　　//按 ENTER 键结束

(4) 画 CL、LB 线段。

命令：_line 指定第一点：　　　　　　//捕捉 C 点

指定下一点或［放弃(U)］：@20,－30　　　　//画 CL

指定下一点或［放弃(U)］：　　　　　　//捕捉 B 点,画 LB

指定下一点或［闭合(C)/放弃(U)］：

(5) 画 EG、GH、HI、IJ、JK 线段。

命令：_line 指定第一点：　　　　　　//捕捉 E 点

指定下一点或［放弃(U)］：10　　　　　　//向下追踪并输入 EG 的长度

指定下一点或［放弃(U)］：12　　　　　　//向左追踪并输入 GH 的长度

指定下一点或［闭合(C)/放弃(U)］：25　　　　//向下追踪并输入 HI 的长度

指定下一点或［闭合(C)/放弃(U)］：　　　　　　//从 K 建立追踪参考点

指定下一点或［闭合(C)/放弃(U)］：　　　　　　//从 I 向右追踪确定 J 点

指定下一点或［闭合(C)/放弃(U)］：　　　　　　//捕捉 K 点。

指定下一点或［闭合(C)/放弃(U)］：＊取消＊　　//按 ENTER 键结束

246

例 **12 - 11**　绘制图 12 - 56(a) 所示的图形。

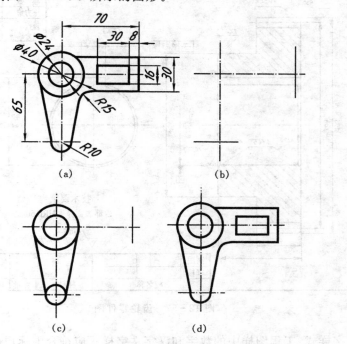

图 12 - 56　综合练习

作图步骤如下：

(1) 打开 AutoCAD2006，建立一个新的绘图文件。

(2) 设置绘图环境。

① 设置图幅。

② 设置图层、颜色和线型：本图应设置点划线、粗实线、尺寸标注等图层。

③ 设置文字样式：工程图样中的数字和汉字文字样式应符合国标规范。

④ 设置尺寸标注样式：工程图样中的尺寸标注样式应符合国标规范。

(3) 绘图步骤及使用的绘图命令提示。

① 绘制基准线，用：LINE 、OFFSET 命令。如图 12 - 56(b)所示。

② 绘制∅40、∅24、∅20 的圆及切线，使用：CIRCLE、LINE 及切点捕捉命令。如图 12 - 56(c)所示。

③ 绘制右部的矩形结构，使用：LINE、OFFSET、ARC 及 TRIM 命令。如图 12 - 56(d)所示。

④ 使用：BREAK 命令修整图形。

⑤ 照图 12 - 57(a)所示标注尺寸。

例 **12 - 12**　利用 AutoCAD2006 绘制如图 12 - 57 所示齿轮零件图。

作图步骤如下：

(4) 打开 AutoCAD2006，建立一个新的绘图文件。

(5) 设置绘图环境。

① 设置图幅。

② 设置图层、颜色和线型：本图应设置点划线、粗实线、图案填充、尺寸标注等图层。

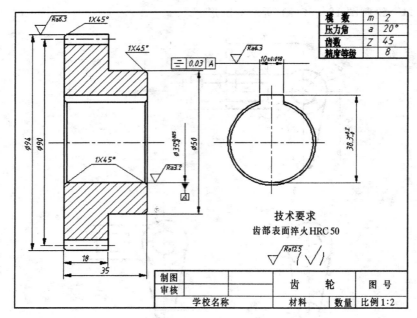

模　数	m	2
压力角	a	20°
齿数	Z	45
精度等级		8

技术要求

齿部表面淬火 HRC 50

图 12-57 齿轮零件图

③ 设置文字样式:工程图样中的数字和汉字文字样式应符合国标规范。

④ 设置尺寸标注样式:工程图样中的尺寸标注样式应符合国标规范。

(6) 绘图。

① 绘制基准线,如图 12-58(a)所示。

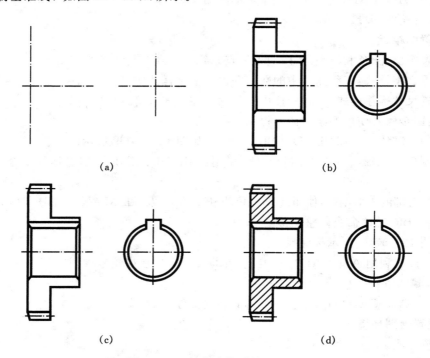

图 12-58 绘制齿轮零件图步骤

② 绘制图形的内外轮廓线，如图 12-58(b)所示。

③ 利用特性匹配进行图线编辑，如图 12-58(c)所示。

④ 填充剖面线，如图 12-58(d)所示。

(7) 标注尺寸、注写技术要求。绘制图框和标题栏完成全图如图 12-57 所示。

　　工程图样作为工程领域中的一种非常重要的技术文件，必须遵守国家标准和技术规范，其内容一般包括：图幅及格式、文字样式、图线的型式及尺寸标注样式等。工程技术人员在绘制工程图样时，每次都需要重新设置，工序繁冗，耗工时大，为此充分挖掘 AutoCAD 软件的功能，按照图形文件的标准和规范要求，制作合适的图形样板，最后以图形样板的形式存入计算机之中备用。具体作法：①新建一种图形文件，命名为工程图形样板；②图幅及格式设置，绘制图框和标题栏；③在当前图形文件中设置图层，建立相关的图线类型；④文字样式及尺寸标注格式规范的设置；⑤以·DWT 格式存入该文件。以上工作完成后，下一次绘图时打开该图形样板文件，直接"填空输入"即可。

思考题

　　1. 图块的主要功能是什么？和复制命令有何异同之处？如何创建和插入图块？

　　2. 如何进行文本样本的设置？常用的文本输入方式有哪些？

　　3. 图层的主要功能是什么？如何设置和应用图层？

　　4. 进行尺寸样式的设置应注意哪些方面？如何标注尺寸公差？

　　5. 使用缩放命令修改图形时，标注的尺寸数值是否发生变化？

　　6. 样板文件一般应包含哪些内容？如何创建样板文件？

　　7. 使用 AutoCAD 绘制一张完整的工程图，一般要经过哪些步骤？

第13章 AutoCAD 2006 三维造型基础

实际工程应用中大多数设计是通过二维投影图来表达设计思想并组织施工或加工的,但二维图形的直观感差,为了获得更直观、立体感强的设计效果,需要绘制三维图形的立体图。利用 AutoCAD 模拟三维空间,绘制三维图形 已是可以实现的。AutoCAD 绘制三维图形常用的是线框模型、曲面模型和实体模型,由于线框模型只画出了空间物体的轮廓,就像一个铁丝做的模型框架,不能消隐、渲染等操作,因此实际绘图时很少用线框模型表示三维物体。本章只介绍曲面模型和实体模型的造型设计。

13.1 三维绘图基础

1. 建立三维用户坐标系

AutoCAD 默认的坐标系为世界坐标系 WCS,很多绘图和编辑只能在 XY 平面上进行,而三维绘图不可能限制在一个平面上。为此 AuotCAD 提供了用户坐标系命令,用户可以相对于世界坐标系 WCS 定义自己的用户坐标系 UCS,使 XY 面位于需要进行绘图操作的位置和方向,方便作图。

通过 UCS 工具条可以方便地定义和使用用户坐标系,如图 13-1 所示。

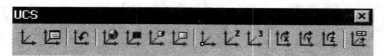

图 13-1　用户坐标系工具栏

UCS 工具条中图标按钮的名称,命令名和相应的功能如图表 13-1 所示。

表 13-1　UCS 用户工具栏的功能及说明

图标按钮	命令	功能及说明
	UCS	用于定义、保存和恢复一个 UCS
	DisplayUCS	通过对话框进行以上操作
	UCS Previous	将前一个 UCS 恢复为当前 UCS
	World UCS	返回世界坐标系
	Object UCS	基于被选择对象定义当前 UCS,新的 UCS 与原 UCS 的 Z 方向一致
	Face UCS	以 3D 实体的表面定义当前 UCS,以选择点上最近的点为原点

图标按钮	命令	功能及说明
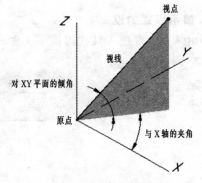	View UCS	使当前 UCS 与屏幕平面平行
	Origin	定义当前 UCS 的原点
	ZAxis Vector UCS	指定 Z 轴的方向定义 UCS
	3 Point UCS	通过三点定义当前 UCS,第一点为坐标原点,第二点为 X 轴正方向上的一点,第二点为 Y 轴正方向上的一点
	XAxis Rotate UCS	通过绕 X 轴旋转坐标系来定义当前 UCS
	YAxis Rotate UCS	通过绕 Y 轴旋转坐标系来定义当前 UCS
	ZAxis Rotate UCS	通过绕 Z 轴旋转坐标系来定义当前 UCS
	Apply UCS	将当前 UCS 应用于指定视区或所有视区

2. 三维视点的设置

在进行三维造型时都必须先设置视点,视点即观察物体的位置。视点与坐标原点的连线为视线(它是一个矢量)。视线可由两个夹角确定,即:视线对 XY 面的倾角和视线在 XY 面上的投影与 X 轴的夹角来确定(如图 13－2 所示)。这两个角的组合就决定了视线的方向。

(1)视点的设置

命令格式:DDVPOINT

下拉菜单:视图(V)→三维视图(3)→视点(V)

执行该命令后,弹出"视点"设置对话框,如图 13－3 所示,对话框中有两个表盘,左边表盘显示视

图 13－2 视点的概念

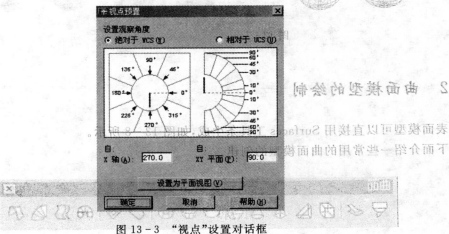

图 13－3 "视点"设置对话框

251

线在 XY 平面上的投影与 X 轴的夹角,右边表盘显示视线对 XY 面的倾角。通过表盘中的指针位置,或在表盘下方的"X Axis:"数据框和"XY Plane:"数据框直接输入数据,可以设置。

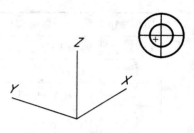

图 13-4　动态视点设置

(2)设置动态视点

视图(V)—三维视图(3)—视点预置(V)

执行命令后,屏幕上出现动态坐标系和方向罗盘,如图 13-4 所示。当光标移动时,动态坐标系随着转动,直观地反映观察方向。

(3)利用视图工具栏设置视点

如图 13-5 所示。

图 13-5　视图工具栏

3. 显示模式的设置

AutoCAD 着色工具栏提供了 7 种显示模式,如图 13-6 所示,效果如图 13-7 所示。

图 13-6　着色工具栏

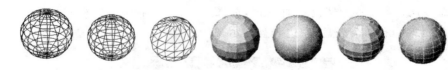

图 13-7　7 种依次显示的着色模式

13.2　曲面模型的绘制

表面模型可以直接用 Surfaces 工具条生成,如图 13-8 所示。下面介绍一些常用的曲面模型的创建。

图 13-8　曲面模型工具栏

1. 创建系统提供的基本曲面对象

从曲面模型工具条选取相应的命令按钮,系统均会提示用户输入相应的绘图参数,这里不再赘述。

2. 创建旋转曲面

用于创建回转体的回转曲面,如图 13-9 所示。

命令格式:

命令:_revsurf

当前线框密度:SURFTAB1＝12　SURFTAB2＝12

选择要旋转的对象:

选择定义旋转轴的对象:

指定起点角度〈0〉:

指定包含角(＋＝逆时针,－＝顺时针)〈360〉:

即可获得如图 13-9 所示的旋转曲面。

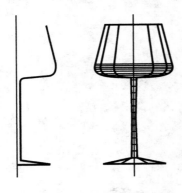

图 13-9　旋转曲面

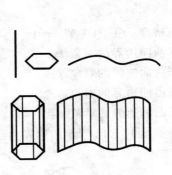

图 13-10　平移曲面

3. 创建平移曲面

用于将路径曲线沿方向矢量平移后生成的拉伸曲面。路径曲线可以是直线、多段线、圆弧或椭圆弧。方向矢量用来指明拉伸的方向和长度,可以是直线、非闭合的多段线或样条曲线。

命令格式:

命令:_tabsurf

当前线框密度:SURFTAB1＝12

选择用作轮廓曲线的对象:

选择用作方向矢量的对象:

即可获得如图 13-10 所示的平移曲面。

4. 创建直纹曲面

用于生成由两条指定曲线为相对两边界的三维曲面。两条指定曲线可以是点(不能同时为点)、直线、多段线、圆(弧)、椭圆弧或样条曲线,而且必须同时闭合或同时打开。

命令格式:

命令:_rulesurf

当前线框密度：SURFTAB1＝12

选择第一条定义曲线：

选择第二条定义曲线：

即可获得如图 13－11 所示的直纹曲面。

图 13－11　直纹曲面

5. 创建边界曲面

用于生成以四条空间曲线为边界的空间曲面。四条空间曲线直线、多段线、圆（弧）、椭圆弧或样条曲线，但必须首尾相连，形成闭合曲线。

命令格式：

命令：_edgesurf

当前线框密度：SURFTAB1＝12　SURFTAB2＝12

选择用作曲面边界的对象 1：

选择用作曲面边界的对象 2：

选择用作曲面边界的对象 3：

选择用作曲面边界的对象 4：

即可获得如图 13－12 所示的边界曲面。

图 13－12　边界曲面

13.3　实体模型的绘制

实体模型是信息最完整的三维模型，它不仅描述了三维对象的表面，而且完整地描述了三维对象的体积特征。AtoCAD 实体工具条提供了长方体、球体、圆柱体、圆锥体、楔体和圆环体以及回转体和拉伸体的基本星体的建模方法，如图 13－13 所示。组合体的实体建模，在创建了简单的基本实体后，再对它们进行布尔运算等操作即可生成。

1. 创建基本实体

AutoCAD 提供了长方体、球体、圆柱体、圆锥体、楔体和圆环体六种基本体的创建命令。创建时，用户只需要按命令行提示输入所需参数，即可得到相应的基本体。

图 13 - 13　实体工具栏

2. 创建拉伸体

在 AutoCAD 中,可以将二维封闭图形经过拉伸或沿着指定的路径放样,直接生成三维实体模型。创建时,用户只需要按命令行提示输入所需参数,即可得到相应的基本体,如图 13 - 14所示。

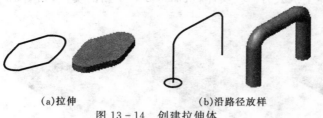

(a)拉伸　　　　　(b)沿路径放样

图 13 - 14　创建拉伸体

3. 创建回转体

在 AutoCAD 中,可以将二维封闭图形绕指定轴线旋转,形成回转体实体模型。

创建时,用户只需要按命令行提示输入所需参数,即可得到相应的基本体,如图 13 - 15 所示。

图 13 - 15　创建回转体

4. 创建三维切割体

用指定的截平面将三维实体切割为独立的两部分,形成切割体。

创建时,用户只需要按命令行提示选取截平面,截平面可以用三点(利用捕捉方式)、XY平面、YZ 平面或 XZ 平面等方法来获得,切开的实体可以保留其中的一部分,也可以都保留,如图 13 - 16 所示。

图 13 - 16　创建三维切割体

13.4 布尔运算绘制三维实体模型

对三维实体进行并、交、差运算称为布尔运算。通过对简单的三维实体进行布尔运算,可以生成复杂的组合体。在"实体编辑工具条"中,用户通过选取并集、差集、交集按钮,方便地实现求并、求差、求交这样的布尔运算。

1. 并集运算

用于将多个实体组合成一个实体,如图 13 - 17 所示。

2. 差集运算

用于从一些实体中减去另一些实体,从而得到一个新的实体,如图 13 - 17 所示。

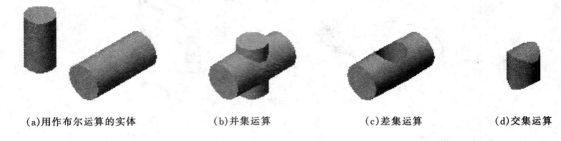

(a)用作布尔运算的实体   (b)并集运算   (c)差集运算   (d)交集运算

图 13 - 17 布尔运算

3. 交集运算

用于生成多个实体相交的公共部分,如图 13 - 17 所示。

此外,可以利用"修改工具条"中的倒角和倒圆命令,方便地实现三维实体的倒角和倒圆,如图 13 - 18 所示。

图 13 - 18 三维实体的倒角和倒圆

13.5 创建三维组合实体综合举例

创建之前,先对三维组合实体进行形体分析,将三维组合实体分解为若干个 AutoCAD 能直接生成的基本体、拉伸体或旋转体,然后应用 AutoCAD 的布尔运算,通过叠加、挖切等组合方式将这些简单体组合成所需要的三维组合实体。

例 13 - 1 制作如图 13 - 19(e)所示的组合体模型。

具体方法和步骤如下:

(1) 设置三维视点。

(2) 调整用户坐标系,创建组合体中的基本体、拉伸体或旋转体。

(3) 根据组合体的组合方式需要,进行布尔运算,即可获得所需三维组合体。

制作过程可如图 13 - 19 所示。

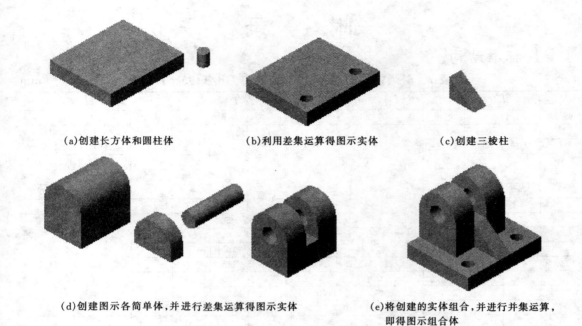

(a)创建长方体和圆柱体　　　　　(b)利用差集运算得图示实体　　　　(c)创建三棱柱

(d)创建图示各简单体,并进行差集运算得图示实体　　　(e)将创建的实体组合,并进行并集运算,
即得图示组合体

图 13-19　制作组合体方法和步骤

思考题

1. 什么是视点,常见的设置视点的方法有哪些? 视点在三维绘图时有什么意义?

2. 什么是面域,面域在三维绘图中有何作用?

3. 什么是用户坐标系? 在三维绘图时,坐标系变换的目的是什么?

4. 在三维实体建模时,布尔运算有何作用?

5. 在三维实体建模时,倒角和倒圆命令有何作用?

6. 创建三维组合实体,一般要经过哪些步骤?

7. 打印输出时主要设置哪些内容? 如何输出一张完整的工程图?

附　　　录

1.标准结构

附表1　普通螺纹的直径与螺距(摘自 GB/T193－1981)　　　　mm

| 公称直径 d、D | | | 螺距 P | |
第一系列	第二系列	第三系列	粗牙	细牙
3			0.5	0.35
	3.5		(0.6)	
4			0.7	
	4.5		(0.75)	0.5
5			0.8	
		5.5		
6		7	1	0.75,(0.5)
8			1.25	1,0.75,(0.5)
		9	(1.25)	
10			1.5	1.25,1,0.75,(0.5)
		11	(1.5)	1,0.75,(0.5)
12			1.75	1.5,1.25,1,(0.75),(0.5)
	14		2	1.5,(1.25),1,(0.75),(0.5)
		15		1.5,(1)
16			2	1.5,1,(0.75),(0.5)
		17		1.5(1)
20	18		2.5	2,1.5,1,(0.75),(0.5)
	22		2.5	
24			3	2,1.5,1,(0.75)
		25		2,1.5,(1)
		(26)		1.5
	27		3	2,1.5,1,(0.75)
		(28)		2,1.5,1
30			3.5	(3),2,1.5,(1),(0.75)
		(32)		2,1.5
	33		3.5	(3),2,1.5,1,(0.75)
		35		(1.5)
36			4	3,2,1.5,(1)
		(38)		1.5
	39		4	3,2,1.5,(1)
		40		(3),(2),1.5
42	45		4.5	(4),3,2,1.5,(1)
48			5	
		50		(3),(2),1.5
	52		5	(4),3,2,1.5,(1)
		55		(4),(3),2,1.5
56			5.5	4,3,2,1.5,(1)
		58		(4),(3),2,1.5
	60		(5.5)	4,3,2,1.5,(1)
		62		(4),(3),2,1.5
64			6	4,3,2,1.5,(1)
		65		(4),(3),2,1.5
	68		6	4,3,2,1.5,(1)
		70		(6),(4),(3),2,1.5
72				6,4,3,1.5,(1)
		75		(4),(3),2,1.5
		76		6,4,3,2,1.5,(1)
		(78)		2
80				6,4,3,2,1.5,(1)
		(82)		2
90	85			
100	95			
110	105			
125	115			6,4,3,2,(1.5),1
		120		
	130	135		
140	150	145		
		155		
160	170	165		
180		175		6,4,3,(2)
	190	185		
200		195		
		205		
	210	215		6,4,3
220		225		
		230		
	240	235		
250		245		
		255		
	260	265		6,4,(3)
		270		
		275		
280		285		
		290		
	300	295		
		310		
320		330		
	340	350		6,4
360		370		
400	380	390		
	420	410		
	440	430		
450	460	470		
	480	490		6
500	520	510		
550	540	530		
560		570		
600	580	590		

注:1.优先选用第一系列,其次是第二系列,第三系列尽可能不用。2.M14×1.25仅用于火花塞;M35×1.5仅用于滚动轴承锁紧螺母。3.括号内的螺距应尽可能不用。

附表 2 普通螺纹的基本尺寸(摘自 GB/T196—1981)

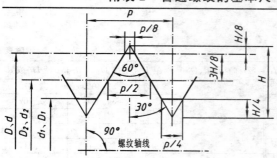

D—内螺纹大径　d—外螺纹大径　D_2—内螺纹中径
d_2—外螺纹中径　D_1—内螺纹小径　d_1—外螺纹小径
P—螺距　　　　H—原始三角形高度

标记示例:

M10—6g(粗牙普通外螺纹,公称直径 $d=10$mm,右旋,
中径及大径公差带均为 6g,中等旋合长度)

M10×1LH—6H(细牙普通内螺纹,公称直径 $D=$
10mm,螺距 $P=1$mm,左旋,中径及小径公差带
均为 6H,中等旋合长度)

mm

公称直径 d、D	螺距 P	中径 D_2 或 d_2	小径 D_1 或 d_1	公称直径 d、D	螺距 P	中径 D_2 或 d_2	小径 D_1 或 d_1
1	0.25	0.838	0.729	9	(1.25)	8.188	7.647
	0.2	0.870	0.783		1	8.350	7.917
1.1	0.25	1.038	0.829		0.75	8.513	8.188
	0.2	1.070	0.883		0.5	8.675	8.459
1.2	0.25	1.038	0.929	10	1.5	9.026	8.376
	0.2	1.070	0.983		1.25	9.188	8.647
1.4	0.3	1.205	1.075		1	9.350	8.917
	0.2	1.270	1.183		0.75	9.513	9.188
1.6	0.35	1.373	1.221		(0.5)	9.675	9.459
	0.2	1.470	1.383	11	(1.5)	10.026	9.376
1.8	0.35	1.573	1.421		1	10.350	9.917
	0.2	1.670	1.583		0.75	10.513	10.188
2	0.4	1.740	1.567		0.5	10.675	10.459
	0.25	1.838	1.729	12	1.75	10.863	10.106
2.2	0.45	1.908	1.713		1.5	11.026	10.376
	0.25	2.038	1.929		1.25	11.188	10.647
2.5	0.45	2.208	2.013		1	11.350	10.917
	0.35	2.273	2.121		(0.75)	11.513	11.188
3	0.5	2.675	2.459		(0.5)	11.675	11.459
	0.35	2.773	2.621	14	2	12.701	11.835
3.5	(0.6)	3.110	2.850		1.5	13.026	12.376
	0.35	3.273	3.121		(1.25)	13.188	12.647
4	0.7	3.545	3.242		1	13.350	12.917
	0.5	3.675	3.459		(0.75)	13.513	13.188
4.5	(0.75)	4.013	3.688		(0.5)	13.675	13.459
	0.5	4.175	3.959	15	1.5	14.026	13.376
5	0.8	4.480	4.134		(1)	14.350	13.917
	0.5	4.675	4.459	16	2	14.701	13.835
5.5	0.5	5.175	4.959		1.5	15.026	14.376
6	1	5.350	4.917		1	15.350	14.917
	0.75	5.513	5.188		(0.75)	15.513	15.188
	(0.5)	5.675	5.459		(0.5)	15.675	15.459
7	1	6.350	5.917	17	1.5	16.026	15.376
	0.75	6.513	6.188		(1)	16.350	15.917
	0.5	6.675	6.459	18	2.5	16.376	15.294
8	1.25	7.188	6.647		2	16.701	15.835
	1	7.350	6.917		1.5	17.026	16.376
	0.75	7.513	7.188		1	17.350	16.917
	(0.5)	7.675	7.459				

259

公称直径 d、D	螺距 P	中径 D_2 或 d_2	小径 D_1 或 d_1	公称直径 d、D	螺距 P	中径 D_2 或 d_2	小径 D_1 或 d_1
18	(0.75)	17.513	17.188		4	33.402	31.670
	(0.5)	17.675	17.459		3	34.051	32.752
20	2.5	18.376	17.294	36	2	34.701	33.835
	2	18.701	17.835		1.5	35.026	34.376
	1.5	19.026	18.376		(1)	35.350	34.917
	1	19.350	18.917	38	1.5	37.026	34.376
	(0.75)	19.513	19.188		4	36.402	34.670
	(0.5)	19.675	19.459		3	37.051	35.752
22	2.5	20.376	19.294	39	2	37.701	36.835
	2	20.701	19.835		1.5	38.026	37.376
	1.5	21.026	20.376		(1)	38.350	37.917
	1	21.350	20.917		(3)	38.051	36.752
	(0.75)	21.513	21.188	40	(2)	38.701	37.835
	(0.5)	21.675	21.459		1.5	39.026	38.376
24	3	22.051	20.752		4.5	39.077	37.129
	2	22.701	21.835		(4)	39.402	37.670
	1.5	23.026	22.376	42	3	40.051	38.752
	1	23.350	22.917		2	40.701	39.835
	(0.75)	23.513	23.188		1.5	41.026	40.376
25	2	23.701	22.835		(1)	41.350	40.917
	1.5	24.026	23.376		4.5	42.077	40.129
	(1)	24.350	23.917		(4)	42.402	40.670
26	1.5	25.026	24.376	45	3	43.051	41.752
27	3	25.021	23.752		2	43.701	42.835
	2	25.701	24.835		1.5	44.026	43.376
	1.5	26.026	25.376		(1)	44.350	43.917
	1	26.350	25.917		5	44.752	42.587
	(0.75)	26.315	26.188		(4)	45.402	43.670
28	2	26.701	25.835	48	3	46.051	44.752
	1.5	27.026	26.376		2	46.701	45.835
	1	27.350	26.917		1.5	47.026	46.376
30	3.5	27.727	26.211		(1)	47.350	46.917
	(3)	28.051	26.752		(3)	48.051	46.752
	2	28.701	27.835	50	(2)	48.701	47.835
	1.5	29.026	28.376		1.5	49.026	48.376
	1	29.350	28.917		5	48.752	46.587
	(0.75)	29.315	29.188		(4)	49.402	47.670
32	2	30.701	29.835	52	3	50.051	48.752
	1.5	31.026	30.376		2	50.701	49.835
33	3.5	30.727	29.211		1.5	51.026	50.376
	(3)	31.051	29.752		(1)	51.350	50.917
	2	31.701	30.835		(4)	52.402	50.670
	1.5	32.026	31.376	55	(3)	53.051	51.752
	(1)	32.350	31.917		2	53.701	52.835
	(0.75)	32.513	32.188		1.5	54.026	53.376
35	1.5	34.026	33.376	56	5.5	52.428	50.046

附表 3　梯形螺纹(摘自 GB/T5796.3—1986)

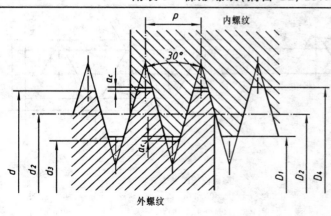

D_4—内螺纹大径　d—外螺纹大径
D_2—内螺纹中径　d_2—外螺纹中径
D_1—内螺纹小径　d_3—外螺纹小径
P—螺距　　　　a_c—牙顶间隙
标记示例:
Tr40×7—7H

(单线梯形内螺纹,公称直径 $d=$ 40mm,螺距 $P=7$mm,右旋,中径公差带为 7H,中等旋合长度)
Tr60×18(P9)LH—8e—L

(双线梯形外螺纹,公称直径 $d=$ 60mm,导程为 18mm,螺距 $P=9$mm,左旋,中径公差带为 8e,长旋合长度)

mm

| 公称直径 d | | 螺距 | 中径 | 大径 | 小　径 | | 公称直径 d | | 螺距 | 中径 | 大径 | 小　径 | |
第一系列	第二系列	P	$d_2=D_2$	D_4	d_3	D_1	第一系列	第二系列	P	$d_2=D_2$	D_4	d_3	D_1
8		1.5	7.25	8.30	6.20	6.50			3	24.50	26.50	22.50	23.00
	9	1.5	8.25	9.30	7.20	7.50		26	5	23.50	26.50	20.50	21.00
		2	8.00	9.50	6.50	7.00			8	22.00	27.00	17.00	18.00
10		1.5	9.25	10.30	8.20	8.50			3	26.50	28.50	24.50	25.00
		2	9.00	10.50	7.50	8.00	28		5	25.50	28.50	22.50	23.00
	11	2	10.00	11.50	8.50	9.00			8	24.00	29.00	19.00	20.00
		3	9.50	11.50	7.50	8.00			3	28.50	30.50	26.50	27.00
12		2	11.00	12.50	9.50	10.00		30	6	27.00	31.00	23.00	24.00
		3	10.50	12.50	8.50	9.00			10	25.00	31.00	19.00	20.00
	14	2	13.00	14.50	11.50	12.00			3	30.50	32.50	28.50	29.00
		3	12.50	14.50	10.50	11.00	32		6	29.00	33.00	25.00	26.00
16		2	15.00	16.50	13.50	14.00			10	27.00	33.00	21.00	22.00
		4	14.00	16.50	11.50	12.00			3	32.50	34.50	30.50	31.00
	18	2	17.00	18.50	15.50	16.00		34	6	31.00	35.00	27.00	28.00
		4	16.00	18.50	13.50	14.00			10	29.00	35.00	23.00	24.00
20		2	19.00	20.50	17.50	18.00			3	34.50	36.50	32.50	33.00
		4	18.00	20.50	15.50	16.00	36		6	33.00	37.00	29.00	30.00
		3	20.50	22.50	18.50	19.00			10	31.00	37.00	25.00	26.00
	22	5	19.50	22.50	16.50	17.00			3	36.50	38.50	34.50	35.00
		8	18.00	23.00	13.00	14.00		38	7	34.50	39.00	30.00	31.00
		3	22.50	24.50	20.50	21.00			10	33.00	39.00	27.00	28.00
24		5	21.50	24.50	18.50	19.00			3	38.50	40.50	36.50	37.00
		8	20.00	25.00	15.00	16.00	40		7	36.50	41.00	32.00	33.00
									10	35.00	41.00	29.00	30.00

注:D 为内螺纹,d 为外螺纹。

附表4 用螺纹密封的管螺纹(GB/T7306—1987)

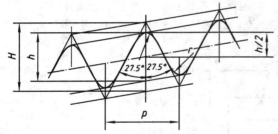 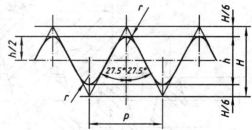

圆锥螺纹基本牙型参数：
$P=25.4/n$
$H=0.960\,237P$
$h=0.640\,327P$
$r=0.137\,278P$

圆柱内螺纹基本牙型参数：
$P=25.4/n$ $\quad D_2=d_2=d-0.610\,327P$
$H=0.960\,491P$ $\quad D_1=d_1=d-1.280\,654P$
$h=0.640\,327P$ $\quad H/6=0.160\,082P$
$r=0.137\,329P$

标记录例：$R_c1\frac{1}{2}$ （圆锥内螺纹）
$\quad\quad\quad$ $R1\frac{1}{2}$—LH （圆锥外螺纹,左旋）
$\quad\quad\quad$ $R_p1\frac{1}{2}$—LH （圆柱内螺纹,左旋）

内外螺纹配合标注：$R_c1\frac{1}{2}/R1\frac{1}{2}$—LH （左旋配合）
$\quad\quad\quad\quad\quad\quad$ $R_p1\frac{1}{2}/R1\frac{1}{2}$ （右旋配合）

尺寸代号	每25.4mm内的牙数 n	螺距 P mm	牙高 h mm	圆弧半径 $r\approx$ mm	基准平面上的基本直径 ***			基准距离 mm **	有效螺纹长度 mm
					大径(基准直径) $d=D$ mm	中径 $d_2=D_2$ mm	小径 $d_1=D_1$ mm		
1/16	28	0.907	0.581	0.125	7.723	7.142	6.561	4.0	6.5
1/8	28				9.728	9.147	8.566		
1/4	19	1.337	0.856	0.184	13.157	12.301	11.445	6.0	9.7
3/8	19				16.662	15.806	14.950	6.4	10.1
1/2	14	1.814	1.162	0.249	20.955	19.793	18.631	8.2	13.2
3/4	14				26.441	25.279	24.117	9.5	14.5
1	11	2.309	1.479	0.317	33.249	31.770	30.291	10.4	16.8
1¼	11				41.910	40.431	38.952	12.7	19.1
1½	11	2.309	1.479	0.317	47.803	46.324	44.845	12.7	19.1
2	11				59.614	58.135	56.656	15.9	23.4
2½	11	2.309	1.479	0.317	75.184	73.705	72.226	17.5	26.7
3	11				87.884	86.405	84.926	20.6	29.8
3½ *	11	2.309	1.479	0.317	100.330	98.851	97.372	22.2	31.4
4	11				113.030	111.551	110.072	25.4	35.8
5	11	2.309	1.479	0.317	138.430	136.951	135.472	28.6	40.1
6	11				163.830	162.351	160.872		

* 尺寸代号为 3½ 的螺纹,限用于蒸汽机车。

** 基准距离即旋合基准长度。

*** 基准平面即内螺纹的孔口端面;外螺纹的基准长度处垂直于轴线的断面。

附表 5 非螺纹密封的管螺纹(GB/T306.1—2000)

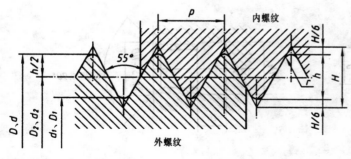

螺纹的公差等级代号:对外螺纹分 A、B 两级标记;对内螺纹则不作标记。

1½ 螺纹的标记示例如下:

G1½ 内螺纹;

G1½A   A 级外螺纹;

G1½B   B 级外螺纹。

内外螺纹装配在一起,斜线左边表示内螺纹,右边为外螺纹,例如:

G1½/G1½A,G1½/G1½B   右旋螺纹;

G1½/G1½A—LH   左旋螺纹。

尺寸名称	每 25.4mm 中的螺纹牙数 n	螺距 P mm	螺纹直径	
			大径 D,d (mm)	小径 D_1,d_1 (mm)
1/8	28	0.907	9.728	8.566
1/4	19	1.337	13.157	11.445
3/8			16.662	14.950
1/2	14	1.814	20.955	18.631
5/8			22.911	20.587
3/4			26.441	24.117
7/8			30.201	27.877
1	11	2.309	33.249	30.291
1/8			37.897	34.939
1¼			41.910	38.952
1½			47.803	44.845
1¾			53.746	50.788
2			59.514	56.656
2¼			65.710	62.752
2½			75.184	72.226
2¾			81.534	78.576
3			87.884	84.926

附表 6　普通螺纹倒角和退刀槽(根据 GB/T3—1997)

螺纹紧固件的螺纹倒角(根据 GB/T2—2001)

螺纹端部倒角见图,退刀槽尺寸见下表。

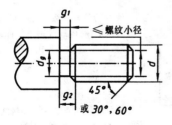 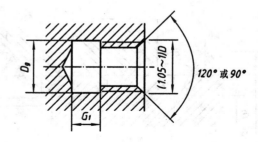

普通螺纹退刀槽尺寸　　　　　　　　　　　　　　　　mm

螺距	外螺纹			内螺纹		螺距	外螺纹			内螺纹	
	g_{2max}, g_{1min}		dg	G_1	Dg		g_{2max}, g_{1min}		dg	G_1	Dg
0.5	1.5	0.8	$d-0.8$	2		1.75	5.25	3	$d-2.6$	7	
0.7	2.1	1.1	$d-1.1$	2.8	$D+0.3$	2	6	3.4	$d-3$	8	
0.8	2.4	1.3	$d-1.3$	3.2		2.5	7.5	4.4	$d-3.6$	10	
1	3	1.6	$d-1.6$	4		3	9	5.2	$d-4.4$	12	$D+0.5$
1.25	3.75	2	$d-2$	5	$D+0.5$	3.5	10.5	6.2	$d-5$	14	
1.5	4.5	2.5	$d-2.3$	6		4	12	7	$d-5.7$	16	

附表 7　零件倒角与倒圆(根据 GB/T6403.4—1986)

型式:　　　　　　　　　　　　　　装配型式:

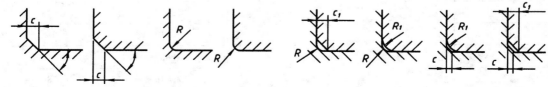

一般为45°,也可采用30°或60°

零件倒角与倒圆尺寸　　　　　　　　　　　　　　　　mm

d、D	~3	>3~6	>6~10	>10~18	>18~30	>30~50	>50~80	>80~120	>120~180	>180~250
C、R	0.2	0.4	0.6	0.8	1.0	1.6	2.0	2.5	3.0	4.0

d、D	>250~320	>320~400	>400~500	>500~630	>630~800	>800~1000	>1000~1250	>1250~1600
C、R	5.0	6.0	8.0	10	12	16	20	25

附表 8　砂轮越程槽(根据 GB/T6403.5—1986)

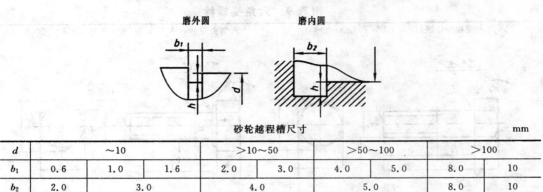

磨外圆　　　　　　磨内圆

砂轮越程槽尺寸　　　　　　　　　　　mm

d		~10			>10~50		>50~100		>100	
b_1	0.6	1.0	1.6	2.0	3.0	4.0	5.0	8.0	10
b_2	2.0		3.0		4.0		5.0		8.0	10
h	0.1		0.2		0.3	0.4		0.6	0.8	1.2

2. 常用的标准件

附表9 六角头螺栓

六角头螺栓—C 级（摘自 GB5/T5780—2000）　　　　　　　六角头螺栓—A 和 B 级（摘自 GB/T5782—2000）

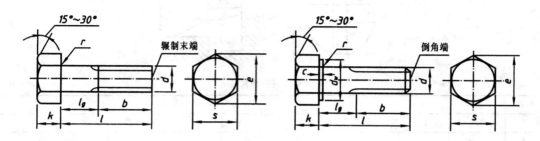

标记示例：

螺栓 GB5782—86M12×80（螺纹规格 d＝M12，l＝80mm，A 级的六角头螺栓）

mm

螺纹规格 d		M5	M6	M8	M10	M12	M16	M20	M24	M30	M36
b 参考	l≤125	16	18	22	26	30	38	46	54	66	78
	125＜l≤200	—	—	28	32	36	44	52	60	72	84
	l＞200	—	—	—	—	—	57	65	73	85	97
c		0.5	0.5	0.6	0.6	0.6	0.8	0.8	0.8	0.8	0.8
d_w	A	6.9	8.9	11.6	14.6	16.6	22.5	28.2	33.6	—	—
	B	6.7	8.7	11.4	14.4	16.4	22	27.7	33.2	42.7	51.1
k		3.5	4	5.3	6.4	7.5	10	12.5	15	18.7	22.5
r		0.2	0.25	0.4	0.4	0.6	0.6	0.8	0.8	1	1
e	A	8.79	11.05	14.38	17.77	20.03	26.75	33.53	39.98	—	—
	B	8.63	10.89	14.20	17.59	19.85	26.17	32.95	39.55	50.85	60.79
s		8	10	13	16	18	24	30	36	46	55
l		25～50	30～60	35～80	40～100	45～120	50～160	65～200	80～240	90～300	110～360
lg		lg＝l-b									
l（系列）		25、30、35、40、50、(55)、60、(65)、70、80、90、100、110、120、130、140、150、160、180、200、220、240、260、280、300、320、340、360									

注：1.括号内的规格尽可能不采用。末端按 GB/T2—1985 规定。

2.A 级用于 d≤24 和 l≤10d 或≤150mm（按较小值）的螺栓；B 级用于 d＞24 和 l＞10d 或 150mm（按较小值）的螺栓。

附表 10　双头螺柱

$b_m = 1d$　（GB/T897−1988）；$b_m = 1.25d$　（GB/T898−1988）；

$b_m = 1.5d$　（GB/T899−1988）；$b_m = 2d$　（GB/T900−1988）；

A 型　　　　　　　　　　　　　　　　　　B 型

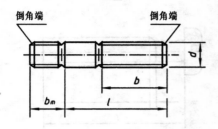　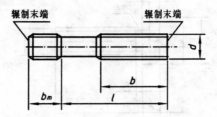

标记示例：

螺柱　GB/T900−1988M10×50

（两端均为普通粗牙螺纹、$d = 10$mm、$l = 50$mm、性能等级为 4.8 级、不经表面处理、B 型、$b_m = 2d$ 的双头螺柱）

螺柱　GB/T900−1988AM10−M10×1×50

（旋入机体一端为普通粗牙螺纹、旋螺母端为螺距 $P = 1$mm 的细牙普通螺纹、$d = 10$mm、$l = 50$mm、性能等级为 4.8 级、不经表面处理、A 型、$b_m = 2d$ 的双头螺柱）

mm

螺纹规格	b_m				l/b				
d	GB897	GB898	GB899	GB900					
M4	—	—	6	8	$\dfrac{16\sim22}{8}$	$\dfrac{25\sim40}{14}$			
M5	5	6	8	10	$\dfrac{16\sim22}{10}$	$\dfrac{25\sim50}{16}$			
M6	6	8	10	12	$\dfrac{20\sim22}{10}$	$\dfrac{25\sim30}{14}$	$\dfrac{32\sim75}{18}$		
M8	8	10	12	16	$\dfrac{20\sim22}{12}$	$\dfrac{25\sim30}{16}$	$\dfrac{32\sim90}{22}$		
M10	10	12	15	20	$\dfrac{25\sim28}{14}$	$\dfrac{30\sim38}{16}$	$\dfrac{40\sim120}{26}$	$\dfrac{130}{32}$	
M12	12	15	18	24	$\dfrac{25\sim30}{16}$	$\dfrac{32\sim40}{20}$	$\dfrac{45\sim120}{30}$	$\dfrac{130\sim180}{36}$	
M16	16	20	24	32	$\dfrac{30\sim38}{20}$	$\dfrac{40\sim55}{30}$	$\dfrac{60\sim120}{38}$	$\dfrac{130\sim200}{44}$	
M20	20	25	30	40	$\dfrac{35\sim40}{25}$	$\dfrac{45\sim65}{35}$	$\dfrac{70\sim120}{46}$	$\dfrac{130\sim200}{52}$	
(M24)	24	30	36	48	$\dfrac{45\sim50}{30}$	$\dfrac{55\sim75}{45}$	$\dfrac{80\sim120}{54}$	$\dfrac{130\sim200}{60}$	
(M30)	30	38	45	60	$\dfrac{60\sim65}{40}$	$\dfrac{70\sim90}{50}$	$\dfrac{95\sim120}{60}$	$\dfrac{130\sim200}{72}$	$\dfrac{210\sim250}{85}$
M36	36	45	54	72	$\dfrac{65\sim75}{45}$	$\dfrac{80\sim110}{60}$	$\dfrac{120}{78}$	$\dfrac{130\sim200}{84}$	$\dfrac{210\sim300}{97}$
M42	42	52	63	84	$\dfrac{70\sim80}{50}$	$\dfrac{85\sim110}{72}$	$\dfrac{120}{90}$	$\dfrac{130\sim200}{96}$	$\dfrac{210\sim300}{109}$
M48	48	60	72	96	$\dfrac{80\sim90}{60}$	$\dfrac{95\sim110}{80}$	$\dfrac{120}{102}$	$\dfrac{130\sim200}{108}$	$\dfrac{210\sim300}{121}$
l（系列）	12、(14)、16、(18)、20、(22)、25、(28)、30、(32)、35、(38)、40、45、50、55、60、(65)、70、(75)、80、(85)、90、(95)、100～260 (10 进位)、280、300								

注：1. 尽可能不采用括号内的规格。末端按 GB/T2−1985 规定。

2. $b_m = 1d$ 一般用于钢，$b_m = (1.25\sim1.5)d$ 一般用于钢对铸铁，$b_m = 2d$ 一般用于钢对铝合金的连接。

267

附表 11　开槽圆柱头螺钉（摘自 GB/T65—2000）

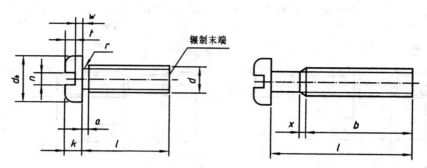

标记示例：

螺钉 GB/T65—2000 M5×20（螺纹规格 d=M5，公称长度 l=20mm、性能等级为 4.8 级，不经表面处理的开槽盘头螺钉）

mm

螺纹规格 d	M4	M5	M6	M8	M10
P（螺距）	0.7	0.8	1	1.25	1.5
a_{max}	1.4	1.6	2	2.5	3
b_{min}	38	38	38	38	38
$d_{k\,max}$	7	8.5	10	13	16
k_{max}	2.6	3.3	3.9	5	6
n 公称	1.2	1.2	1.6	2	2.5
r_{min}	0.2	0.2	0.25	0.4	0.4
t_{min}	1.1	1.3	1.6	2	2.4
w_{min}	1.1	1.3	1.6	2	2.4
X_{max}	1.75	2	2.5	3.2	3.8
公称长度 l	5～40	6～50	8～60	10～80	12～80
l（系列）	5、6、8、10、12、(14)、16、20、25、30、35、40、45、50、(55)、60、(65)、70、(75)、80				

注：1. 括号内的规格尽可能不采用。

　　2. 公称长度在 40mm 以内的螺钉，制出全螺纹。

附表 12 开槽盘头螺钉（摘自 GB/T67—2000）

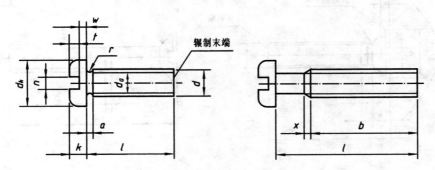

标记示例：

螺钉 GB/T67—2000 M5×20（螺纹规格 d＝M5，公称长度 l＝20mm、性能等级为 4.8 级，不经表面处理的开槽盘头螺钉）

mm

螺纹规格 d	M1.6	M2	M2.5	M3	M4	M5	M6	M8	M10
P（螺距）	0.35	0.4	0.45	0.5	0.7	0.8	1	1.25	1.5
a_{max}	0.7	0.8	0.9	1	1.4	1.6	2	2.5	3
b_{min}	25	25	25	25	38	38	38	38	38
d_{kmax}	3.2	4	5	5.6	8	9.5	12	16	20
k_{max}	1	1.3	1.5	1.8	2.4	3	3.6	4.8	6
n 公称	0.4	0.5	0.6	0.8	1.2	1.2	1.6	2	2.5
r_{max}	0.1	0.1	0.1	0.1	0.2	0.2	0.25	0.4	0.4
t_{min}	0.35	0.5	0.6	0.7	1	1.2	1.4	1.9	2.4
w_{min}	0.3	0.4	0.5	0.7	1	1.2	1.4	1.9	2.4
X_{max}	0.9	1	1.1	1.25	1.75	2	2.5	3.2	3.8
公称长度 l	2～16	2.5～20	3～25	4～30	5～40	6～50	8～60	10～80	12～80
l（系列）	2、2.5、3、4、5、6、8、10、12、(14)、16、20、25、30、35、40、45、50、(55)、60、(65)、70、(75)、80								

注：1.括号内的规格尽可能不采用。

2.M1.6～M3 公称长度在 30mm 以内的螺钉，制出全螺纹；M4～M10 公称长度在 40mm 以内的螺钉，制出全螺纹。

附表 13 开槽沉头螺钉（摘自 GB/T68—2000）

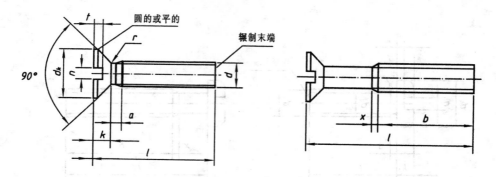

标记示例：

螺钉 GB/T68—2000 M5×20（螺纹规格 d＝M5，公称长度 l＝20mm、性能等级为 4.8 级，不经表面处理的开槽沉头螺钉）

mm

螺纹规格 d	M1.6	M2	M2.5	M3	M4	M5	M6	M8	M10
P(螺距)	0.35	0.4	0.45	0.5	0.7	0.8	1	1.25	1.5
a_{max}	0.7	0.8	0.9	1	1.4	1.6	2	2.5	3
b_{min}	25	25	25	25	38	38	38	38	38
$d_{k max}$	3	3.8	4.7	5.5	8.4	9.3	11.3	15.8	18.3
k_{max}	1	1.2	1.5	1.65	2.7	2.7	3.3	4.65	5
n 公称	0.4	0.5	0.6	0.8	1.2	1.2	1.6	2	2.5
r_{max}	0.4	0.5	0.6	0.8	1	1.3	1.5	2	2.5
t_{max}	0.5	0.6	0.75	0.85	1.3	1.4	1.6	2.3	2.6
X_{max}	0.9	1	1.1	1.25	1.75	2	2.5	3.2	3.8
公称长度 l	2.5~16	3~20	4~25	5~30	6~40	8~50	8~60	10~80	12~80
l(系列)	2.5、3、4、5、6、8、10、12、(14)、16、20、25、30、35、40、45、50、(55)、60、(65)、70、(75)、80								

注：1. 括号内的规格尽可能不采用。

2. M1.6~M3 公称长度在 30mm 以内的螺钉，制出全螺纹；M4~M10 公称长度在 40mm 以内的螺钉，制出全螺纹。

附表 14　开槽半沉头螺钉（摘自 GB/T69—2000）

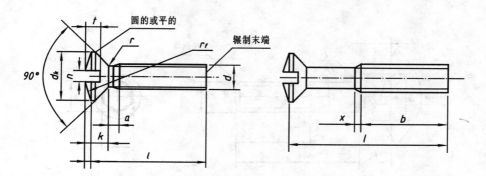

标记示例：

螺钉 GB/T69—2000 M5×20（螺纹规格 d＝M5，公称长度 l＝20mm、性能等级为 4.8 级，不经表面处理的开槽半沉头螺钉）

mm

螺纹规格 d	M1.6	M2	M2.5	M3	M4	M5	M6	M8	M10
P（螺距）	0.35	0.4	0.45	0.5	0.7	0.8	1	1.25	1.5
a_{max}	0.7	0.8	0.9	1	1.4	1.4	2	2.5	3
b_{min}	25	25	25	25	38	38	38	38	38
$d_{k\,max}$	3	3.8	4.7	5.5	8.4	9.3	11.3	15.8	18.3
$f≈$	0.4	0.5	0.6	0.7	1	1.2	1.4	2	2.3
k_{max}	1	1.2	1.5	1.65	2.7	2.7	3.3	4.65	5
n 公称	0.4	0.5	0.6	0.8	1.2	1.2	1.6	2	2.5
r_{max}	0.4	0.5	0.6	0.8	1	1.3	1.5	2	2.5
$r_f≈$	3	4	5	6	9.5	9.5	12	16.5	19.5
t_{max}	0.8	1	1.2	1.45	1.9	2.4	2.8	3.7	4.4
X_{max}	0.9	1	1.1	1.25	1.75	2	2.5	3.2	3.8
公称长度 l	2.5～16	3～20	4～25	5～30	6～40	8～50	8～60	10～80	12～80
l（系列）	2.5、3、4、5、6、8、10、12、(14)、16、20、25、30、35、40、45、50、(55)、60、(65)、70、(75)、80								

注：1.括号内的规格尽可能不采用。

　　2.M1.6～M3 公称长度在 30mm 以内的螺钉，制出全螺纹；M4～M10 公称长度在 45mm 以内的螺钉，制出全螺纹。

附表 15　内六角圆柱头螺钉（摘自 GB/T70.1—2000）

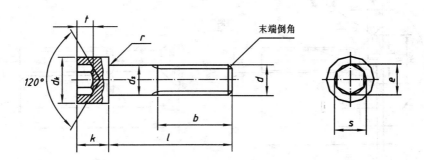

标记示例：

螺钉 GB/T70.1—2000 M5×20（螺纹规格 d＝M5,公称长度 l＝20mm、力学性能等级为 8.8 级的内六角圆柱头螺钉）

mm

螺纹规格 d	M2.5	M3	M4	M5	M6	M8	M10	M12	M(14)	M16
P(螺距)	0.45	0.5	0.7	0.8	1	1.25	1.5	1.75	2	2
b 参考	17	18	20	22	24	28	32	36	40	44
d_k	4.5	5.5	7	8.5	10	13	16	18	21	24
k	2.5	3	4	5	6	8	10	12	14	16
t	1.1	1.3	2	2.5	3	4	5	6	7	8
s	2	2.5	3	4	5	6	8	10	12	14
e	2.30	2.87	3.44	4.58	5.72	6.86	9.15	11.43	13.72	16.00
r	0.1	0.1	0.2	0.2	0.25	0.4	0.4	0.6	0.6	0.6
公称长度 l	4～25	5～30	6～40	8～50	10～60	12～80	16～100	20～120	25～140	25～160
l(系列)	2.5、3、4、5、6、8、10、12、(14)、16、20、25、30、35、40、45、50、(55)、60、(65)、70、80、90、100、110、120、130、140、150、160									

注:1.括号内的规格尽可能不采用。末端按 GB/T2—1985。

　　2.M2.5～M3 的螺钉,在公称长度 20mm 以内的制出全螺纹；

　　　M4～M5 的螺钉,在公称长度 25mm 以内的制出全螺纹；

　　　M6 的螺钉,在公称长度 30mm 以内的制出全螺纹；

　　　M8 的螺钉,在公称长度 35mm 以内的制出全螺纹；

　　　M10 的螺钉,在公称长度 40mm 以内的制出全螺纹；

　　　M12 的螺钉,在公称长度 45mm 以内的制出全螺纹；

　　　M14～M16 的螺钉,在公称长度 55mm 以内的制出全螺纹。

　　3.力学性能等级:8.8、12.9;螺纹公差:力学性能等级为 8.8 级时为 6g,12.9 级时为 5g、6g。

附表16 开槽紧定螺钉

开槽锥端紧定螺钉	开槽平端紧定螺钉	开槽长圆柱端紧定螺钉
（摘自 GB/T71—1985）	（摘自 GB/T73—1985）	（摘自 GB/T75—1985）

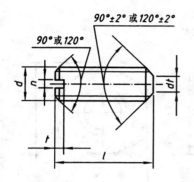 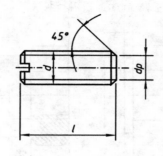 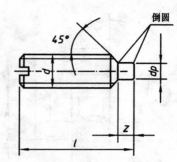

标记示例：

螺钉 GB/T71—1985 M5×12—14H（螺纹规格 $d=$ M5，公称长度 $l=12$mm、性能等级为14H级的开槽锥端紧定螺钉）

mm

螺纹规格 d		M1.6	M2	M2.5	M3	M4	M5	M6	M8	M10	M12
P（螺距）		0.35	0.4	0.45	0.5	0.7	0.8	1	1.25	1.5	1.75
n		0.25	0.25	0.4	0.4	0.6	0.8	1	1.2	1.6	2
t		0.74	0.84	0.95	1.05	1.42	1.63	2	2.5	3	3.6
d_t		0.16	0.2	0.25	0.3	0.4	0.5	1.5	2	2.5	3
d_p		0.8	1	1.5	2	2.5	3.5	4	5.5	7	8.5
z		1.05	1.25	1.25	1.75	2.25	2.75	3.25	4.3	5.3	6.3
l	GB/T71—1985	2～8	3～10	3～12	4～16	6～20	8～25	8～30	10～40	12～50	14～60
	GB/T73—1985	2～8	2～10	2.5～12	3～16	4～20	5～25	6～30	8～40	10～50	12～60
	GB/T75—1985	2.5～8	3～10	4～12	5～16	6～20	8～25	8～30	10～40	12～50	14～60
l（系列）		2、2.5、3、4、5、6、8、10、12、(14)、16、20、25、30、35、40、45、50、(55)、60									

注：1.括号内的规格尽可能不采用。

2.螺纹公差：6g；力学性能等能：14H、22H。

273

附表 17 1 型六角螺母

1 型六角螺母—A 和 B 级（摘自 GB/T6170—2000）

1 型六角螺母—细牙—A 和 B 级（摘自 GB/T6171—2000）

1 型六角螺母—C 级（摘自 GB/T41—2000）

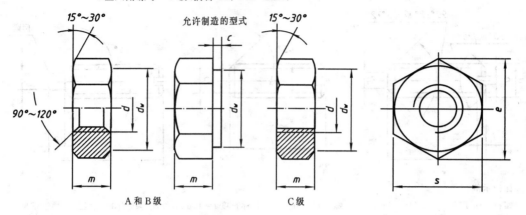

A 和 B 级   C 级

标记示例：

螺母 GB/T41—2000 M12

（螺纹规格 D＝M12、性能等级为 5 级、不经表面处理、C 级的 1 型螺母。）

螺母 GB/T6171—2000 M24×2

（螺纹规格 D＝M24、螺距 P＝2mm、性能等级为 10 级、不经表面处理、B 级的 1 型细牙螺母。）

mm

螺纹规格 D	D	M4	M5	M6	M8	M10	M12	M16	M20	M24	M30	M36	M42	M48
	$D×P$	—	—	—	M8 ×1	M10 ×1	M12 ×1.5	M16 ×1.5	M20 ×2	M24 ×2	M30 ×2	M36 ×3	M42 ×3	M48 ×3
c		0.4	0.5		0.6			0.8					1	
s_{min}		7	8	10	13	16	18	24	30	36	46	55	65	75
s_{max}	A、B 级	7.66	8.79	11.05	14.38	17.77	20.03	26.75	32.95	39.55	50.58	60.79	72.02	82.6
	C 级	—	8.63	10.89	14.2	17.59	19.85	26.17	32.95	39.55	50.85	60.79	72.02	82.6
m_{max}	A、B 级	3.2	4.7	5.2	6.8	8.4	10.8	14.8	18	21.5	25.6	31	34	38
	C 级	—	5.6	6.1	7.9	9.5	12.2	15.9	18.7	22.3	26.4	31.5	34.9	38.9
d_{wmin}	A、B 级	5.9	6.9	8.9	11.6	14.6	16.6	22.5	27.7	33.2	42.7	51.1	60.6	69.4
	C 级	—	6.9	8.7	11.5	14.5	16.5	22	27.7	33.2	42.7	51.1	60.6	69.4

注：1. P—螺距。

2. A 级用于 $D≤16$ 的螺母；B 级用于 $D>16$ 的螺母；C 级用于 $D≥5$ 的螺母。

3. 螺纹公差：A、B 级为 6H，C 级为 7H；力学性能等级：A、B 级为 6、8、10 级，C 级为 4、5 级。

274

小平垫圈—A 级（摘自 GB/T848—1985）　　　　平垫圈—A 级（摘自 GB/T97.1—1985）

平垫圈倒角型—A 级（摘自 GB/T97.2—1985）　　平垫圈—C 级（摘自 GB/T95—1985）

大垫圈—A 和 C 级（摘自 GB/T96—1985）　　　　特大垫圈 C 级（摘自 GB/T5287—1985）

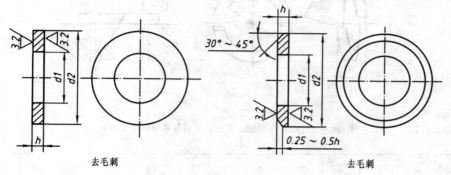

去毛刺　　　　　　　　　　　　　　　　　　　去毛刺

标记示例：

垫圈 GB95/T—1985—8 100HV（标准系列、公称尺寸 $d=8mm$、性能等级为 100HV 级、不经表面处理的平垫垫圈）

垫圈 GB/T97.2—1995—8 A140（标准系列、公称尺寸 $d=8mm$、性能等级为 A140 级、倒角型不经表面处理的平垫垫圈）

mm

公称尺寸（螺纹规格）	标准系列									特大系列			大系列			小系列		
	GB95(C 级)			GB97.1(A 级)			GB97.2(A 级)			GB5287(C 级)			GB96(A、C 级)			GB848(A 级)		
d	d_1 min	d_2 max	h	d_1 min	d_2 max	h	d_1 min	d_2 max	h	d_1 min	d_2 max	h	d_1 min	d_2 max	h	d_1 min	d_2 max	h
4	—	—	—	4.3	9	0.8	—	—	—	—	—	—	4.3	12	1	4.3	8	0.5
5	5.5	10	1	5.3	10	1	5.3	10	1	5.5	18	2	5.3	15	1.2	5.3	9	1
6	6.6	12	1.6	6.4	12	1.6	6.4	12	1.6	6.6	22	2	6.4	18	1.6	6.4	11	1.6
8	9	16	1.6	8.4	16	1.6	8.4	16	1.6	9	28	3	8.4	24	1.6	8.4	15	1.6
10	11	20	2	10.5	20	2	10.5	20	2	11	34	3	10.5	30	2.5	10.5	18	1.6
12	13.5	24	2.5	13	24	2.5	13	24	2.5	13.5	44	4	13	37	3	13	20	2
14	15.5	28	2.5	15	28	2.5	15	28	2.5	15.5	50	4	15	44	3	15	24	2.5
16	17.5	30	3	17	30	3	17	30	3	17.5	56	5	17	50	3	17	28	2.5
20	22	37	3	21	37	3	21	37	3	22	72	6	22	60	4	21	34	3
24	26	44	4	25	44	4	25	44	4	26	85	6	26	72	5	25	39	4
30	33	56	4	31	56	4	31	56	4	33	105	6	33	92	6	31	50	4
36	39	66	5	37	66	5	37	66	5	39	125	8	39	110	8	37	60	5
42 *	45	78	8	—	—	—	—	—	—	—	—	—	45	125	10	—	—	—
48 *	52	92	8	—	—	—	—	—	—	—	—	—	52	145	10	—	—	—

注：1. C 级垫圈没有 $R_a 3.2\ \mu m$ 和去毛刺的要求。

2. A 级适用于精装配系列，C 级适用于中等装配系列。

3. GB/T848—1985 主要用于圆柱头螺钉，其它用于标准六角头螺栓、螺钉、螺母。

* 尚未列入相应的产品标准规格。

附表 19　标准型弹簧垫圈（摘自 GB/T93—1987）

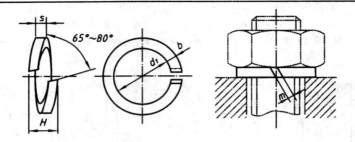

标记示例：

垫圈 GB/T93—1987—16（规格 16、标准为 65Mn、表面氧化的标准型弹簧垫圈）

mm

规格 （螺纹大径）	4	5	6	8	10	12	16	20	24	30	36	42	48
d_{1min}	4.1	5.1	6.1	8.1	10.2	12.2	16.2	20.2	24.5	30.5	36.5	42.5	48.5
$s=b_{公称}$	1.1	1.3	1.6	2.1	2.6	3.1	4.1	5	6	7.5	9	10.5	12
$m\leqslant$	0.55	0.65	0.8	1.05	1.3	1.55	2.05	2.5	3	3.75	4.5	5.25	6
H_{max}	2.75	3.25	4	5.25	6.5	7.75	10.25	12.5	15	18.75	22.5	26.25	30

注：m 应大于零。

附表 20　圆柱销（摘自 GB/T119.1—2000）

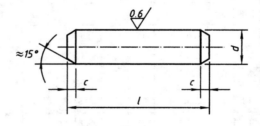

标记示例：

销 GB/T119.1—2000 6m6×30（以称直径 $d＝6$mm、公称长度 $l＝30$mm、公差为 m6\材料为钢、不经淬火、不经表面处理的圆柱销）

mm

d（公称）	2	3	4	5	6	8	10	12	16	20	25
$c\approx$	0.35	0.5	0.63	0.8	1.2	1.6	2.0	2.5	3.0	3.5	4.0
l 范围	6～20	8～30	8～40	10～50	12～60	14～80	18～95	22～140	26～180	35～200	50～200
l 公称长度系列	2、3、4、5、6～32(2 进位)、35～100(5 进位)、120～200(20 进位)										

注：1. 公称长度大于 20mm，按 20mm 递增。

　　2. 公差 m6：Ra≤0.8 μm；公差 h6：Ra≤1.6 μm。

附表 21　圆锥销（摘自 GB/T117—2000）

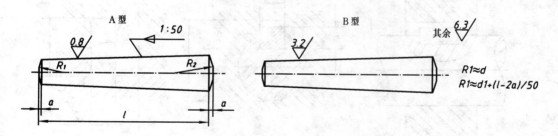

标记示例：

销 GB/T117—2000 A10×60（公称直径 d＝10mm、长度 l＝60mm、材料 35 钢、热处理硬度 38～38HRC、表面氧化处理的 A 型圆锥销）

mm

d（公称）	2	2.5	3	4	5	6	8	10	12	16	20	25
$a\approx$	0.25	0.3	0.4	0.5	0.63	0.8	1.0	1.2	1.6	2.0	2.5	3.0
l 范围	10～35	10～35	12～45	14～55	18～60	22～90	22～120	26～160	32～180	40～200	45～200	50～200
l 公称长度系列	2、3、4、5、6～32（2 进位）、35～100（5 进位）、120～200（20 进位）											

附表 22　开口销（摘自 GB/T91—2000）

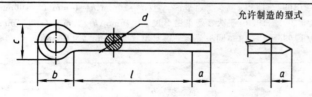

允许制造的型式

标记示例：

销 GB/T91—2000—5×50（公称直径 d＝5mm、长度 l＝50mm、材料低碳钢、不经表面处理的开口销）

mm

	公称	0.8	1	1.2	1.6	2	2.5	3.2	4	5	6.3	8	10	12
d	max	0.7	0.9	1	1.4	1.8	2.3	2.9	3.7	4.6	5.9	7.5	9.5	11.4
	min	0.6	0.8	0.9	1.3	1.7	2.1	2.7	3.5	4.4	4.7	7.3	9.3	11.1
c_{max}		1.4	1.8	2	2.8	3.6	4.6	5.8	7.4	9.2	11.8	15	19	24.8
$b\approx$		2.4	3	3	3.2	4	5	6.4	8	10	12.6	16	20	26
a_{max}		1.6			2.5			3.2		4			6.3	
l 范围		5～16	6～20	8～26	8～32	10～40	12～50	14～65	18～80	22～100	30～120	40～160	45～200	70～200
l 公称长度系列		4、5、6～32（2 进位）、36、40～100（5 进位）、120～200（20 进位）												

注：销孔的公称直径等于 $d_{公称}$，d_{min}≤（销的直径）≤d_{max}。

277

附表 23　平键和键槽的剖面尺寸（摘自 GB/T1095～1096—1979）（1990 年确认有效）

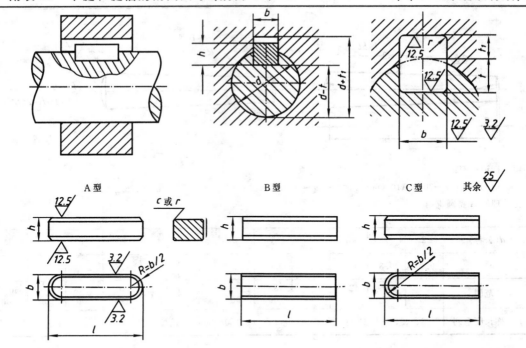

A 型　　　　　　　　　B 型　　　　　　　　　C 型　　　　其余

标记示例：

键 16×100　　　GB/T1096—1979（圆头普通平键 A 型，$b=16$mm、$h=10$mm、$L=100$mm）

键 B16×100　　GB/T1096—1979（平头普通平键 B 型，$b=16$mm、$h=10$mm、$L=100$mm）

键 C16×100　　GB/T1096—1979（单圆头普通平键 C 型，$b=16$mm、$h=10$mm、$L=100$mm）

mm

轴	键			键　槽										
				宽　度　b					深　度				半径	
公称直径 d	公称尺寸 $b×h$	长度 L	公称尺寸 b	偏差					轴 t		毂 t_1		r	
				较松键联结		一般键联结		较紧键联结						
				轴 H9	毂 D10	轴 N9	毂 JS9	轴和毂 P9	公称	偏差	公称	偏差	最小	最大
>10～12	4×4	8～45	4	+0.030 0	+0.078 +0.030	0 −0.030	±0.015	−0.012 −0.042	2.5	+0.1 0	1.8	+0.1 0	0.08	0.16
>12～17	5×5	10～56	5						3.0		2.3			
>17～22	6×6	14～70	6						3.5		2.8		0.16	0.25
>22～30	8×7	18～90	8	+0.036 0	+0.098 +0.040	0 −0.036	±0.018	−0.015 −0.051	4.0		3.3			
>30～38	10×8	22～110	10						5.0		3.3			
>38～44	12×8	28～140	12	+0.043 0	+0.120 +0.050	0 −0.043	±0.0215	−0.018 −0.061	5.0		3.3			
>44～50	14×9	36～160	14						5.5		3.8		0.25	0.40
>50～58	16×10	45～180	16						6.0	+0.2 0	4.3	+0.2 0		
>58～65	18×11	50～200	18						7.0		4.4			
>65～75	20×12	56～220	20	+0.052 0	+0.149 +0.065	0 −0.052	±0.026	−0.022 −0.074	7.5		4.9			
>75～85	22×14	63～250	22						9.0		5.4		0.40	0.60
>85～95	25×14	70～280	25						9.0		5.4			
>95～110	28×16	80～320	28						10.0		6.4			

注：1.（$d-t$）和（$d+t_1$）两组组合尺寸的极限偏差按相应的 t 和 t_1 的极限偏差选取，但（$d-t$）极限偏差的值应取负号（—）。

　　2. L 系列：6～22（2 进位）、25、28、32、36、40、45、50、56、63、70、80、90、100、110、125、140、160、180、200、220、250、280、320、360、400、450、500。

附表 24　半圆键和键槽的剖面尺寸（摘自 GB/T1098~1099—1979）（1990 年确认有效）

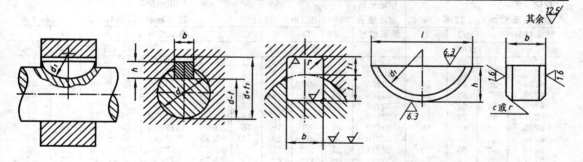

标记示例：

键 6×10×25 GB/T1099—1979（半圆键，$b=6\text{mm}$、$h=10\text{mm}$、$d_1=25\text{mm}$）

mm

轴径 d		键的尺寸			键槽尺寸和极限偏差							
		公称尺寸	其它尺寸		槽宽			深度				
键传递转矩用	键定位用	$b×h×d$ (h9)(h11)(h12)	$L≈$	C	偏差			轴 t		毂 t_1		半径 r
					一般键联结		较紧键联结	公称	偏差	公称	偏差	
					轴 N9	毂 JS9	轴和毂 P9					
>8~10	>12	3.0×5.0×13	12.7	0.16~0.25	−0.004 −0.029	±0.012	−0.006 −0.013	3.8		1.4		0.08~0.16
>10~12	>15	3.0×6.5×16	15.7					5.3		1.4		
>12~14	>18	4.0×6.5×16	15.7	0.25~0.4	0 −0.030	±0.015	−0.012 −0.042	5.0	+0.2 0	1.8	+0.1 0	0.16~0.25
>14~16	>20	4.0×7.5×19	18.6					6.0		1.8		
>16~18	>22	5.0×6.5×16	15.7					4.5		2.3		
>18~20	>25	5.0×7.5×19	18.6					5.5		2.3		
>20~22	>28	5.0×9.0×22	21.6					7.0		2.3		
>22~25	>32	6.0×9.0×22	21.6					6.5		2.8		
>25~28	>36	6.0×10.0×25	24.5					7.5	+0.3 0	2.8	+0.2 0	
>28~32	40	8.0×11.0×28	27.5	0.4~0.6	0 −0.036	±0.018	−0.015 −0.051	8.0		3.3		0.25~0.4
>32~38	—	10.0×13.0×32	31.4					10.0		3.3		

注：$(d−t)$ 和 $(d+t_1)$ 两组组合尺寸的偏差按相应的 t 和 t_1 的极限偏差选取，但 $(d−t)$ 偏差的值应取负号（−）。

附表 25　滚动轴承

mm

深沟球轴承 （摘自 GB/T4459.7—1998）	圆锥滚子轴承 （摘自 GB/T4459.7—1998）	推力球轴承 （摘自 GB/T4459.7—1998）

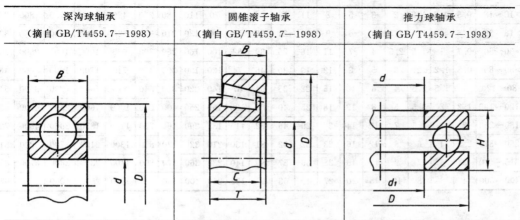

279

标记示例：滚动轴承 6308 GB/T276—1994				标记示例：滚动轴承 30209 GB/T297—1994						标记示例：滚动轴承 51205 GB/T301—1995				
轴承型号	d	D	B	轴承型号	d	D	B	C	T	轴承型号	d	D	H	d_{1min}
尺寸系列（02）				尺寸系列（02）						尺寸系列（12）				
6202	15	35	11	30203	17	40	12	11	13.25	51202	15	32	12	17
6203	17	40	12	30204	20	47	14	12	15.25	51203	17	35	12	19
6204	20	47	14	30205	25	52	15	13	16.25	51204	20	40	14	22
6205	25	52	15	30206	30	62	16	14	17.25	51205	25	47	15	27
6206	30	62	16	30207	35	72	17	15	18.25	51206	30	52	16	32
6207	35	72	17	30208	40	80	18	16	19.75	51207	35	62	18	37
6208	40	80	18	30209	45	85	19	16	20.75	51208	40	68	19	42
6209	45	85	19	30210	50	90	20	17	21.75	51209	45	73	20	47
6210	50	90	20	30211	55	100	21	18	22.75	51210	50	78	22	52
6211	55	100	21	30212	60	110	22	19	23.75	51211	55	90	25	57
6212	60	110	22	30213	65	120	23	20	24.75	51212	60	95	26	62
尺寸系列（03）				尺寸系列（03）						尺寸系列（13）				
6302	15	42	13	30302	15	42	13	11	14.25	51304	20	47	18	22
6303	17	47	14	30303	17	47	14	12	15.25	51305	25	52	18	27
6304	20	52	15	30304	20	52	15	13	16.25	51306	30	60	21	32
6305	25	62	17	30305	25	62	17	15	18.25	51307	35	68	24	37
6306	30	72	19	30306	30	72	19	16	20.75	51308	40	78	26	42
6307	35	80	21	30307	35	80	21	18	22.75	51309	45	85	28	47
6308	40	90	23	30308	40	90	23	20	25.25	51310	50	95	31	52
6309	45	100	25	30309	45	100	25	22	27.25	51311	55	105	35	57
6310	50	110	27	30310	50	110	27	23	29.25	51312	60	110	35	62
6311	55	120	29	30311	55	120	29	25	31.5	51313	65	115	36	67
6312	60	130	31	30312	60	130	31	26	33.5	51314	70	125	40	72
6313	65	140	33	30313	65	140	33	28	36.0	51315	75	135	44	77

3. 极限与配合

附表 26　基于尺寸小于 500mm 的标准公差（摘自 GB/T1800.3—1998）　μm

基本尺寸 mm	公差等级																		
	IT01	IT0	IT1	IT2	IT3	IT4	IT5	IT6	IT7	IT8	IT9	IT10	IT11	IT12	IT13	IT14	IT15	IT16	IT17	IT18
≤3	0.3	0.5	0.8	1.2	2	3	4	6	10	14	25	40	60	100	140	250	400	600	1000	1400
>3～6	0.4	0.6	1	1.5	2.5	4	5	8	12	18	30	48	75	120	180	300	480	750	1200	1800
>6～10	0.4	0.6	1	1.5	2.5	4	6	9	15	22	36	58	90	150	220	360	580	900	1500	2200
>10～18	0.5	0.8	1.2	2	3	5	8	11	18	27	43	70	110	180	270	430	700	1100	1800	2700
>18～30	0.6	1	1.5	2.5	4	6	9	13	21	33	52	84	130	210	330	520	840	1300	2100	3300
>30～50	0.7	1	1.5	2.5	4	7	11	16	25	39	62	100	160	250	390	620	1000	1600	2500	3900
>50～80	0.8	1.2	2	3	5	8	13	19	30	46	74	120	190	300	460	740	1200	1900	3000	4600
>80～120	1	1.5	2.5	4	6	10	15	22	35	54	87	140	220	350	540	870	1400	2200	3500	5400
>120～180	1.2	2	3.5	5	8	12	18	25	40	63	100	160	250	400	630	1000	1600	2500	4000	6300
>180～250	2	3	4.5	7	10	14	20	29	46	72	115	185	290	460	720	1150	1850	2900	4600	7200
>250～315	2.5	4	6	8	12	16	23	32	52	81	130	210	320	520	810	1300	2100	3200	5200	8100
>315～400	3	5	7	9	13	18	25	36	57	89	140	230	360	570	890	1400	2300	3600	5700	8900
>400～500	4	6	8	10	15	20	27	40	63	97	155	250	400	630	970	1550	2500	4000	6300	9700

基本尺寸 mm 大于	至	a 11	b 11	b 12	c 9	c 10	c ⑪	d 8	d ⑨	d 10	d 11	e 7	e 8	e 9
—	3	−270 −330	−140 −200	−140 −240	−60 −85	−60 −100	−60 −120	−20 −34	−20 −45	−20 −60	−20 −80	−14 −24	−14 −28	−14 −39
3	6	−270 −345	−140 −215	−140 −260	−70 −100	−70 −118	−70 −145	−30 −48	−30 −60	−30 −78	−30 −105	−20 −32	−20 −38	−20 −50
6	10	−280 −370	−150 −240	−150 −300	−80 −116	−80 −138	−80 −170	−40 −62	−40 −79	−40 −98	−40 −130	−25 −40	−25 −47	−25 −61
10	14	−290 −400	−150 −260	−150 −330	−95 −138	−95 −165	−95 −205	−50 −77	−50 −93	−50 −120	−50 −160	−32 −50	−32 −59	−32 −75
14	18	−290 −400	−150 −260	−150 −330	−95 −138	−95 −165	−95 −205	−50 −77	−50 −93	−50 −120	−50 −160	−32 −50	−32 −59	−32 −75
18	24	−300 −430	−160 −290	−160 −370	−110 −162	−110 −194	−110 −240	−65 −98	−65 −117	−65 −149	−65 −195	−40 −61	−40 −73	−40 −92
24	30	−300 −430	−160 −290	−160 −370	−110 −162	−110 −194	−110 −240	−65 −98	−65 −117	−65 −149	−65 −195	−40 −61	−40 −73	−40 −92
30	40	−310 −470	−170 −330	−170 −420	−120 −182	−120 −220	−120 −280	−80 −119	−80 −142	−80 −180	−80 −240	−50 −75	−50 −89	−50 −112
40	50	−320 −480	−180 −340	−180 −430	−130 −192	−130 −230	−130 −290	−80 −119	−80 −142	−80 −180	−80 −240	−50 −75	−50 −89	−50 −112
50	65	−340 −530	−190 −380	−190 −490	−140 −214	−140 −260	−140 −330	−100 −146	−100 −174	−100 −220	−100 −290	−60 −90	−60 −106	−60 −134
65	80	−360 −550	−200 −390	−200 −500	−150 −224	−150 −270	−150 −340	−100 −146	−100 −174	−100 −220	−100 −290	−60 −90	−60 −106	−60 −134
80	100	−380 −600	−200 −440	−220 −570	−170 −257	−170 −310	−170 −390	−120 −174	−120 −207	−120 −260	−120 −340	−72 −109	−72 −126	−72 −159
100	120	−410 −630	−240 −460	−240 −590	−180 −267	−180 −320	−180 −400	−120 −174	−120 −207	−120 −260	−120 −340	−72 −109	−72 −126	−72 −159
120	140	−460 −710	−260 −510	−260 −660	−200 −300	−200 −360	−200 −450	−145 −208	−145 −245	−145 −305	−145 −395	−85 −125	−85 −148	−85 −185
140	160	−520 −770	−280 −530	−280 −680	−210 −310	−210 −370	−210 −460	−145 −208	−145 −245	−145 −305	−145 −395	−85 −125	−85 −148	−85 −185
160	180	−580 −830	−310 −560	−310 −710	−230 −330	−230 −390	−230 −480	−145 −208	−145 −245	−145 −305	−145 −395	−85 −125	−85 −148	−85 −185
180	200	−660 −950	−340 −630	−340 −800	−240 −355	−240 −425	−240 −530	−170 −242	−170 −285	−170 −355	−170 −460	−100 −146	−100 −172	−100 −215
200	225	−740 −1030	−380 −670	−380 −840	−260 −375	−260 −445	−260 −550	−170 −242	−170 −285	−170 −355	−170 −460	−100 −146	−100 −172	−100 −215
225	250	−820 −1110	−420 −710	−420 −880	−280 −395	−280 −465	−280 −570	−170 −242	−170 −285	−170 −355	−170 −460	−100 −146	−100 −172	−100 −215
250	280	−920 −1240	−480 −800	−480 −1000	−300 −430	−300 −510	−300 −620	−190 −271	−190 −320	−190 −400	−190 −510	−110 −162	−110 −191	−110 −240
280	315	−1050 −1370	−540 −860	−540 −1060	−330 −460	−330 −540	−330 −650	−190 −271	−190 −320	−190 −400	−190 −510	−110 −162	−110 −191	−110 −240
315	355	−1200 −1560	−600 −960	−600 −1170	−360 −500	−360 −590	−360 −720	−210 −299	−210 −350	−210 −440	−210 −570	−125 −182	−125 −214	−125 −265
355	400	−1350 −1710	−680 −1040	−680 −1250	−400 −540	−400 −630	−400 −760	−210 −299	−210 −350	−210 −440	−210 −570	−125 −182	−125 −214	−125 −265

常 用 及 优 先 公 差 带（带圈者为优先公差带）

基本尺寸 mm		常用及优先公差带（带圈者为优先公差带）															
		f					g			h							
大于	至	5	6	⑦	8	9	5	⑥	7	5	⑥	⑦	8	⑨	10	⑪	12
—	3	−6 −10	−6 −12	−6 −16	−6 −20	−6 −31	−2 −6	−2 −8	−2 −12	0 −4	0 −6	0 −10	0 −14	0 −25	0 −40	0 −60	0 −100
3	6	−10 −15	−10 −18	−10 −22	−10 −28	−10 −40	−4 −9	−4 −12	−4 −16	0 −5	0 −8	0 −12	0 −18	0 −30	0 −48	0 −75	0 −120
6	10	−13 −19	−13 −22	−13 −28	−13 −35	−13 −49	−5 −11	−5 −14	−5 −20	0 −6	0 −9	0 −15	0 −22	0 −36	0 −58	0 −90	0 −150
10	14	−16 −24	−16 −27	−16 −34	−16 −43	−16 −59	−6 −14	−6 −17	−6 −24	0 −8	0 −11	0 −18	0 −27	0 −43	0 −70	0 −110	0 −180
14	18																
18	24	−20 −29	−20 −33	−20 −41	−20 −53	−20 −72	−7 −16	−7 −20	−7 −28	0 −9	0 −13	0 −21	0 −33	0 −52	0 −84	0 −130	0 −210
24	30																
30	40	−25 −36	−25 −41	−25 −50	−25 −64	−25 −87	−9 −20	−9 −25	−9 −34	0 −11	0 −16	0 −25	0 −39	0 −62	0 −100	0 −160	0 −250
40	50																
50	65	−30 −43	−30 −49	−30 −60	−30 −76	−30 −104	−10 −23	−10 −29	−10 −40	0 −13	0 −19	0 −30	0 −46	0 −74	0 −120	0 −190	0 −300
65	80																
80	100	−36 −51	−36 −58	−36 −71	−36 −90	−36 −123	−12 −27	−12 −34	−12 −47	0 −15	0 −22	0 −35	0 −54	0 −87	0 −140	0 −220	0 −350
100	120																
120	140	−43 −61	−43 −68	−43 −83	−43 −106	−43 −143	−14 −32	−14 −39	−14 −54	0 −18	0 −25	0 −40	0 −63	0 −100	0 −160	0 −250	0 −400
140	160																
160	180																
180	200	−50 −70	−50 −79	−50 −96	−50 −122	−50 −165	−15 −35	−15 −44	−15 −61	0 −20	0 −29	0 −46	0 −72	0 −115	0 −185	0 −290	0 −460
200	225																
225	250																
250	280	−56 −79	−56 −88	−56 −108	−56 −137	−56 −186	−17 −40	−17 −49	−17 −69	0 −23	0 −32	0 −52	0 −81	0 −130	0 −210	0 −320	0 −520
280	315																
315	355	−62 −87	−62 −98	−62 −119	−62 −151	−62 −202	−18 −43	−18 −54	−18 −75	0 −25	0 −36	0 −57	0 −89	0 −140	0 −230	0 −360	0 −570
355	400																

基本尺寸 mm		常用及优先公差带（带圈者为优先公差带）													
		js			k			m			n			p		
大于	至	5	⑥	7	5	⑥	7	5	6	7	5	⑥	7	5	⑥	7
—	3	±2	±3	±5	+4 +0	+6 +0	+10 +0	+6 +2	+8 +2	+12 +2	+8 +4	+10 +4	+14 +4	+10 +6	+12 +6	+16 +6
3	6	±2.5	±4	±6	+6 +1	+9 +1	+13 +1	+9 +4	+12 +4	+16 +4	+13 +8	+16 +8	+20 +8	+17 +12	+20 +12	+24 +12
6	10	±3	±4.5	±7	+7 +1	+10 +1	+16 +1	+12 +6	+15 +6	+21 +6	+16 +10	+19 +10	+25 +10	+21 +15	+24 +15	+30 +15
10	14	±4	±5.5	±9	+9 +1	+12 +1	+19 +1	+15 +7	+18 +7	+25 +7	+20 +12	+23 +12	+30 +12	+26 +18	+29 +18	+36 +18
14	18															
18	24	±4.5	±6.5	±10	+11 +2	+15 +2	+23 +2	+17 +8	+21 +8	+29 +8	+24 +15	+28 +15	+36 +15	+31 +22	+35 +22	+43 +22
24	30															
30	40	±5.5	±8	±12	+13 +2	+18 +2	+27 +2	+20 +9	+25 +9	+34 +9	+28 +17	+33 +17	+42 +17	+37 +26	+42 +26	+51 +26
40	50															
50	65	±6.5	±9.5	±15	+15 +2	+21 +2	+32 +2	+24 +11	+30 +11	+41 +11	+33 +20	+39 +20	+50 +20	+45 +32	+51 +32	+62 +32
65	80															
80	100	±7.5	±11	±17	+18 +3	+25 +3	+38 +3	+28 +13	+35 +13	+48 +13	+38 +23	+45 +23	+58 +23	+52 +37	+59 +37	+72 +37
100	120															
120	140	±9	±12.5	±20	+21 +3	+28 +3	+43 +3	+33 +15	+40 +15	+55 +15	+45 +27	+52 +27	+67 +27	+61 +43	+68 +43	+83 +43
140	160															
160	180															
180	200	±10	±14.5	±23	+24 +4	+33 +4	+50 +4	+37 +17	+46 +17	+63 +17	+51 +31	+60 +31	+77 +31	+70 +50	+79 +50	+96 +50
200	225															
225	250															
250	280	±11.5	±16	±26	+27 +4	+36 +4	+56 +4	+43 +20	+52 +20	+72 +20	+57 +34	+66 +34	+86 +34	+79 +56	+88 +56	+108 +56
280	315															
315	355	±12.5	±18	±28	+29 +4	+40 +4	+61 +4	+46 +21	+57 +21	+78 +21	+62 +37	+73 +37	+94 +37	+87 +62	+98 +62	+119 +62
355	400															

基本尺寸 mm		常用及优先公差带（带圈者为优先公差带）														
		r			s			t			u		v	x	y	z
大于	至	5	6	7	5	⑥	7	5	6	7	⑥	7	6	6	6	6
—	3	+14 / +10	+16 / +10	+20 / +10	+18 / +14	+20 / +14	+24 / +14	—	—	—	+24 / +18	+28 / +18	—	+26 / +20	—	+32 / +26
3	6	+20 / +15	+23 / +15	+27 / +15	+24 / +19	+27 / +19	+31 / +19	—	—	—	+31 / +23	+35 / +23	—	+36 / +28	—	+43 / +35
6	10	+25 / +19	+28 / +19	+34 / +19	+29 / +23	+32 / +23	+38 / +23	—	—	—	+37 / +28	+43 / +28	—	+43 / +34	—	+51 / +42
10	14	+31 / +23	+34 / +23	+41 / +23	+36 / +28	+39 / +28	+46 / +28	—	—	—	+44 / +33	+51 / +33	—	+51 / +40	—	+61 / +50
14	18	+31 / +23	+34 / +23	+41 / +23	+36 / +28	+39 / +28	+46 / +28	—	—	—	+44 / +33	+51 / +33	+50 / +39	+56 / +45	—	+71 / +60
18	24	+37 / +28	+41 / +28	+49 / +28	+44 / +35	+48 / +35	+56 / +35	—	—	—	+54 / +41	+62 / +41	+60 / +47	+67 / +54	+76 / +63	+86 / +73
24	30	+37 / +28	+41 / +28	+49 / +28	+44 / +35	+48 / +35	+56 / +35	+50 / +41	+54 / +41	+62 / +41	+61 / +48	+69 / +48	+68 / +55	+77 / +64	+88 / +75	+101 / +88
30	40	+45 / +34	+50 / +34	+59 / +34	+54 / +43	+59 / +43	+68 / +43	+59 / +48	+64 / +48	+73 / +48	+76 / +60	+85 / +60	+84 / +68	+96 / +80	+110 / +94	+128 / +112
40	50	+45 / +34	+50 / +34	+59 / +34	+54 / +43	+59 / +43	+68 / +43	+65 / +54	+70 / +54	+79 / +54	+86 / +70	+95 / +70	+97 / +81	+113 / +97	+130 / +114	+152 / +136
50	65	+54 / +41	+60 / +41	+71 / +41	+66 / +53	+72 / +53	+83 / +53	+79 / +66	+85 / +66	+96 / +66	+106 / +87	+117 / +87	+121 / +102	+141 / +122	+163 / +144	+191 / +172
65	80	+56 / +43	+62 / +43	+73 / +43	+72 / +59	+78 / +59	+89 / +59	+88 / +75	+94 / +75	+105 / +75	+121 / +102	+132 / +102	+139 / +120	+165 / +146	+193 / +174	+229 / +210
80	100	+66 / +51	+73 / +51	+86 / +51	+86 / +71	+93 / +71	+106 / +91	+106 / +91	+113 / +91	+126 / +91	+146 / +124	+159 / +124	+168 / +146	+200 / +178	+236 / +214	+280 / +258
100	120	+69 / +54	+76 / +54	+89 / +54	+94 / +79	+101 / +79	+114 / +79	+110 / +104	+126 / +104	+136 / +104	+166 / +144	+179 / +144	+194 / +172	+232 / +210	+276 / +254	+332 / +310
120	140	+81 / +63	+88 / +63	+103 / +63	+110 / +92	+117 / +92	+132 / +92	+140 / +122	+147 / +122	+162 / +122	+195 / +170	+210 / +170	+227 / +202	+273 / +248	+325 / +300	+390 / +365
140	160	+83 / +65	+90 / +65	+105 / +65	+118 / +100	+125 / +100	+140 / +100	+152 / +134	+159 / +134	+174 / +134	+215 / +190	+230 / +190	+253 / +228	+305 / +280	+365 / +340	+440 / +415
160	180	+86 / +68	+93 / +68	+108 / +68	+126 / +108	+133 / +108	+148 / +108	+164 / +146	+171 / +146	+186 / +146	+235 / +210	+250 / +210	+277 / +252	+335 / +310	+405 / +380	+490 / +465
180	200	+97 / +77	+106 / +77	+123 / +77	+142 / +122	+151 / +122	+168 / +122	+186 / +166	+195 / +166	+212 / +166	+265 / +236	+282 / +236	+313 / +284	+379 / +350	+454 / +425	+549 / +520
200	225	+100 / +80	+109 / +80	+126 / +80	+150 / +130	+159 / +130	+176 / +130	+200 / +180	+209 / +180	+226 / +180	+287 / +258	+304 / +258	+339 / +310	+414 / +385	+499 / +470	+640 / +575
225	250	+104 / +84	+113 / +84	+130 / +84	+160 / +140	+169 / +140	+186 / +140	+216 / +196	+225 / +196	+242 / +496	+313 / +284	+330 / +284	+369 / +340	+454 / +425	+549 / +520	+669 / +640
250	280	+117 / +94	+126 / +94	+146 / +94	+181 / +158	+290 / +158	+210 / +158	+241 / +218	+250 / +218	+270 / +218	+347 / +315	+367 / +315	+417 / +385	+507 / +475	+612 / +580	+742 / +710
280	315	+121 / +98	+130 / +98	+150 / +98	+193 / +170	+202 / 170	+222 / +170	+263 / +240	+272 / +240	+292 / +240	+382 / +350	+402 / +350	+457 / +425	+557 / +525	+682 / +650	+822 / +790
315	355	+133 / +108	+144 / +108	+165 / +108	+215 / +190	+226 / +190	+247 / +190	+293 / +268	+304 / +268	+325 / +268	+426 / +390	+447 / +390	+511 / +475	+626 / +590	+766 / +730	+936 / +900
355	400	+139 / +114	+150 / +114	+171 / +114	+233 / +208	+244 / +208	+265 / +208	+319 / +294	+330 / +294	+351 / +294	+471 / +435	+492 / +435	+566 / +530	+696 / +660	+856 / +820	+1036 / +1000

附表 28　常用及优先孔公差带极限偏差（摘自 GB/T1800.4—1999） μm

基本尺寸 mm		常用及优先公差带（带圈者为优先公差带）													
		A	B	C		D				E		F			
大于	至	11	11	12	⑪	8	⑨	10	11	8	9	6	7	⑧	9
—	3	+330/+270	+200/+140	+240/+140	+120/+60	+34/+20	+45/+20	+60/+20	+80/+20	+28/+14	+39/+14	+12/+6	+16/+6	+20/+6	+31/+6
3	6	+345/+270	+215/+140	+260/+140	+145/+70	+48/+30	+60/+30	+78/+30	+105/+30	+38/+20	+50/+20	+18/+10	+22/+10	+28/+10	+40/+10
6	10	+370/+280	+240/+150	+300/+150	+170/+80	+62/+40	+76/+40	+98/+40	+130/+40	+47/+25	+61/+25	+22/+13	+28/+13	+35/+13	+49/+13
10	14	+400/+290	+260/+150	+330/+150	+205/+95	+77/+50	+93/+50	+120/+50	+160/+50	+59/+32	+75/+32	+27/+16	+34/+16	+43/+16	+59/+16
14	18														
18	24	+430/+300	+290/+160	+370/+160	+240/+110	+98/+65	+117/+65	+149/+65	+195/+65	+73/+40	+92/+40	+33/+20	+41/+20	+53/+20	+72/+20
24	30														
30	40	+470/+310	+330/+170	+420/+170	+280/+170	+119/+80	+142/+80	+180/+80	+240/+80	+89/+50	+112/+50	+41/+25	+50/+25	+64/+25	+87/+25
40	50	+480/+320	+340/+180	+430/+180	+290/+180										
50	65	+530/+340	+380/+190	+490/+190	+330/+140	+146/+100	+170/+100	+220/+100	+290/+100	+106/+60	+134/+80	+49/+30	+60/+30	+76/+30	+104/+30
65	80	+550/+360	+390/+200	+500/+200	+340/+150										
80	100	+600/+380	+440/+220	+570/+220	+390/+170	+174/+120	+207/+120	+260/+120	+340/+120	+126/+72	+159/+72	+58/+36	+71/+36	+90/+36	+123/+36
100	120	+630/+410	+460/+240	+590/+240	+400/+180										
120	140	+710/+460	+510/+260	+660/+260	+450/+200	+208/+145	+245/+145	+305/+145	+395/+145	+148/+85	+185/+85	+68/+43	+83/+43	+106/+43	+143/+43
140	160	+770/+520	+530/+280	+680/+280	+460/+210										
160	180	+830/+580	+560/+310	+710/+310	+480/+230										
180	200	+950/+660	+630/+340	+800/+340	+530/+240	+242/+170	+285/+170	+355/+170	+460/+170	+172/+100	+215/+100	+79/+50	+96/+50	+122/+50	+165/+50
200	225	+1030/+740	+670/+380	+840/+380	+550/+260										
225	250	+1110/+820	+710/+420	+880/+420	+570/+280										
250	280	+1240/+920	+800/+480	+1000/+480	+620/+300	+271/+190	+320/+190	+400/+190	+510/+190	+191/+110	+240/+110	+88/+56	+108/+56	+137/+56	+186/+56
280	315	+1370/+1050	+860/+540	+1060/+540	+650/+330										
315	355	+1560/+1200	+960/+600	+1170/+600	+720/+360	+299/+210	+350/+210	+440/+210	+570/+210	+214/+125	+265/+125	+98/+62	+119/+62	+151/+62	+202/+62
355	400	+1710/+1350	+1040/+680	+1250/+680	+760/+400										

基本尺寸 mm		常用及优先公差带（带圈者为优先公差带）																	
		G		H							JS			K			M		
大于	至	6	⑦	6	⑦	⑧	⑨	10	⑪	12	6	7	8	6	⑦	8	6	7	8
—	3	+8 +2	+12 +2	+6 0	+10 0	+14 0	+25 0	+40 0	+60 0	+100 0	±3	±5	±7	0 −6	0 −10	0 −14	−2 −8	−2 −12	−2 −16
3	6	+12 +4	+16 +4	+8 0	+12 0	+18 0	+30 0	+48 0	+75 0	+120 0	±4	±6	±9	+2 −6	+3 −9	+5 −13	−1 −9	0 −12	+2 −16
6	10	+14 +5	+20 +5	+9 0	+15 0	+22 0	+36 0	+58 0	+90 0	+150 0	±4.5	±7	±11	+2 −7	+5 −10	+6 −16	−3 −12	0 −15	+1 −21
10	14	+17 +6	+24 +6	+11 0	+18 0	+27 0	+43 0	+70 0	+110 0	+180 0	±5.5	±9	±13	+2 −9	+6 −12	+8 −19	−4 −15	0 −18	+2 −25
14	18																		
18	24	+20 +7	+28 +7	+13 0	+21 0	+33 0	+52 0	+84 0	+130 0	+210 0	±6.5	±10	±16	+2 −11	+6 −15	+10 −23	−4 −17	0 −21	+4 −29
24	30																		
30	40	+25 +9	+34 +9	+16 0	+25 0	+39 0	+62 0	+100 0	+160 0	+250 0	±8	±12	±19	+3 −13	+7 −18	+12 −27	−4 −20	0 −25	+5 −34
40	50																		
50	65	+29 +10	+40 +10	+19 0	+30 0	+46 0	+74 0	+120 0	+190 0	+300 0	±9.5	±15	±23	+4 −15	+9 −21	+14 −32	−5 −24	0 −30	+5 −41
65	80																		
80	100	+34 +12	+47 +12	+22 0	+35 0	+54 0	+87 0	+140 0	+220 0	+350 0	±11	±17	±27	+4 −18	+10 −25	+16 −38	−6 −28	0 −35	+6 −48
100	120																		
120	140	+39 +14	+54 +14	+25 0	+40 0	+63 0	+100 0	+160 0	+250 0	+400 0	±12.5	±20	±31	+4 −21	+12 −28	+20 −43	−8 −33	0 −40	+8 −55
140	160																		
160	180																		
180	200	+44 +15	+61 +15	+29 0	+46 0	+72 0	+115 0	+185 0	+290 0	+460 0	±14.5	±23	±36	+5 −24	+13 −33	+22 −50	−8 −37	0 −46	+9 −63
200	225																		
225	250																		
250	280	+49 +17	+69 +17	+32 0	+52 0	+81 0	+130 0	+210 0	+320 0	+520 0	±16	±26	±40	+5 −27	+16 −36	+25 −56	−9 −41	0 −52	+9 −72
280	315																		
315	355	+54 +18	+75 +18	+36 0	+57 0	+89 0	+140 0	+230 0	+360 0	+570 0	±18	±28	±44	+7 −29	+17 −40	+28 −61	−10 −46	0 −57	+11 −78
355	400																		

基本尺寸 mm		常用及优先公差带（带圈者为优先公差带）											
		N			P		R		S		T		U
大于	至	6	⑦	8	6	⑦	6	7	6	⑦	6	7	⑦
—	3	−4/−10	−4/−14	−4/−18	−6/−12	−6/−16	−10/−16	−10/−20	−14/−20	−14/−24	—	—	−18/−28
3	6	−5/−13	−4/−16	−2/−20	−9/−17	−8/−20	−12/−20	−11/−23	−16/−24	−15/−27	—	—	−19/−31
6	10	−7/−16	−4/−19	−3/−25	−12/−21	−9/−24	−16/−25	−13/−28	−20/−29	−17/−32	—	—	−22/−37
10	14	−9/−20	−5/−23	−3/−30	−15/−26	−11/−29	−20/−31	−16/−34	−25/−36	−21/−39	—	—	−26/−44
14	18	−9/−20	−5/−23	−3/−30	−15/−26	−11/−29	−20/−31	−16/−34	−25/−36	−21/−39	—	—	−26/−44
18	24	−11/−24	−7/−28	−3/−36	−18/−31	−14/−35	−24/−37	−20/−41	−31/−44	−27/−48	—	—	−33/−54
24	30	−11/−24	−7/−28	−3/−36	−18/−31	−14/−35	−24/−37	−20/−41	−31/−44	−27/−48	−37/−50	−33/−54	−40/−61
30	40	−12/−28	−8/−33	−3/−42	−21/−37	−17/−42	−29/−45	−25/−50	−38/−54	−34/−59	−43/−59	−39/−64	−51/−76
40	50	−12/−28	−8/−33	−3/−42	−21/−37	−17/−42	−29/−45	−25/−50	−38/−54	−34/−59	−49/−65	−45/−70	−61/−86
50	65	−14/−33	−9/−39	−4/−50	−26/−45	−21/−51	−35/−54	−30/−60	−47/−66	−42/−72	−60/−79	−55/−85	−76/−106
65	80	−14/−33	−9/−39	−4/−50	−26/−45	−21/−51	−37/−56	−32/−62	−53/−72	−48/−78	−69/−88	−64/−94	−91/−121
80	100	−16/−38	−10/−45	−4/−58	−30/−52	−24/−59	−44/−66	−38/−73	−64/−86	−58/−93	−84/−106	−78/−113	−111/−146
100	120	−16/−38	−10/−45	−4/−58	−30/−52	−24/−59	−47/−69	−41/−76	−72/−94	−66/−101	−97/−119	−91/−126	−131/−166
120	140	−20/−45	−12/−52	−4/−67	−36/−61	−28/−68	−56/−81	−48/−88	−85/−110	−77/−117	−115/−140	−107/−147	−155/−195
140	160	−20/−45	−12/−52	−4/−67	−36/−61	−28/−68	−58/−83	−50/−90	−93/−118	−85/−125	−127/−152	−119/−159	−175/−215
160	180	−20/−45	−12/−52	−4/−67	−36/−61	−28/−68	−61/−86	−53/−93	−101/−126	−93/−133	−139/−164	−131/−171	−195/−235
180	200	−22/−51	−14/−60	−5/−77	−41/−70	−33/−79	−68/−97	−60/−106	−113/−142	−105/−151	−157/−186	−149/−195	−219/−265
200	225	−22/−51	−14/−60	−5/−77	−41/−70	−33/−79	−71/−100	−63/−109	−121/−150	−113/−159	−171/−200	−163/−209	−241/−287
225	250	−22/−51	−14/−60	−5/−77	−41/−70	−33/−79	−75/−104	−67/−113	−131/−160	−123/−169	−187/−216	−179/−225	−267/−313
250	280	−25/−57	−14/−66	−5/−86	−47/−79	−36/−88	−85/−117	−74/−126	−149/−181	−138/−190	−209/−241	−198/−250	−295/−347
280	315	−25/−57	−14/−66	−5/−86	−47/−79	−36/−88	−89/−121	−78/−130	−161/−193	−150/−202	−231/−263	−220/−272	−330/−382
315	355	−26/−62	−16/−73	−5/−94	−51/−87	−41/−98	−97/−133	−87/−144	−179/−215	−169/−226	−257/−293	−247/−304	−369/−426
355	400	−26/−62	−16/−73	−5/−94	−51/−87	−41/−98	−103/−139	−93/−150	−197/−233	−187/−244	−283/−319	−273/−330	−414/−471

4. 常用的金属与非金属材料

附表 29　常用材料

（一）钢

名称	钢号	应用举例	说明
碳素结构钢	Q195 Q215 Q235 Q255 Q275	受轻载荷机件、铆钉、螺钉、垫片、外壳、焊件 受力不大的铆钉、螺钉、轴、轮轴、凸轮、焊件、渗碳件 螺栓、螺母、拉杆、钩、连杆、楔、轴、焊件 金属构造物中一般机件、拉杆、轴、焊件 重要的螺钉、拉杆、钩、楔、连杆、轴、销、齿轮	"Q"为钢屈服点的"屈"字汉语拼音首位字母,数字为屈服点数值(单位:MPa)
优质碳素结构钢	08F 10 15 20 25 30 35 40 45 50 55 60	可塑性需好的零件:管子、垫片、渗碳件、氰化件 拉杆、卡头、垫片、焊件 渗碳件、紧固件、冲模锻件、化工贮器 杠杆、轴套、钩、螺钉、渗碳件与氰化件 轴、辊子、连接器、紧固件中的螺栓、螺母 曲轴、转轴、轴销、连杆、横梁、星轮 曲轴、摇杆、拉杆、键、销、螺栓 齿轮、齿条、链轮、凸轮、轧辊、曲柄轴 齿轮、联轴器、衬套、活塞销、链轮 活塞杆、轮轴、齿轮、不重要的弹簧 齿轮、连杆、扁弹簧、轧辊、偏心轮、轮圈、轮缘 叶片、弹簧	数字表示钢中平均含碳量的万分数,例如:"45"表示平均含碳量为 0.45% 序号表示抗拉强度、硬度依次增加,延伸率依次降低
	30Mn 40Mn 50Mn 60Mn	螺栓、杠杆、制动板 用于承受疲劳载荷零件:轴、曲轴、万向联轴器 用于高负荷下耐磨的热处理零件:齿轮、凸轮、摩擦片 弹簧、发条	含锰量 0.7～1.2% 的优质碳素钢
合金结构钢	15Cr 20Cr 30Cr 40Cr 45Cr	渗碳齿轮、凸轮、活塞销、离合器 较重要的渗碳件 重要的调质零件:齿轮、轮轴、摇杆、螺栓 较重要的调质零件:齿轮、进气阀、辊子、轴 强度及耐磨性高的轴、齿轮、螺栓	1.合金结构钢前面两位数字表示钢中含碳量的万分数 2.合金元素以化学符号表示 3.合金元素含量小于 1.5% 时仅注出元素符号
	20CrTnMi 30CrTnMi 40CrTnMi	汽车上重要的渗碳件:齿轮 汽车、拖拉机上强度特高的渗碳齿轮 强度高并耐磨性高的大齿轮、主轴	
铸钢	ZG230－450 ZG310－570	机座、箱体、支架 齿轮、飞轮、机架	"ZG"表示铸钢,第一组数字表示屈服强度、第二组为抗拉强度(单位:MPa)

（二）铸铁

1. 灰铸铁

名称	牌号	特性及应用举例	说明
灰铸铁	HT100 HT150	低强度铸铁:盖、手轮、支架 中强度铸铁:底座、刀架、轴承座、胶带轮端盖	"HT"表示灰铸铁,后面的数字表示抗拉强度(单位:MPa)
	HT200 HT250	高强度铸铁:床身、机座、齿轮、凸轮、汽缸泵体、联轴器	
	HT300 HT350	高强度耐磨铸铁:齿轮、凸轮、重载荷床身、高压泵、阀壳体、锻模、冷冲压模	

288

2. 球墨铸铁

名称	牌　号	特性及应用举例	说　明
球墨铸铁	QT 800－2 QT 700－2 QT 600－2	具有较高强度,但塑性低:曲轴、凸轮轴、齿轮、汽缸、缸套、轧辊、水泵轴、活塞环、摩擦片	"QT"表示球墨铸铁,其后的第一组数字表示抗拉强度(单位:MPa)第二组表示延伸率(%)
	QT 500－7 QT 450－10 QT 400－15	具有较高的塑性和适当的强度,用于承受冲击负荷的零件	

3. 可锻铸铁

名称	牌　号	特性及应用举例	说　明
可锻铸铁	KTH300－06 KTH330－08＊ KTH350－10 KTH370－12＊	黑心可锻铸铁:用于承受冲击振动的零件,如汽车、拖拉机、农机铸铁	"KT"表示可锻铸铁,"H"表示黑心"B"表示白心,第一组数字表示抗拉强度(单位:MPa)第二组表示延伸率(%)
	KTB350－04 KTH380－12 KTH400－05 KTH450－07	白心可锻铸铁:韧性较低,但强度高,耐磨性、加工性好。可代替低、中碳钢及低合金钢的重要零件,如曲轴、连杆、机床附件	

注:1. KTH300－06适用于气密性零件。2. 有＊号者为推荐牌号。

(三) 有色金属及合金

名称	牌　号	特性及应用举例	说　明
普通黄铜	H62	散热器、垫圈、弹簧、螺钉等	"H"表示黄铜,后面数字表示铜的平均质量百分数
铸造黄铜	ZCuZn38Mn2Pb2	轴瓦、轴套及其它耐磨零件	牌号的数字表示含元素的平均质量百分数
铸造锡青铜	ZCuSn5Pb5Zn5	用于承受摩擦的零件,如轴承	
铸造铝青铜	ZCuAl9Mn2	强度高、减磨性、耐蚀性、铸造性良好,可用于制造蜗轮、衬套和防锈零件	
铸造铝合金	ZL201 ZL301 ZL401	载荷不大的薄壁零件,受中等载荷的零件,需保持固定尺寸的零件	"L"表示铝,后面的数字表示顺序号
硬铝	LY13	适用于中等强度的零件,焊接性能好	

(四) 非金属材料

材料名称	牌　号	用　途	材料名称	牌　号	用　途
耐酸碱橡胶板	2023 2040	用作冲制密封性能好的垫圈	耐油橡胶石棉板		耐油密封衬垫材料
耐油橡胶板	3001 3002	适用冲制各种形状的垫圈	油浸石棉盘根	YS450	适用于回转轴、往复运动或阀杆上的密封材料
耐热橡胶板	4001 4002	用作冲制各种垫圈和隔热垫板	橡胶石棉盘根	XS450	同上
酚醛层压板	3302－1 3302－2	用作结构材料及用以制造各种机械零件	毛毡		用作密封、防漏油、防震、缓冲衬垫
布质酚醛层压板	3305－1 3305－2	用作轧钢机轴瓦	软钢板纸		用作密封连接处垫片
			聚四氟乙烯	SFL－4－13	用于腐蚀介质中的垫片
尼龙66 尼龙1010		用于制作机械零件	有机玻璃板		适用于耐腐蚀和需要透明的零件

附表 30　常用热处理和表面处理

名　称	代　号	说　明	应　用
退火	5111	加热—保温—随炉冷却	用来消除铸、锻、焊零件的内应力，降低硬度，以利切削加工，细化晶粒，改善组织，增加韧性
正火	5121	加热—保温—空气冷却	用于处理低碳钢、中碳结构钢及渗碳零件，细化晶粒，增加强度与韧性，减少内应力，改善切削性能
淬火	5131	加热—保温—急冷	提高机件的强度和耐磨性。但淬火后引起内应力，使钢变脆，所以淬火后必须回火
调质	5151	淬火—高温回火	提高韧性及强度。重要的齿轮、轴及丝杆等零件需调质
高频感应加热淬火	5132	用高频电流将零件表面加热—急速冷却	提高机件表面的硬度及耐磨性，而心部保持一定的韧性，使零件既耐磨又能承受冲击，常用来处理齿轮
渗碳及直接淬火	5311g	将零件在渗碳剂中加热，使碳渗入钢的表面后，再淬火回火	提高机件表面的硬度、耐磨性、抗拉强度等。适用于低碳、中碳($W_c <$ 0.40％＝结构钢的中小型零件)
渗氮	5330	将零件放入氨气中加热，使氮原子渗入钢表面	提高机件的表面硬度、耐磨性、疲劳强度和抗蚀能力。适用于合金钢、碳钢、铸铁件，如机床的主轴、丝杆、重要的液压系统中的零件
液体碳氮共渗	5320	钢件在碳、氮中加热，使碳、氮原子同时渗入钢表面	提高表面硬度耐磨性、疲劳强度和耐蚀性，用于要求硬度高且耐磨的中小型、薄片零件及刀具等
时效处理	时效	机件精加工前，加热到 100～150℃后，保温 5～20 小时—空气冷却，铸件可天然时效(露在放一年以上)	消除内应力，稳定机件的形状和尺寸，常用于处理精密机件，如精密轴承、精密丝杆等
发蓝发黑	发蓝或发黑	将零件置于氧化剂内加热氧化，使表面形成一层氧化铁保护膜	防腐蚀、美化，如用于螺纹连接件
镀镍	镀镍	用电解方法，在钢件表面镀一层镍	防腐蚀、美化
镀铬	镀铬	用电解方法，在钢件表面镀一层铬	提高表面硬度、耐磨性和抗蚀能力，也用于修复零件上磨损了的表面
硬度	HB(布氏硬度) HRC(洛氏硬度) HV(维氏硬度)	材料抵抗硬物压入其表面的能力，按测量的方法不同而有布氏、洛氏、维氏等几种	检验材料经热处理后的机械性能。硬度 HB 用于退火、正火、调质的零件和铸件 硬度 HRC 用于经淬火、回火及表面渗氮等处理的零件 HV 用于薄层硬化零件

参考文献

1 杜玉金.工程制图.西安:陕西科学技术出版社,1996
2 陈翔鹤.现代工程图学教程.武汉:湖北科学技术出版社,2003
3 冯开平.画法几何与制图.广州:华南理工大学出版社,2001
4 郑镁.机械设计中图样表达方法.西安:西安交通大学出版社,2001
5 姜勇.AutoCAD 2004 基础教程.北京:人民邮电出版社,2004
6 罗爱玲.工程制图.西安:西安交通大学出版社,2003
7 孙根正.工程制图基础.西安:西北工业大学出版社,2001
8 钱可强.机械制图(第 5 版).北京:中国劳动社会保障出版社,2009